全国一级建造师执业资格考试
考前最后3套卷（建筑全科）

全国一级建造师执业资格考试考前冲刺试卷编写委员会　编写

中国建筑工业出版社
中国城市出版社

图书在版编目（CIP）数据

全国一级建造师执业资格考试考前最后 3 套卷. 建筑全科 / 全国一级建造师执业资格考试考前冲刺试卷编写委员会编写. — 北京：中国城市出版社，2022.8
ISBN 978-7-5074-3504-7

Ⅰ. ①全… Ⅱ. ①全… Ⅲ. ①建筑工程-施工管理-资格考试-习题集 Ⅳ. ①TU-44

中国版本图书馆 CIP 数据核字（2022）第 145297 号

责任编辑：冯江晓
责任校对：赵　菲

全国一级建造师执业资格考试考前最后 3 套卷（建筑全科）
全国一级建造师执业资格考试考前冲刺试卷编写委员会　编写
*
中国建筑工业出版社、中国城市出版社 出版、发行（北京海淀三里河路 9 号）
各地新华书店、建筑书店经销
北京鸿文瀚海文化传媒有限公司制版
北京同文印刷有限责任公司印刷
*

开本：787 毫米×1092 毫米 1/16　印张：$19\frac{1}{4}$　字数：424 千字
2022 年 9 月第一版　　2022 年 9 月第一次印刷
定价：**98.00** 元（含增值服务）
ISBN 978-7-5074-3504-7
（904509）

版权所有　翻印必究
如有印装质量问题，可寄本社图书出版中心退换
（邮政编码 100037）

前　　言

　　《全国一级建造师执业资格考试考前最后3套卷（建筑全科）》中的每套试卷均由编者根据考前培训经验以及对历年命题方向和命题规律的研究，严格按照现行"考试大纲"的要求，依据"考试用书"的知识内容，以最新考试要求为导向，对考点变化、考查角度、考试重点、题型设计进行了全面的评价和预测，淘金式精选优秀试题，参考历年试题分值的分布精心编写。

　　《全国一级建造师执业资格考试考前最后3套卷（建筑全科）》的学习价值在于：

　　把握试题之源——编者紧扣一级建造师执业资格考试的"考试大纲"和"考试用书"，围绕核心知识，寻找命题采分点，分析试题的题型、命题规律和考试重点，精心组织题目，为编写出精品试题奠定了基础。

　　选题精全新准——编者经过分析一级建造师执业资格考试最近几年的考题，总结出了命题规律，提炼了考核要点，不仅保留了近年来常考、典型、重点题目，又编写了50%的原创新题，做到了题题经典、题题精练。希望能以此抛砖引玉，引导考生思维。

　　优化设计试卷——考前最后3套卷中的每套题的题型、题量、分值分布、难易程度均与一级建造师执业资格考试的标准试卷趋于一致，充分重视考查考生运用所学知识分析问题、解决问题的能力，注重试题的综合性，积极引导考生对所学知识做适当的重组和整合，考查对知识体系的整体把握能力，让考生逐步提升"考感"，轻轻松松应对考试。

　　提升应试能力——编者精选的考前最后3套卷顺应了一级建造师执业资格考试的命题趋向和变化，帮助考生准确地把握考试命题趋势，抓住考试的核心内容，引导考生进行科学、高效的学习，学会各种类型题目的解题方法，从而提高考生的理解能力和综合运用能力，轻而易举地取得高分。

　　模拟实战场景——我们专门为考生准备了三张公共课目模拟答题卡，以便考生提前感受考场氛围，训练答题卡填涂技巧，合理安排答题和涂卡时间。在专业实务科目试卷中，我们特意留出了答题区，供考生直接在试卷上作答，以利达到真正的考前实战训练效果。

　　愿我们的努力能够助你顺利通过考试！祝愿你们取得好的成绩！

目　　录

《建设工程经济》考前第 1 套卷及解析
《建设工程经济》考前第 2 套卷及解析
《建设工程经济》考前第 3 套卷及解析
《建设工程项目管理》考前第 1 套卷及解析
《建设工程项目管理》考前第 2 套卷及解析
《建设工程项目管理》考前第 3 套卷及解析
《建设工程法规及相关知识》考前第 1 套卷及解析
《建设工程法规及相关知识》考前第 2 套卷及解析
《建设工程法规及相关知识》考前第 3 套卷及解析
《建筑工程管理与实务》考前第 1 套卷及解析
《建筑工程管理与实务》考前第 2 套卷及解析
《建筑工程管理与实务》考前第 3 套卷及解析

《建设工程经济》
考前第 1 套卷及解析

扫码关注领取

本试卷配套解析课

《建设工程经济》考前第1套卷

一、单项选择题（共60题，每题1分。每题的备选项中，只有1个最符合题意）

1. 某企业借款1000万元，期限2年，年利率8%，按年复利计息，到期一次性还本付息，则第2年应计的利息为（　　）万元。
   A．40.0	B．80.0
   C．83.2	D．86.4

2. 某企业借款，年名义利率8%，按季度计息，则每季度的有效利率为（　　）。
   A．2%	B．4%
   C．2.67%	D．8.24%

3. 下列技术方案经济效果评价指标中，属于盈利能力静态评价指标的是（　　）。
   A．资本金净利润率	B．流动比率
   C．财务内部收益率	D．财务净现值

4. 某技术方案总投资4500万元，其中资本金为1200万元，技术方案正常年份的利润总额为450万元，所得税50万元。若技术方案总投资收益率为12%，则该技术方案资本金净利润率为（　　）。
   A．22.22%	B．20.00%
   C．33.33%	D．37.50%

5. 采用投资收益率指标评价技术方案经济效果的缺点是（　　）。
   A．考虑了投资收益的时间因素，因而使指标计算较复杂
   B．虽在一定程度上反映了投资效果的优劣，但仅适用于投资规模大的复杂工程
   C．以投资收益率指标作为主要的决策依据
   D．正常生产年份的选择比较困难，因而使指标计算的主观随意性较大

6. 已知某技术方案的净现金流量见下表。若 i_c=10%，则该技术方案的财务净现值为（　　）万元。

技术方案的净现金流量表

计算期（年）	1	2	3	4	5	6
净现金流量（万元）	-300	-200	300	700	700	700

   A．1399.56	B．1426.83
   C．1034.27	D．1095.25

7. 技术方案经济效果评价指标中，财务净现值和财务内部收益率指标的共同特点是（　　）。
   A．均受外部参数的影响	B．均考虑资金的时间价值
   C．均存在多解	D．均不需要事先确定基准收益率

8. 技术方案经济效果评价指标中，利息备付率是（　　）。
   A．技术方案在借款偿还期内息税前利润与当期应付利息的比值
   B．技术方案在借款偿还期内息税前利润与当期应还本付息金额的比值

C．技术方案在借款偿还期内税前利润与当期应付利息的比值
D．技术方案在借款偿还期内税前利润与当期应还本付息金额的比值

9．关于技术方案盈亏平衡分析的特点，下列说法正确的是（　　）。
A．能够预测技术方案风险发生的概率，但不能确定技术方案风险的影响程度
B．能够确定技术方案风险的影响范围，但不能量化技术方案风险的影响效果
C．能够分析产生技术方案风险的根源，但不能提出对应技术方案风险的策略
D．能够度量技术方案风险的大小，但不能揭示产生技术方案风险的根源

10．在技术方案投资各方现金流量表中，应作为现金流出的是（　　）。
A．实分利润
B．实缴资本
C．借款利息支付
D．经营成本

11．关于设备技术寿命的说法，正确的是（　　）。
A．完全未使用的设备技术寿命不可能等于零
B．设备技术寿命是指设备在市场上维持其价值的时间
C．设备技术寿命一般比自然寿命要长
D．设备技术寿命是设备维护费用的提高和使用价值的降低决定的

12．某公司2015年花15000元购买一台设备，目前实际价值6000元，预计净残值为600元，设备的运行成本500元，并保持不变，设备还能使用5年，5年的平均使用成本为（　　）元。
A．1120
B．1580
C．1320
D．1700

13．关于价值工程的说法，正确的是（　　）。
A．价值工程中所述的"价值"是指使用价值
B．产品的寿命周期成本由生产成本和资金成本组成
C．价值工程的核心，是对产品进行价值分析
D．价值工程对所研究对象功能与成本、效益与费用之间进行系统分析

14．现有四个施工方案可供选择，各方案的功能系数和单方造价相关数据见下表，根据按价值系数原理应选择的最佳方案是（　　）。

各方案的功能系数和单方造价相关数据表

方案	甲	乙	丙	丁
功能系数	0.256	0.250	0.215	0.245
单方造价（元/m²）	2800	2460	2300	2680

A．甲方案
B．乙方案
C．丙方案
D．丁方案

15．按照资产的流动性可将其分为流动资产和非流动资产，下列资产属于流动资产的是（　　）。
A．预付款项
B．应付账款
C．应付票据
D．盈余公积

16．根据会计核算原则，资产按照其现在正常对外销售所能收到现金，扣减该资产至完工时估计将要发生的成本、估计的销售费用以及相关税费后的金额计量。该资产计量属

于按（　　）计量。
   A．历史成本　　　　　　　　B．重置成本
   C．可变现净值　　　　　　　D．现值

17. 根据财务会计的有关规定，下列支出属于营业外支出的是（　　）。
    A．企业购置固定资产支出　　B．财务费用
    C．生产经营过程中缴纳的税金　D．非常损失

18. 关于固定资产折旧方法的特点，下列说法正确的是（　　）。
    A．年限平均法的折旧额递减
    B．工作量法是加速折旧的方法
    C．年数总和法各年提取的折旧额相等
    D．双倍余额递减法在前期提取较多的折旧、使用后期提取较少的折旧

19. 施工企业发生的下列费用，应当计入财务费用的是（　　）。
    A．财务人员的工资　　　　　B．预付款担保
    C．劳动保险费　　　　　　　D．办公费

20. 某施工企业与业主订立的一项总造价为6000万元的施工合同，合同工期为3年。第1年实际发生合同成本1800万元，年末预计为完成合同尚需发生成本3000万元，则第1年合同完成进度为（　　）。
    A．40.00%　　　　　　　　　B．37.50%
    C．25.00%　　　　　　　　　D．30.00%

21. 下列关于企业利润的说法中，正确的是（　　）。
    A．企业利润的主要来源是净利润
    B．净利润=利润总额-所得税费用
    C．营业利润是指企业经营业务所确认的利润总额
    D．利润总额=营业利润+营业外收入+营业外支出

22. 企业所得税应实行25%的比例税率。但对于符合条件的小型微利企业，减按（　　）的税率征收企业所得税。
    A．5%　　　　　　　　　　　B．10%
    C．15%　　　　　　　　　　 D．20%

23. 利润表是反映企业（　　）的财务报表。
    A．一定会计期间资产盈利能力　B．一定会计期间经营成果
    C．某一会计时点财务状况　　　D．一定会计期间财务状况

24. 下列财务分析方法中，分别分析材料消耗量和采购单价对工程材料费用影响的方法是（　　）。
    A．趋势分析法　　　　　　　B．因果分析法
    C．比率分析法　　　　　　　D．因素分析法

25. 关于产权比率和权益乘数的说法，正确的是（　　）。
    A．产权比率和权益乘数属于企业短期偿债能力比率
    B．产权比率表明每1元股东权益相对于资产的金额
    C．权益乘数表明每1元股东权益相对于负债的金额
    D．产权比率和权益乘数是资产负债率的另外两种表现形式

26. 某施工企业按 2/10、n/30 的条件购入货物 150 万元，若该企业在第 28 天付款，则放弃现金折扣的成本为（　　）。
   A．8.33% B．36.73%
   C．40.82% D．2.04%

27. 某施工企业生产所需一种材料，年度采购总量为 1000 吨，材料单价为 3000 元/吨，一次订货变动成本为 1500 元，年平均储存成本为 200 元/吨。则该材料的经济采购批量为（　　）吨。
   A．173.21 B．164.50
   C．132.46 D．122.47

28. 某建设项目，静态投资为 3600 万元，建设期贷款利息为 100 万元，价差预备费为 120 万元，铺底流动资金为 800 万元。则该项目的建设投资为（　　）万元。
   A．3700 B．3720
   C．3820 D．4500

29. 下列与材料有关的费用中，不应计入建筑安装工程材料费的是（　　）。
   A．构件破坏性试验费 B．运输损耗费
   C．运杂费 D．仓储损耗费

30. 根据现行建筑安装工程费用项目组成规定，施工企业为高空、井下、海上作业等特殊工种工人缴纳的工伤保险费属于（　　）。
   A．人工费 B．规费
   C．措施项目费 D．企业管理费

31. 根据现行建筑安装工程费用项目组成规定，下列费用中，应计入措施项目费的是（　　）。
   A．检验试验费 B．总承包服务费
   C．施工机具使用费 D．已完工程及设备保护费

32. 某施工企业采购一批材料，材料原价 4500 元/吨，其中运杂费是原价的 2%，运输损耗率 1%，采购保管费 3%，则该批材料的单价应该为（　　）元/吨。
   A．4635.90 B．4681.35
   C．4728.62 D．4774.98

33. 下列不属于取得国有土地使用费的是（　　）。
   A．土地使用权出让金 B．青苗补偿费
   C．城市建设配套费 D．房屋征收与补偿费

34. 关于建设项目场地准备和建设单位临时设施费的计算，下列说法正确的是（　　）。
   A．改扩建项目一般应计工程费用和拆除清理费
   B．凡可回收材料的拆除工程应采用以料抵工方式冲抵拆除清理费
   C．新建项目应根据实际工程量计算，不按工程费用的比例计算
   D．新建项目应按工程费用比例计算，不根据实际工程量计算

35. 下列建设工程定额中，分项最细、子目最多的定额是（　　）。
   A．企业定额 B．概算定额
   C．施工定额 D．预算定额

36. 编制施工机械台班使用定额时，可计入定额时间的是（　　）。
   A．因技术人员过错造成机械降低负荷情况下的工作时间

B．机械使用过程中进行必要的保养所造成的中断时间
C．操作机械的工人违反劳动纪律所消耗的时间
D．施工组织不当造成的机械停工时间

37. 完成某分部分项工程 10m³ 需基本用工 3 工日，超运距用工 0.5 工日，辅助用工 0.8 工日。人工幅度差系数为 10%，则该工程预算定额人工工日消耗量为（　　）工日/10m³。
   A．4.30　　　　　　　　　　　　　B．4.73
   C．3.85　　　　　　　　　　　　　D．4.18

38. 当初步设计达到一定深度，建筑结构比较明确时，宜采用（　　）编制建筑工程概算。
   A．预算单价法　　　　　　　　　　B．概算指标法
   C．类似工程预算法　　　　　　　　D．扩大单价法

39. 假设新建一住宅，其建筑面积为 4000m²，按概算指标和地区材料预算价格等计算出一般土建工程单位造价 1250 元/m²（其中人、料、机费为 800 元/m²）。该住宅设计资料与概算指标相比较，其结构构件有部分变更。设计资料表明，外墙为 1.5 砖外墙，而概算指标中外墙为 1 砖墙。根据当地土建工程预算价格，外墙带形毛石基础的预算单价为 275 元/m³，1 砖外墙的预算单价为 300 元/m³，1.5 砖外墙的预算单价为 320 元/m³；概算指标中每 100m² 中含外墙带形毛石基础为 15m³，1 砖外墙为 45m³。新建工程设计资料表明，每 100m² 中含外墙带形毛石基础为 18m³，1.5 砖外墙为 60m³。则结构变化修正指标为（　　）元/m²。
   A．735.00　　　　　　　　　　　　B．865.25
   C．844.25　　　　　　　　　　　　D．913.60

40. 采用定额单价法编制单位工程预算时，在进行工料分析后紧接着的下一步骤是（　　）。
   A．计算人、料、机费用　　　　　　B．计算企业管理费、利润、规费、税金
   C．复核工程量的准确性　　　　　　D．套用定额单价

41. 拟建工程与已完工程采用同一个施工图，但两者基础部分和现场施工条件不同，则对相同部分的施工图预算，宜采用的审查方法是（　　）。
   A．分组计算审查法　　　　　　　　B．筛选审查法
   C．对比审查法　　　　　　　　　　D．标准预算审查法

42. 关于工程量清单的说法，正确的是（　　）。
   A．工程量清单的准确性和完整性由投标人负责
   B．分项工程项目清单的项目名称一般以工程实体名称命名
   C．分部分项工程量清单的项目编码前十位按现行计量规范的规定设置
   D．投标人不得对招标文件中的措施项目清单进行调整

43. 下列费用中，应列入其他项目清单的是（　　）。
   A．专业工程暂估价　　　　　　　　B．安全文明施工费
   C．二次搬运费　　　　　　　　　　D．夜间施工增加费

44. 根据《建设工程工程量清单计价规范》GB 50500—2013，招标人在工程量清单中提供的用于支付必然发生但暂不能确定价格的材料、工程设备的单价及专业工程金额的是（　　）。
   A．暂列金额　　　　　　　　　　　B．暂估价
   C．总承包服务费　　　　　　　　　D．价差预备费

45. 关于工程量清单编制总说明的内容，下列说法正确的是（　　）。
    A．建设规模是指工程投资总额
    B．工程特征是指结构类型及主要施工方案
    C．施工现场实际情况是指自然地理条件
    D．环境保护要求包括避免材料运输影响周边环境的防护要求

46. 某建设工程采用《建设工程工程量清单计价规范》GB 50500—2013，招标工程量清单中挖土方工程量为 3000m³。投标人根据地质条件和施工方案计算的挖土方工程量为 4500m³，完成该土方分项工程的人、料、机费用为 95000 元，管理费 14500 元，利润 10000 元。如不考虑其他因素，投标人报价时的挖土方综合单价为（　　）元/m³。
    A．24.33　　　　　　　　　　B．26.56
    C．39.83　　　　　　　　　　D．36.50

47. 关于最高投标限价及其编制的说法，正确的是（　　）。
    A．综合单价中包括应由招标人承担的风险费用
    B．招标人供的材料，总承包服务费应按材料价值的 1.5% 计算
    C．招标文件中已提供暂估价的材料价格由投标人自主确定价格
    D．招标人应在招标文件中如实公布最高投标限价各组成部分的详细内容，不得对其上调或下浮

48. 实行招标的工程，发承包人约定合同工程的质量、履行期限等主要条款应当与招标文件中和中标人的投标文件的内容一致。若出现不一致的情况，应（　　）。
    A．以招标文件为准　　　　　　B．要求中标人进行适当修正
    C．以投标文件为准　　　　　　D．要求发包人进行适当修正

49. 根据《建设工程施工合同（示范文本）》GF—2017—0201，监理人应在收到承包人提交的工程量报告后（　　）天内完成对承包人提交的工程量报表的审核并报送发包人。
    A．7　　　　　　　　　　　　B．14
    C．21　　　　　　　　　　　D．28

50. 某工程项目施工合同约定竣工时间为 2021 年 12 月 30 日，合同实施过程中因承包人施工质量不合格返工导致总工期延误了 2 个月；2022 年 1 月项目所在地政府出台了新政策，直接导致承包人计入总造价的税金增加 25 万元。关于增加的 25 万元税金责任承担的说法，正确的是（　　）。
    A．由承包人和发包人共同承担，理由是国家政策变化，非承包人的责任
    B．由发包人承担，理由是国家政策变化，承包人没有义务承担
    C．由承包人承担，理由是承包人责任导致延期，进而导致税金增加
    D．由发包人承担，理由是承包人承担质量问题责任，发包人承担政策变化责任

51. 2021 年 11 月实际完成的某土方工程，按基准日期价格计算的已完成工程的金额为 1200 万元，该工程定值权重 0.2。各可调因子的价格指数除人工费增长 20% 外，其他均增长了 10%，人工费占可调值部分的 50%。按价格调整公式计算，该土方工程需调整的价款为（　　）万元。
    A．120　　　　　　　　　　　B．144
    C．168　　　　　　　　　　　D．240

52. 根据《建设工程工程量清单计价规范》GB 50500—2013，当承包人在已标价工程量清单中载明材料单价低于基准单价时，合同履行期间材料单价涨幅以（   ）为基础超过5%时，超过部分按实调整。
   A．投标报价　　　　　　　　　　　B．最高投标限价
   C．基准单价　　　　　　　　　　　D．实际单价

53. 根据《建设工程工程量清单计价规范》GB 50500—2013规定，采用单价计算的措施项目费，按照（   ）确定单价。
   A．实际发生的措施项目，考虑承包人报价浮动因素
   B．实际发生变化的措施项目及已标价工程量清单项目的规定
   C．实际发生变化的措施项目并考虑承包人报价浮动
   D．类似的项目单价及已标价工程量清单的规定

54. 关于建设项目最终结清阶段承包人索赔的权力和期限，下列说法中正确的是（   ）。
   A．承包人接受竣工结算支付证书后再无权提出任何索赔
   B．承包人只能提出工程接收证书颁发前的索赔
   C．承包人提出索赔的期限自缺陷责任期满时终止
   D．承包人提出索赔的期限自接收最终支付证书时终止

55. 承包人在施工中遇到了一个有经验的承包人也难以预测的不利物质条件，导致承包人费用增加和工期延误。根据《标准施工招标文件》，承包人可索赔（   ）。
   A．工期+费用　　　　　　　　　　B．费用+利润
   C．工期+利润　　　　　　　　　　D．工期+费用+利润

56. 关于安全文明施工费的说法，正确的是（   ）。
   A．因基准日期后合同适用的法律发生变化，增加的安全文明施工费由发包人承担
   B．发包人可以根据施工项目环境和安全情况酌情扣减部分安全文明施工费
   C．承包人经发包人同意采取合同约定以外的安全措施所产生的费用，由承包人承担
   D．承包人对安全文明施工费应专款专用，在财务账目中与管理费合并列项备查

57. 编制竣工结算文件时，应按国家、省级或行业建设主管部门的规定计价的是（   ）。
   A．劳动保险费　　　　　　　　　　B．总承包服务费
   C．安全文明施工费　　　　　　　　D．现场签证费

58. 根据《建设工程施工合同（示范文本）》GF—2017—0201，发包人明确表示或者以其行为表明不履行合同主要义务的，承包人有权解除合同，发包人应承担（   ）。
   A．由此增加的费用并支付承包人合理的利润
   B．由此增加的费用，但不包括利润
   C．承包人已订购但未支付的材料费
   D．由此支出的直接成本，不包括管理费

59. 国际工程投标报价程序中，投标人员在复核工程量时发现土方部分的工程量计算存在较大误差，投标人（   ）。
   A．按监理工程核算的工程量计算报价，并在投标函中予以说明
   B．按照有利的原则选择招标文件的工程量报价
   C．按招标文件的工程量和自己核算的工程量分别报价，并在投标函中适当予以说明
   D．不能随便改动工程量，应按招标文件的要求填报自己的报价，但可另在投标函中适当予以说明

60. 国际工程投标报价时，通常情况下报价可适当高一些的工程是（　　）。
    A．工期要求急的工程
    B．施工条件好的工程
    C．竞争激烈的工程
    D．支付条件好的工程

二、多项选择题（共20题，每题2分。每题的备选项中，有2个或2个以上符合题意，至少有1个错项。错选，本题不得分；少选，所选的每个选项得0.5分）

61. 确定基准收益率时，应综合考虑的因素包括（　　）。
    A．投资风险
    B．机会成本
    C．资金成本
    D．通货膨胀
    E．投资者意愿

62. 下列技术方案经济评价指标中，属于偿债能力评价指标的有（　　）。
    A．利息备付率
    B．资产负债率
    C．净现值率
    D．静态投资回收期
    E．速动比率

63. 敏感度系数和临界点是敏感性分析的两项重要指标，下列有关敏感度系数和临界点的表述中，正确的有（　　）。
    A．敏感度系数是技术方案效益指标和不确定因素的比值
    B．敏感度系数的绝对值越大，表明评价指标对于不确定因素越敏感
    C．敏感性分析图中，斜率越大敏感度越高
    D．对同一个技术方案，随着基准收益率的提高，临界点也会变低
    E．临界点越高表明该因素的敏感性越强

64. 下列成本费用中，应计入经营成本的费用有（　　）。
    A．折旧费
    B．摊销费
    C．利息支出
    D．修理费
    E．工资及福利费

65. 价值工程活动中，按功能的重要程度不同，产品的功能可分为（　　）。
    A．基本功能
    B．必要功能
    C．辅助功能
    D．过剩功能
    E．不足功能

66. 下列会计要素中，反映企业在一定会计期间经营成果的有（　　）。
    A．收入
    B．负债
    C．资产
    D．利润
    E．费用

67. 施工企业发生的期间费用中，应计入管理费用的有（　　）。
    A．固定资产使用费
    B．财产保险费
    C．检验试验费
    D．履约担保费
    E．汇兑损失

68. 根据《企业会计准则第15号——建造合同》，判断固定造价合同的结果能够可靠估计，至少需同时具备的条件有（　　）。
    A．与合同相关的经济利益很可能流入企业
    B．合同总收入能够可靠地计量

C．合同完工进度和为完成合同尚需发生的成本能够可靠地确定
   D．合同奖励金额能够可靠地计量
   E．实际发生的合同成本能够清楚地区分和可靠地计量

69. 企业资产负债表中的非流动负债项目有（　　）。
   A．预收款项　　　　　　　　　　B．应付职工薪酬
   C．长期应付款　　　　　　　　　D．应交税费
   E．递延收益

70. 下列经济活动产生的现金中，属于投资活动产生的现金流量有（　　）。
   A．取得投资收益收到的现金　　　B．销售商品收到的现金
   C．吸收投资收到的现金　　　　　D．接受劳务支付的现金
   E．处置固定资产、无形资产和其他长期资产收回的现金净额

71. 商业信用是指在商品交易中由于延期付款或预收货款所形成的企业间的借贷关系，其具体的形式有（　　）。
   A．应付账款　　　　　　　　　　B．生产周转借款
   C．应付票据　　　　　　　　　　D．结算借款
   E．预收账款

72. 企业置存现金的原因，主要是满足（　　）。
   A．交易性需要　　　　　　　　　B．风险性需要
   C．预防性需要　　　　　　　　　D．投机性需要
   E．管理性需要

73. 按费用构成要素划分，下列费用中，属于建筑安装工程费用中企业管理费的是（　　）。
   A．工伤保险费　　　　　　　　　B．养老保险费
   C．劳动保护费　　　　　　　　　D．流动施工津贴
   E．差旅交通费

74. 进口设备装运港交货价包括（　　）。
   A．离岸价　　　　　　　　　　　B．到岸价
   C．船边交货价　　　　　　　　　D．运费在内价
   E．完税后交货价

75. 采用技术测定法编制人工定额时，测定各工序工时消耗的方法有（　　）。
   A．理论计算法　　　　　　　　　B．统计分析法
   C．测时法　　　　　　　　　　　D．写实记录法
   E．工作日写实法

76. 关于企业定额的编制，下列说法正确的有（　　）。
   A．企业定额反映企业的施工生产与生产消费之间的数量关系，是施工企业生产力水平的体现
   B．企业定额是计算工人劳动报酬的依据
   C．企业定额是施工企业进行成本管理、经济核算的基础
   D．企业定额是施工企业编制施工组织设计的依据
   E．企业定额水平必须遵循平均先进的原则

77. 单位建筑工程概算工程量审查的主要依据有（　　）。
    A．初步设计图纸　　　　　　　　B．施工图设计文件
    C．概算定额　　　　　　　　　　D．概算指标
    E．工程量计算规则

78. 施工图预算是建设单位（　　）的依据。
    A．确定项目造价　　　　　　　　B．进行施工准备
    C．控制施工成本　　　　　　　　D．监督检查执行定额标准
    E．施工期间安排建设资金

79. 下列内容中，属于招标工程量清单编制依据的有（　　）。
    A．分部分项工程清单　　　　　　B．拟定的招标文件
    C．最高投标限价　　　　　　　　D．潜在投标人的资质及能力
    E．施工现场情况、工程特点及合理的施工方案

80. 关于质量保证金的说法，正确的有（　　）。
    A．质量保证金原则上采用保函方式
    B．质量保证金可以在工程竣工结算时一次性扣留
    C．质量保证金可以在支付工程进度款时逐次扣留
    D．质量保证金预留的总额不得高于工程价款结算总额的6%
    E．工程竣工前承包人已提供履约担保的，发包人不得同时预留工程质量保证金

考前第1套卷参考答案及解析

一、单项选择题

1. D	2. A	3. A	4. C	5. D
6. D	7. B	8. A	9. D	10. B
11. B	12. B	13. D	14. B	15. A
16. C	17. D	18. D	19. D	20. B
21. B	22. D	23. D	24. D	25. D
26. B	27. D	28. D	29. A	30. B
31. D	32. D	33. D	34. B	35. C
36. B	37. D	38. D	39. D	40. B
41. C	42. B	43. A	44. D	45. D
46. C	47. D	48. C	49. A	50. C
51. B	52. C	53. B	54. D	55. A
56. A	57. C	58. A	59. D	60. A

【解析】

1. D。第一年的本利和：1000×1.08=1080万元；第二年应计利息：1080×8%=86.4万元。
2. A。名义利率与有效利率计算表：

名义利率与有效利率计算表

年名义利率（r）	计息期	年计息次数（m）	计息期利率（$i=r/m$）	年有效利率（i_{eff}） $i_{eff}=(1+r/m)^m-1$
8%	年	1	8%	8%
	半年	2	4%	$(1+4\%)^2-1=8.16\%$
	季	4	2%	$(1+2\%)^4-1=8.24\%$
	月	12	0.667%	$(1+0.667\%)^{12}-1=8.30\%$
	日	365	0.022%	$(1+0.022\%)^{365}-1=8.36\%$

3. A。静态评价指标包括总投资收益率、资本金净利润率、静态投资回收期。B选项属于偿债能力评价指标；C、D选项属于盈利能力动态评价指标。

4. C。技术方案资本金净利润率（ROE）表示技术方案资本金的盈利水平，按下式计算：

$$ROE=\frac{NP}{EC}\times 100\%$$

式中　NP——技术方案正常年份的年净利润或运营期内年平均净利润，净利润=利润总额-所得税；

EC——技术方案资本金。

计算过程为：该技术方案资本金净利润率=$\dfrac{450-50}{1200}\times 100\%$=33.33%。

5. D。A 选项错误，计算简单，没有考虑技术方案投资收益的时间因素。B 选项错误，在一定程度上反映了投资效果的优劣，可适用于各种投资规模。C 选项错误，不能作为主要的决策依据，其主要用在技术方案制定的早期阶段或研究过程，且计算期较短、不具备综合分析所需详细资料的技术方案。

6. D。根据公式：$FNPV=\sum\limits_{t=0}^{n}(CI-CO)_t(1+i_c)^{-t}$，该技术方案的财务净现值=-300×（1+10%）$^{-1}$-200×（1+10%）$^{-2}$+300×（1+10%）$^{-3}$+700×（1+10%）$^{-4}$+700×（1+10%）$^{-5}$+700×（1+10%）$^{-6}$=-272.73-165.29+225.39+478.11+434.64+395.13=1095.25 万元。

7. B。采用财务净现值和财务内部收益率指标评价技术方案经济效果的共同特点是：均考虑资金的时间价值。

8. A。利息备付率也称已获利息倍数，指在技术方案借款偿还期内各年企业可用于支付利息的息税前利润（$EBIT$）与当期应付利息（PI）的比值。

9. D。盈亏平衡分析虽然能够度量技术方案风险的大小，但并不能揭示产生技术方案风险的根源。

10. B。投资各方现金流量表中应作为现金流出的项目有实缴资本、租赁资产支出、进项税额、应纳增值税、其他现金流出。

11. B。A 选项错误，即使完全没有使用过，它的功能也会被更为完善、技术更为先进的设备所取代，这时它的技术寿命可以认为等于零。C 选项错误，一般比自然寿命要短。D 选项错误，设备经济寿命是由设备维护费用的提高和使用价值的降低决定的。

12. B。静态模式下设备经济寿命的确定方法，就是在不考虑资金时间价值的基础上计算设备年平均使用成本 $\bar{C}_N$，计算公式为：

$$\bar{C}_N=\dfrac{P-L_N}{N}+\dfrac{1}{N}\sum_{t=1}^{N}C_t$$

式中　$\bar{C}_N$——N 年内设备的年平均使用成本；

　　　P——设备目前实际价值，如果是新设备包括购置费和安装费，如果是旧设备包括旧设备现在的市场价值和继续使用旧设备追加的投资；

　　　C_t——第 t 年的设备运行成本，包括人工费、材料费、能源费、维修费、停工损失、废次品损失等；

　　　L_N——第 N 年末的设备净残值。

式中，$\dfrac{P-L_N}{N}$ 为设备的平均年度资产消耗成本，而 $\dfrac{1}{N}\sum\limits_{t=1}^{N}C_t$ 为设备的平均年度运行成本。

本题的计算过程为：（6000-600）/5+500=1580 元。

13. D。A 选项错误，价值工程中所述的"价值"也是一个相对的概念，是指作为某种产品（或作业）所具有的功能与获得该功能的全部费用的比值，它是对象的比较价值。B 选项错误，产品的寿命周期成本由生产成本和使用及维护成本组成。C 选项错误，价值工程的核心，是对产品进行功能分析。

14. B。本题的计算过程如下：

总造价=2800+2450+2300+2680=10230 元/m²。

成本系数的计算：
甲=2800/10230=0.274；
乙=2460/10230=0.240；
丙=2300/10230=0.225；
丁=2680/10230=0.262。
价值指数：
甲=0.256/0.274=0.934；
乙=0.250/0.240=1.042；
丙=0.215/0.225=0.956；
丁=0.245/0.262=0.935。
价值系数最高的是乙方案。

15. A。流动资产包括货币资金、交易性金融资产、衍生金融资产、应收票据、应收账款、应收款项融资、预付款项、其他应收款、存货、合同资产、持有待售资产、一年内到期的非流动资产、其他流动资产。B、C 选项属于流动负债。D 选项属于所有者权益的内容。

16. C。会计要素的计量属性主要包括：历史成本、重置成本、可变现净值、现值、公允价值。可变现净值按照其现在正常对外销售所能收到现金或者现金等价物的金额，扣减该资产至完工时估计将要发生的成本、估计的销售费用以及相关税费后的金额计量。

17. D。企业的支出可分为资本性支出、收益性支出、营业外支出及利润分配支出四大类。资本性支出包括企业购置和建造固定资产、无形资产及其他资产的支出、长期投资支出等。收益性支出包括企业生产经营所发生的外购材料、支付工资及其他支出，管理费用、销售费用（营业费用）、财务费用、生产经营过程中所缴纳的税金、有关费用。营业外支出包括公益性捐赠支出、非常损失、盘亏损失、非流动资产损毁报废损失等。利润分配支出包括股利分配支出。A 选项属于资本性支出；B、C 选项属于收益性支出。

18. D。A 选项错误，年限平均法计算的每期（年、月）折旧额都是相等的。B 选项错误，工作量法是按照固定资产预计可完成的工作量计提折旧额的一种方法，不是加速折旧的方法。C 选项错误，年数总和法各年提取的折旧额逐年递减，是一种加速折旧的方法。

19. B。财务费用是指企业为施工生产筹集资金或提供预付款担保、履约担保、职工工资支付担保等所发生的费用，包括应当作为期间费用的利息支出（减利息收入）、汇兑损失（减汇兑收益）、相关的手续费以及企业发生的现金折扣或收到的现金折扣等内容。

20. B。合同完工进度=累计实际发生的合同成本÷合同预计总成本×100%，则第 1 年合同完成进度=1800/（1800+3000）=37.50%。

21. B。A 选项错误，主要来源是营业利润；C 选项错误，营业利润=营业收入-营业成本（或营业费用）-税金及附加-销售费用-管理费用-财务费用-资产减值损失+公允价值变动收益（损失为负）+投资收益（损失为负）。D 选项错误，利润总额=营业利润+营业外收入-营业外支出。营业利润的公式要掌握，可能会考查计算题。

22. D。企业所得税实行 25%的比例税率。符合条件的小型微利企业，减按 20%的税率征收企业所得税。

23. B。资产负债表是反映企业在某一特定日期财务状况的报表。利润表是反映企业在一定会计期间的经营成果的财务报表。现金流量表是反映企业一定会计期间现金和现金等价物流入和流出的财务报表。

24. D。因素分析法是依据分析指标与其驱动因素之间的关系，从数量上确定各因素对分析指标的影响方向及程度的分析方法。这种方法的分析思路是，当有若干因素对分析指标产生影响时，在假设其他各因素都不变的情况下，顺序确定每个因素单独变化对分析指标产生的影响。

25. D。A 选项错误，产权比率和权益乘数属于企业长期偿债能力比率。B、C 选项说法混淆了，正确的说法是：产权比率表明每 1 元股东权益相对于负债的金额；权益乘数表明每 1 元股东权益相对于资产的金额。

26. B。放弃现金折扣成本=[折扣百分比÷（1-折扣百分比）]×[360÷（信用期-折扣期）]=[2%÷（1-2%）]×[360÷（30-10）]=36.73%。
"购入货物 150 万元"属于干扰条件。信用期是 30 天，折扣期是 10 天。"企业在 28 天付款"属于迷惑性条件。

27. D。经济订货量的公式为：
$$Q^* = \sqrt{2KD/K_2}$$
式中　Q^*——经济订货量；
　　　K——每次订货的变动成本；
　　　D——存货年需要量；
　　　K_2——单位储存成本。
本题的计算过程为：材料的经济采购批量=$\sqrt{2\times1500\times1000/200}$=122.47 吨。

28. B。关于建设项目总投资的构成要掌握以下几个关系：
（1）建设项目总投资=建设投资+建设期利息+流动资金
（2）建设投资=建筑安装工程费+设备及工器具购置费+工程建设其他费用+基本预备费+价差预备费
（3）工程费用=建筑安装工程费+设备及工器具购置费
（4）静态投资=建筑安装工程费+设备及工器具购置费+工程建设其他费用+基本预备费
（5）动态投资=建设期利息+价差预备费
则该项目的建设投资=3600+120=3720 万元。

29. A。材料费包括材料原价、运杂费、运输损耗费、采购及保管费。采购及保管费用包括采购费、仓储费、工地保管费、仓储损耗。

30. B。规费包括社会保险费和住房公积金。社会保险费包括养老保险费、失业保险费、医疗保险费、生育保险费和工伤保险费。

31. D。措施项目费包括安全文明施工费、夜间施工增加费、二次搬运费、冬雨期施工增加费、已完工程及设备保护费、工程定位复测费、特殊地区施工增加费、大型机械进出场及安拆费、脚手架工程费。其中安全文明施工费包括环境保护费、安全施工费、文明施工费、临时设施费、建筑工人实名制管理费。

32. D。材料单价={（材料原价+运杂费）×[1+运输损耗率（%）]}×[1+采购保管费率（%）]=（4500+4500×2%）×（1+1%）×（1+3%）=4774.98 元/吨。

33. B。取得国有土地使用费包括土地使用权出让金、城市建设配套费、房屋征收与补偿费等。

34. B。改扩建项目一般只计拆除清理费，故 A 选项错误。新建项目的场地准备和临时设施费应根据实际工程量估算，或按工程费用的比例计算，故C、D选项错误。

35. C。施工定额是工程建设定额中分项最细、定额子目最多的一种定额，也是建设工程定额中的基础性定额。

36. B。编制施工机械台班使用定额时，计入定额时间的是必须消耗的时间。在必需消耗的工作时间里，包括有效工作、不可避免的无负荷工作和不可避免的中断三项时间消耗。而在有效工作的时间消耗中又包括正常负荷下、有根据地降低负荷下的工时消耗。

37. B。人工幅度差用工=（基本用工+辅助用工+超运距用工）×人工幅度差系数=（3+0.5+0.8）×10%=0.43 工日；人工工日消耗量=基本用工+超运距用工+辅助用工+人工幅度差用工=3+0.5+0.8+0.43=4.73 工日/10m³。

38. D。概算定额法又叫扩大单价法或扩大结构定额房，该方法要求初步设计达到一定深度，建筑结构比较明确时可采用。

39. B。调整概算指标中人、料、机数量计算公式为：

结构变化修正概算指标的人、料、机数量=原概算指标的人、料、机数量+换入结构件工程量×相应定额人、料、机消耗量-换出结构件工程量×相应定额人、料、机消耗量

对结构构件的变更和调和调整过程见下表：

结构名称	单位	数量（每100m²含量）	单价（元）	合价（元）
换出部分：				800
外墙带形毛石基础	m³	15	275	4125
1砖外墙	m³	45	300	13500
合计	元			17625
换入部分：				
外墙带形毛石基础	m³	18	275	4950
1.5砖外墙	m³	60	320	19200
合计	元			24150
修正变化概算指标		800-17625/100+24150/100=865.25		

40. B。定额单价法的编制步骤如下图所示：

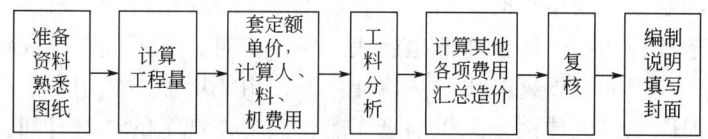

注意：计算其他各项费用，是根据规定的税率、费率和相应的计取基础，分别计算企业管理费、利润、规费和税金。

41. C。对比审查法是当工程条件相同时，用已完工程的预算或未完但已经过审查修正的工程预算对比审查拟建工程的同类工程预算的一种方法。采用该方法一般须符合下列条件。

（1）拟建工程与已完或在建工程预算采用同一施工图，但基础部分和现场施工条件不同，则相同部分可采用对比审查法。

（2）工程设计相同，但建筑面积不同，两工程的建筑面积之比与两工程各分部分项工程量之比大体一致。此时可按分项工程量的比例，审查拟建工程各分部分项工程的工程量，或用两工程每平方米建筑面积造价、每平方米建筑面积的各分部分项工程量对比进行审查。

(3)两工程面积相同,但设计图纸不完全相同,则相同的部分,如厂房中的柱子、屋架、屋面、砖墙等,可进行工程量的对照审查。对不能对比的分部分项工程可按图纸计算。

42. B。A 选项错误,由招标人负责。C 选项错误,前 9 位应按计量规范规定设置,10~12 位为清单项目编码,应根据拟建工程的工程量清单项目名称设置。由于工程建设施工特点和承包人组织施工生产的施工装备水平、施工方案及其管理水平的差异,同一工程、不同承包人组织施工采用的施工措施有时并不完全一致,因此,措施项目清单应根据已建工程的实际情况列项,可以进行调整,故 D 选项错误。

43. A。其他项目清单内容包括暂列金额、暂估价(材料暂估价、工程设备暂估价、专业工程暂估价)、计日工和总承包服务费。

44. B。注意区分暂列金额与暂估价。暂估价是指招标人在工程量清单中提供的用于支付必然发生但暂时不能确定价格的材料价款、工程设备价款以及专业工程金额。

45. D。A 选项错误,建设规模是指建筑面积。B 选项错误,工程特征应说明基础及结构类型、建筑层数、高度、门窗类型及各部位装饰、装修做法。C 选项错误,施工现场实际情况是指施工场地的地表状况。

46. C。综合单价=(人、料、机总费用+管理费+利润)/清单工程量=(95000+14500+10000)/3000=39.83 元/m^3。

47. D。A 选项错误,综合单价中应包括招标文件中招标人要求投标人承担的风险内容及其范围(幅度)产生的风险费用。B 选项错误,招标人自行供应材料、设备的,按招标人供应材料、设备价值的 1%计算。C 选项错误,招标文件提供了暂估单价的材料,应按暂估单价计入综合单价。

48. C。招标文件与中标人投标文件不一致的地方应以投标文件为准。

49. A。根据《建设工程施工合同(示范文本)》GF—2017—0201,监理人应在收到承包人提交的工程量报告后 7 天内完成对承包人提交的工程量报表的审核并报送发包人,以确定当月实际完成的工程量。

50. C。招标工程以投标截止日前 28 天,非招标工程以合同签订前 28 天为基准日。基准日期后,法律变化导致承包人在合同履行过程中所需要的费用发生"市场价格波动引起的调整"条款约定以外的增加时,由发包人承担由此增加的费用;减少时,应从合同价格中予以扣减。基准日期后,因法律变化造成工期延误时,工期应予以顺延。因承包人原因造成工期延误,在工期延误期间出现法律变化的,由此增加的费用和(或)延误的工期由承包人承担。但因承包人原因导致工期延误的,按上述规定的调整时间,在合同工程原定竣工时间之后,合同价款调增的不予调整,合同价款调减的予以调整。

51. B。土方工程需调整的价款=1200×(0.2+0.8×0.5×1.2+0.8×0.5×1.1-1)=144 万元。

52. C。承包人在已标价工程量清单或预算书中载明材料单价低于基准价格的:除专用合同条款另有约定外,合同履行期间材料单价涨幅以基准价格为基础超过 5%时,或材料单价跌幅以在已标价工程量清单或预算书中载明材料单价为基础超过 5%时,其超过部分据实调整。

53. B。安全文明施工费按照实际发生变化的措施项目调整,不得浮动。采用单价计算的措施项目费,按照实际发生变化的措施项目及已标价工程量清单项目的规定确定单价。

54. D。承包人按"最终结清"条款提交的最终结清申请单中,只限于提出工程接收证书颁发后发生的索赔。提出索赔的期限自接受最终结清证书时终止。

55. A。承包人遇到不利物质条件可以索赔工期和费用。

56. A。安全文明施工费由发包人承担，发包人不得以任何形式扣减该部分费用。因基准日期后合同所适用的法律或政府有关规定发生变化，增加的安全文明施工费由发包人承担。故 A 选项正确、B 选项错误。承包人经发包人同意采取合同约定以外的安全措施所产生的费用，由发包人承担。故 C 选项错误。承包人对安全文明施工费应专款专用，承包人应在财务账目中单独列项备查，不得挪作他用。故 D 选项错误。

57. C。措施项目中的总价项目应依据已标价工程量清单的项目和金额计算；发生调整的，应以发承包双方确认调整的金额计算，其中安全文明施工费应按国家或省级、行业建设主管部门的规定计算。规费和税金按国家或省级、建设主管部门的规定计算。

58. A。除专用条款另有约定外，承包人按"发包人违约的情形"条款约定暂停施工满 28 天后，发包人仍不纠正其违约行为并导致使合同目的不能实现的，或发包人明确表示或者以其行为表明不履行合同主要义务的，承包人有权解除合同，发包人应承担由此增加的费用，并支付承包人合理的利润。

59. D。在工程量复核中，当发现遗漏或相差较大时，投标人不能随便改动工程量，仍应按招标文件的要求填报自己的报价，但可另在投标函中适当予以说明。

60. A。报价可高一些的工程有：(1) 施工条件差的工程；(2) 专业要求高的技术密集型工程，而本公司在这方面有专长，声望也较高；(3) 总价低的小型工程以及自己不愿做、又不方便不投标的工程；(4) 特殊的工程，如港口码头、地下开挖工程等；(5) 工期要求急的工程；(6) 竞争对手少的工程；(7) 支付条件不理想的工程。

二、多项选择题

61. A、B、C、D	62. A、B、E	63. B、C、D	64. D、E	65. A、C
66. A、D、E	67. A、B、C	68. A、B、E	69. C、E	70. A、E
71. A、C、E	72. A、C、D	73. C、E	74. A、B、D	75. C、D、E
76. A、C、D	77. A、C、E	78. A、E	79. B、E	80. A、B、C、E

【解析】

61. A、B、C、D。确定基准收益率的基础是资金成本和机会成本。投资风险和通过膨胀是必须考虑的影响因素。

62. A、B、E。偿债能力指标主要有：借款偿还期、利息备付率、偿债备付率、资产负债率、流动比率和速动比率。

63. B、C、D。A 选项错误，敏感度系数表示技术方案经济效果评价指标对不确定因素的敏感程度。计算公式为：

$$S_{AF} = \frac{\Delta A / A}{\Delta F / F}$$

式中 S_{AF}——敏感度系数；

$\Delta F/F$——不确定性因素 F 的变化率（%）；

$\Delta A/A$——不确定性因素 F 发生 ΔF 变化时，评价指标 A 的相应变化率（%）。

B 选项正确，$|S_{AF}|$ 越大，表明评价指标 A 对于不确定因素 F 越敏感；反之，则不敏感。

C 选项正确，敏感性分析图中，每一条直线的斜率反映技术方案经济效果评价指标该不确定因素的敏感程度，斜率越大敏感度越高。

D选项正确，临界点的高低与设定的指标判断标准有关，如财务内部收益率的判断标准为基准收益率，则不确定性因素变化的临界点是财务内部收益率等于基准收益率。对于同一个技术方案，随着设定基准收益率的提高，临界点就会变低。

E选项错误，临界点越低，说明该因素对技术方案经济效果指标影响越大，技术方案对该因素就越敏感。

64. D、E。经营成本=总成本费用-折旧费-摊销费-利息支出=外购原材料、燃料及动力费+工资及福利费+修理费+其他费用。

65. A、C。按功能的重要程度分类，产品的功能一般可分为基本功能和辅助功能两类。按用户需求分类，功能可分为必要功能和不必要功能。按功能的量化标准分类，产品的功能可分为过剩功能与不足功能。

66. A、D、E。反映企业在一定会计期间经营成果的会计等式，是由动态会计要素（收入、费用和利润）组合而成。

67. A、B、C。管理费用是指企业行政管理部门为管理和组织经营活动而发生的各项费用，包括管理人员工资、办公费、差旅交通费、固定资产使用费、工具用具使用费、劳动保险费、工会经费、职工教育经费、财产保险费、税金、其他（技术转让费、技术开发费、业务招待费、绿化费、广告费、公证费、法律顾问费、审计费、咨询费等）。D、E选项属于财务费用。

68. A、B、C、E。固定造价合同的结果能够可靠估计，依据以下4个条件进行判断，如果同时满足4个条件，则固定造价合同的结构能够可靠估计：（1）合同总收入能够可靠地计量；（2）与合同相关的经济利益很可能流入企业；（3）实际发生的合同成本能够清楚地区分和可靠地计量；（4）合同完工进度和为完成合同尚需发生的成本能够可靠地确定。

69. C、E。企业资产负债表中的非流动负债项目包括长期借款、应付债券（优先股、永续债）、租赁负债、长期应付款、预计负债、递延收益、递延所得税负债。流动负债包括短期借款、交易性金融负债、衍生金融负债、应付票据及应付账款、预收款项、合同负债、应付职工薪酬、应交税费、其他应付款、持有待售负债、一年内到期的非流动负债。

70. A、E。投资活动是指企业长期资产的购建和不包括在现金等价物范围的投资及其处置活动。投资活动产生的现金流量包括：（1）收回投资收到的现金；（2）取得投资收益收到的现金；（3）处置固定资产、无形资产和其他长期资产收回的现金净额；（4）处置子公司及其他营业单位收到的现金净额；（5）收到其他与投资活动有关的现金；（6）购建固定资产、无形资产和其他长期资产支付的现金；（7）投资支付的现金；（8）取得子公司及其他营业单位支付的现金净额；（9）支付其他与投资活动有关的现金。B、D选项属于经营活动产生的现金流量。C选项属于筹资活动产生的现金流量。

71. A、C、E。短期负债筹资最常用的方式是商业信用和短期借款。商业信用的具体形式有应付账款、应付票据、预收账款等。应付票据分为商业承兑汇票和银行承兑汇票两种。短期借款的形式主要有生产周转借款、临时借款、结算借款。

72. A、C、D。企业置存现金的原因，主要是满足交易性需要、预防性需要、投机性需要。

73. C、E。企业管理费用包括管理人员工资、办公费、差旅交通费、固定资产使用费、工具用具使用费、劳动保险和职工福利费、劳动保护费、检验试验费、工会经费、职工教育经费、财产保险费、财务费、税金、城市维护建设税、教育费附加、地方教育附加、其他。A、B 选项属于规费；D 选项属于人工费。

74. A、B、D。装运港交货类即卖方在出口国装运港完成交货任务。主要有装运港船上交货价（FOB），习惯称为离岸价；运费在内价（CFR）；运费、保险费在内价（CIF），习惯称为到岸价。

75. C、D、E。技术测定法是根据生产技术和施工组织条件，对施工过程中各工序采用测时法、写实记录法、工作日写实法，测出各工序的工时消耗等资料，再对所获得的资料进行科学的分析，制定出人工定额的方法。

76. A、C、D。B 选项错误，施工定额是计算工人劳动报酬的依据。E 选项错误，施工定额水平必须遵循平均先进的原则。

77. A、C、E。建筑工程概算的审查包括工程量审查、采用的定额或指标的审查、材料预算价格的审查、各项费用的审查。工程量根据初步设计图纸、概算定额、工程量计算规则的要求进行审查。

78. A、E。施工图预算对建设单位的作用主要包括：（1）施工图预算是施工图设计阶段确定建设项目造价的依据，是设计文件的组成部分。（2）施工图预算是建设单位在施工期间安排建设资金计划和使用建设资金的依据。（3）施工图预算是确定最高投标限价的参考依据。（4）施工图预算可以作为确定合同价款、拨付工程进度款及办理工程结算的基础。

79. B、E。招标工程量清单的编制依据包括：（1）《建设工程工程量清单计价规范》GB 50500—2013 以及相关工程的国家工程量计算标准；（2）国家或省级、行业建设主管部门颁发的工程量计量计价规定；（3）建设工程设计文件及相关材料；（4）与建设工程有关的标准、规范、技术资料；（5）拟定的招标文件及相关资料；（6）施工现场情况、地勘水文资料、工程特点及合理的施工方案；（7）其他相关资料。

80. A、B、C、E。D 选项错误，质量保证金预留总额不得高于工程价款结算总额的 3%。

《建设工程经济》
考前第 2 套卷及解析

扫码关注领取

本试卷配套解析课

《說文解字》

同意之音近換用

《建设工程经济》考前第2套卷

一、单项选择题（共60题，每题1分。每题的备选项中，只有1个最符合题意）

1. 关于资金时间价值的说法，正确的是（　　）。
   A．在单位时间资金增值率一定的条件下，资金使用时间越长，资金的时间价值越大
   B．在其他条件不变的情况下，资金数量越多，资金的时间价值越少
   C．在总资金一定的情况下，前期投入的资金越多，资金的负效益越小
   D．资金周转越快，资金的时间价值越少

2. 某企业从银行贷款200万元，年贷款复利利率为4%，贷款期限为6年，6年后一次性还本付息。该笔贷款还本付息总额为（　　）万元。
   A．243.33　　　　　　　　　　　　B．248.00
   C．252.50　　　　　　　　　　　　D．253.06

3. 某企业向银行借款，甲银行年利率8%，每年计息一次；乙银行年利率7.8%，每季度计息一次，则（　　）。
   A．甲银行实际利率低于乙银行实际利率　　B．甲银行实际利率高于乙银行实际利率
   C．甲乙两银行实际利率相同　　　　　　　D．甲乙两银行的实际利率不可比

4. 某技术方案建设投资为4500万元（不含建设期贷款利息），建设期贷款利息为600万元，全部流动资金为450万元，项目投产期年息税前利润为800万元，项目投产后正常年份的年息税前利润为1000万元，则该项目的总投资收益率为（　　）。
   A．14.41%　　　　　　　　　　　　B．18.02%
   C．16.16%　　　　　　　　　　　　D．19.61%

5. 某技术方案估计总投资3000万元，基准收益率为10%，该技术方案实施后各年的净收益为320万元，则该技术方案的静态投资回收期为（　　）年。
   A．8.38　　　　　　　　　　　　　B．9.38
   C．9.51　　　　　　　　　　　　　D．10.31

6. 利用静态投资回收期指标评价技术方案经济效果的不足是（　　）。
   A．不能全面反映资本的周转速度
   B．不能全面考虑投资方案整个计算期内的现金流量
   C．不能反映投资回收之前的经济效果
   D．不能反映回收全部投资所需要的时间

7. 关于财务净现值指标的说法，正确的是（　　）。
   A．该指标能够直观地反映技术方案在运营期内各年的经营成果
   B．该指标可直接用于不同寿命期互斥方案的比选
   C．该指标小于零时，技术方案在财务上可行
   D．该指标大于等于零时，技术方案在财务上可行

8. 根据我国现行财税制度，下列不能用来偿还贷款的资金来源是（　　）。
   A．固定资产折旧费　　　　　　　　B．无形资产摊销费

C．减免的营业税金 D．盈余公积金

9. 某生产性建设项目，其设计的生产能力为 100 万件，年固定成本为 5600 万元，每件产品的销售价格为 3800 元，每件产品的可变成本为 1800 元，单位产品的销售税金及附加之和为 200 元，则该生产性建设项目的盈亏平衡产销量为（   ）万件。
   A．4.43 B．5.60
   C．3.11 D．3.33

10. 下列技术方案现金流量表中，用来计算累计盈余资金、分析技术方案财务生存能力的是（   ）。
    A．投资现金流量表 B．资本金现金流量表
    C．投资各方现金流量表 D．财务计划现金流量表

11. 下列造成设备磨损的情形中，属于无形磨损原因的是（   ）。
    A．在外力的作用下实体产生的磨损 B．社会劳动生产率水平的提高
    C．设备连续使用导致零部件磨损 D．设备长期闲置导致橡胶件老化

12. 某建筑施工企业拟租赁一台施工机械，该施工机械的价格为 120 万元，可以租赁 6 年，每年年末支付租金，折现率为 8%，附加率为 3%，租金按附加率法计算，则每年应付租金为（   ）万元。
    A．13.44 B．33.20
    C．12.27 D．27.67

13. 提高产品价值途径包括五种，其中最理想的途径是（   ）。
    A．在保持产品功能不变的前提下，降低成本
    B．在提高产品功能的同时，降低产品成本
    C．在产品成本不变的条件下，提高产品功能
    D．在产品功能略有下降、产品成本大幅度降低的情况下，提高产品价值

14. 价值工程应用对象的功能评价值是指（   ）。
    A．可靠地实现用户要求功能的最低成本
    B．价值工程应用对象的功能与现实成本之比
    C．可靠地实现用户要求功能的最高成本
    D．价值工程应用对象的功能重要性系数

15. 某工程施工有甲、乙两个技术方案可供选择，甲方案需投资 1000 万元，年生产成本 200 万元；乙方案需投资 1300 万元，年生产成本 150 万元。设基准投资收益率为 12%。若采用增量投资收益率评价两方案，则（   ）。
    A．应该选用甲方案 B．甲乙两个方案在经济上均不可行
    C．应该选用乙方案 D．甲乙两个方案的效果相同

16. 某企业固定资产评估增值 1500 万元，属于会计要素中的（   ）。
    A．所有者权益 B．利润
    C．收入 D．资产

17. 某施工企业 2021 年 1 月份发生下列支出：支付 2020 年第 4 季度银行借款利息 5000 元；以现金 800 元购买办公用品（行政管理部门使用）；预提本月负担的银行借款利息 1200 元。按权责发生制确认的 1 月份的费用为（   ）元。
    A．1200 B．2000
    C．5000 D．5800

18. 根据《国家税务总局关于确认企业所得税收入若干问题的通知》（国税函[2008]875号）规定，企业在各个纳税期末，提供劳务交易的结果能够可靠估计的，正确的会计处理方式是（　　）。
    A．采用完工百分比法确认提供劳务收入
    B．不确认提供劳务收入
    C．采用分段结算法确认提供劳务收入
    D．按实际成本+合理利润确认提供劳务收入

19. 在市场经济条件下，在成本、会计核算中对提取坏账准备、采用加速折旧法，这体现了成本核算原则的（　　）。
    A．一贯性原则　　　　　　　　B．实际成本核算原则
    C．配比原则　　　　　　　　　D．谨慎原则

20. 施工企业销售自行加工的碎石取得的收入属于（　　）。
    A．施工合同收入　　　　　　　B．产品销售收入
    C．材料销售收入　　　　　　　D．提供劳务收入

21. 某跨年度建设项目合同总造价80000万元，预计总成本65000万元，2020年资产负债表日累计已确认收入50000万元，2021年资产负债表日工程已完成总进度的90%。则2021年应确认的合同收入为（　　）万元。
    A．13500　　　　　　　　　　B．15000
    C．22000　　　　　　　　　　D．30000

22. 计算企业应纳税所得额时，可以作为免税收入从企业收入总额中扣除的是（　　）。
    A．特许权使用费收入　　　　　B．国债利息收入
    C．财政拨款　　　　　　　　　D．接受捐赠收入

23. 关于资产负债表的说法，正确的是（　　）。
    A．资产负债表反映一定会计期间的财务状况
    B．资产负债表有助于评价企业的支付能力、偿债能力
    C．资产负债表可以分析判断企业损益发展变化的趋势
    D．资产负债表能够反映企业在某一特定日期企业所有者权益的构成情况

24. 关于现金等价物的特点，说法错误的是（　　）。
    A．期限短　　　　　　　　　　B．流动性强
    C．易于转换为现金，但金额不能确定　　D．价值变动风险小

25. 下列财务分析比率指标中，属于短期偿债能力比率的是（　　）。
    A．速动比率　　　　　　　　　B．资产负债率
    C．流动资产周转率　　　　　　D．总资产净利率

26. 某企业现有长期资本总额为12000万元，其中长期借款3000万元，长期债券5000万元，普通股4000万元。期限均为3年，每年结息一次，到期一次还本。长期借款资金成本为5%，长期债券资金成本为6%，普通股资金成本为8%。则该公司综合资金成本为（　　）。
    A．4.00%　　　　　　　　　　B．4.20%
    C．6.42%　　　　　　　　　　D．7.60%

27. 某企业有甲、乙、丙、丁四个现金持有方案，各方案相关数据见下表。若采用成本分

析模式进行现金持有量决策，该企业应采用（　　）方案。

某企业现金管理方案

方案	甲	乙	丙	丁
现金持有量（元）	60000	80000	90000	110000
机会成本（元）	6000	8000	9000	11000
管理成本（元）	8000	8000	8000	8000
短缺成本（元）	5500	6000	1500	0

A．甲 B．乙
C．丙 D．丁

28．关于ABC分析法进行存货管理的说法，正确的是（　　）。
   A．A类存货可凭经验确定进货量
   B．B类存货管理中根据实际情况采取灵活措施
   C．C类存货应实施严格控制
   D．C类存货应采取一般控制

29．根据现行建筑安装工程费用项目组成规定，因病而按计时工资标准的一定比例支付的工资属于（　　）。
   A．特殊情况下支付的工资 B．医疗保险费
   C．职工福利费 D．津贴补贴

30．根据现行建筑安装工程费用项目组成规定，下列费用项目属于按造价形成划分的是（　　）。
   A．人工费 B．企业管理费
   C．利润 D．税金

31．关于建筑安装工程费用中暂列金额的说法，正确的是（　　）。
   A．已签约合同价中的暂列金额由承包人掌握使用
   B．暂列金额不得用于招标人给出暂估价的材料采购
   C．发包人按照合同约定做出支付后，如有剩余归发包人所有
   D．暂列金额不得用于施工可能发生的现场签证费用

32．某施工企业购置一施工机械，预算价格为120万元，折旧年限为5年，年平均工作250个台班，残值率为3%，则该机械每工作台班折旧费应为（　　）元。
   A．776 B．960
   C．931.2 D．1164

33．某进口设备，按人民币计算的离岸价格210万元，国外运费5万元，国外运输保险费1万元。进口关税税率10%，增值税税率13%，不征收消费税，则该进口设备应纳增值税税额为（　　）万元。
   A．28.08 B．30.17
   C．30.75 D．30.89

34．下列费用中，属于引进技术和进口设备其他费的是（　　）。
   A．单台设备调试费用 B．国外工程技术人员来华费用
   C．设备无负荷联动试运转费用 D．生产职工培训费用

35. 某项目建设期为2年,在建设期第1年贷款2000万元,第2年贷款3000万元,贷款年利率为8%,则该项目的建设期贷款利息估算为（　　）万元。
    A．286.40 B．366.40
    C．560.00 D．572.80

36. 编制人工定额时,应计入定额时间的是（　　）。
    A．擅自离开工作岗位的时间 B．辅助工作消耗的时间
    C．工作时间内聊天的时间 D．工作面未准备好导致的停工时间

37. 施工企业投标报价时,周转材料消耗量应按（　　）计算。
    A．一次使用量 B．摊销量
    C．每次的补给量 D．损耗率

38. 某新建项目装配车间的土建工程概算100万元,给水排水和电气照明工程概算15万元,设计费10万元,装配生产设备及安装工程概算100万元,联合试运转费概算5万元,则该装配车间单项工程综合概算为（　　）万元。
    A．215 B．220
    C．225 D．230

39. 采用概算定额法编制设计概算的主要工作步骤有:①确定各分部分项工程项目的概算定额单价（基价）；②按照概算定额分部分项顺序,列出各分项工程的名称；③计算企业管理费、利润、规费和税金；④计算单位工程的人、料、机费用；⑤计算单位工程概算造价。上述工作步骤正确的排序是（　　）。
    A．②①④③⑤ B．④②①③⑤
    C．②④①③⑤ D．④①②③⑤

40. 关于建设工程预算,符合组合与分解层次关系的是（　　）。
    A．单位工程预算、单项工程综合预算、类似工程预算
    B．单位工程预算、类似工程预算、建设项目总预算
    C．单位工程预算、单项工程综合预算、建设项目总预算
    D．单项工程综合预算、类似工程预算、建设项目总预算

41. 采用定额单价法计算建筑安装工程费时需套用定额单价,下列做法正确的是（　　）。
    A．分项工程的名称、规格、计量单位与定额单价中所列内容完全一致时,可以直接套用定额单价
    B．分项工程计量单位与定额计量单位不一致时,套用邻近定额单价
    C．分项工程主要材料品种与定额单价不一致时,直接套用定额单价
    D．分项工程施工工艺条件与定额单价不一致时,调整定额单价后套用

42. 能较快发现问题,审查速度快,但问题出现的原因还需继续审查的施工图预算审查方法是（　　）。
    A．标准预算审查法 B．分组计算审查法
    C．筛选审查法 D．重点审查法

43. 现行计量规范的项目编码由12位阿拉伯数字构成,其中7、8、9位数字为（　　）。
    A．专业工程顺序码 B．清单项目编码
    C．分部工程顺序码 D．分项工程项目名称顺序码

44. 招标人要求总承包人对专业工程进行施工现场协调和统一管理,总承包人可计取总承

包服务费,其取费基数为( )。

A. 分部分项工程费用
B. 投标报价总额
C. 专业工程估算造价
D. 分部分项工程费与措施项目费之和

45. 采用定额组价方法计算分部分项工程的综合单价时,第一步的工作是( )。

A. 确定组合定额子目
B. 测算人、料、机消耗量
C. 计算定额子目工程量
D. 确定人、料、机单价

46. 根据《建设工程工程量清单计价规范》GB 50500—2013,对已完工程及设备保护费宜采用的计价方法是( )。

A. 工料单价法
B. 参数法
C. 综合单价法
D. 分包法

47. 关于投标报价的说法,正确的是( )。

A. 总价措施项目包括规费和税金
B. 暂列金额依据招标工程量清单总说明,结合项目管理规划自主填报
C. 暂估价依据询价情况填报
D. 投标人对投标报价的任何优惠均应反映在相应清单项目的综合单价中

48. 根据《建设工程工程量清单计价规范》GB 50500—2013,施工企业在投标报价时,不得作为竞争性费用的是( )。

A. 总承包服务费
B. 夜间施工增加费
C. 社会保险费
D. 冬雨期施工增加费

49. 关于工程计量的方法,下列说法正确的是( )。

A. 按照合同文件中规定的工程量予以计量
B. 不符合合同文件要求的工程不予计量
C. 单价合同应予计量的工程量是承包人实际施工的工程量
D. 工程变更引起工程量增加,不予计量

50. 单价合同模式下,承包人支付的履约保证金,宜采用的计量方式为( )。

A. 均摊法
B. 凭据法
C. 估价法
D. 分解计量法

51. 根据《建设工程工程量清单计价规范》GB 50500—2013,当实际工程量比招标工程量清单中的工程量增加15%以上时,对综合单价进行调整的方法是( )。

A. 增加后整体部分的工程量的综合单价调低
B. 增加后整体部分的工程量的综合单价调高
C. 超出约定部分的工程量的综合单价调低
D. 超出约定部分的工程量的综合单价调高

52. 某分项工程招标工程量清单数量为 4000m², 施工中由于设计变更调减为 3200m², 该项目最高投标限价的综合单价为 610 元/m², 投标报价为 460 元/m²。合同约定实际工程量与招标工程量偏差超过±15%时,综合单价以招标控制价为基础调整。若承包人报价浮动率为 10%, 该分项工程费结算价为( )万元。

A. 147.20
B. 149.33
C. 169.28
D. 186.66

53. 根据《建设工程工程量清单计价规范》GB 50500—2013,下列关于提前竣工及赶工补

偿的说法，正确的是（　　）。
   A．招标人要求索赔的工期天数超过定额工期15%时，应当在招标文件中明示增加赶工费用
   B．发包人要求合同工程提前竣工的，应征得承包人同意后与承包人商定采取加快工程进度的措施
   C．招标人压缩的工期天数不得超过定额工期的30%
   D．赶工费用包括人工费、材料费、机械费及企业管理费

54. 根据《建设工程施工合同（示范文本）》GF—2017—0201，对承包人提出索赔的处理程序，正确的是（　　）。
    A．监理人答复承包人处理结果的期限是收到索赔通知书后28天内
    B．监理人应在收到索赔报告后28天内完成审查并报送发包人
    C．承包人接受索赔处理结果的，索赔款项在当期进度款中进行支付
    D．承包人在提交最终结清申请单后，应被视为已无权再提出任何索赔

55. 根据《标准施工招标文件》通用合同条款，下列引起承包人索赔的事件中，只能获得工期补偿的是（　　）。
    A．异常恶劣的气候条件
    B．基准日后法律变化引起的价格调整
    C．采取合同未约定的安全作业环境及安全施工措施
    D．发包人提供资料错误导致承包人的返工

56. 某建设工程项目，承包商在施工过程中发生如下人工费：完成业主要求的合同外工作花费3万元；由于业主原因导致工效降低，使人工费增加2万元；施工机械故障造成人员窝工损失0.5万元。则承包商可索赔的人工费为（　　）万元。
    A．2.0　　　　　　　　　　　　B．3.0
    C．5.0　　　　　　　　　　　　D．5.5

57. 根据《保障农民工工资支付条例》，关于农民工工资支付行为的说法，错误的是（　　）。
    A．建设单位应当向施工单位提供工程款支付担保
    B．农民工工资可以货币、实物或者有价证券等形式支付给农民工本人
    C．除法律另有规定外，农民工工资专用账户资金和资金保证金不得因支付为本项目提供劳动的农民工工资之外的原因被查封、冻结或者划拨
    D．工程建设项目违反国土空间规划、工程建设等法律法规，导致拖欠农民工工资的，由建设单位清偿

58. 根据《建设工程造价鉴定规范》GB/T 51262—2017，关于计价争议的鉴定，下列做法错误的是（　　）。
    A．鉴定项目的一方当事人以物价波动为由，要求调整合同价款发生争议的，如果合同中约定了计价风险范围和幅度的，按合同约定进行鉴定
    B．鉴定项目的发包人对承包人材料采购价格高于合同约定不予认可的，材料采购前经发包人或其代表签批认可的，应按合同约定的价格进行鉴定
    C．发包人认为承包人采购的原材料、零配件不符合质量要求，不予认价的，应按双方约定的价格进行鉴定
    D．鉴定项目的发包人以工程质量不合格为由，拒绝办理工程结算发生争议的，如果已竣工验收，工程结算按合同约定进行鉴定

59．国际工程投标总报价组成中，应计入现场管理费的是（　　）。
A．现场试验设施费
B．检验试验费
C．临时设施工程费
D．现场勘察费

60．影响国际工程投标报价决策的因素不包括（　　）。
A．市场条件
B．风险偏好
C．评标人员组成
D．公司的实力与规模

二、多项选择题（共20题，每题2分。每题的备选项中，有2个或2个以上符合题意，至少有1个错项。错选，本题不得分；少选，所选的每个选项得0.5分）

61．采用财务内部收益率指标评价技术方案经济效果的优点有（　　）。
A．不用事先确定基准收益率
B．可以反映投资过程的收益程度
C．可直接用于互斥方案之间的比选
D．考虑了资金的时间价值及技术方案在整个计算期内的经济状况
E．计算简单，考虑了技术方案现金流量的时间分布状况

62．某技术方案年设计生产能力为100万吨。在达产年份，预计销售收入为4200万元，年固定成本为600万元，可变成本为2650万元，销售税金及附加为50万元，均不含增值。下列说法正确的有（　　）。
A．生产负荷达到设计能力的40%，即可实现盈亏平衡
B．项目达到设计生产能力时的年利润为1000万元
C．年利润达到600万元时的产量是80万吨
D．维持盈亏平衡时产品售价最低可降至32.5元/吨
E．项目单位产品的可变成本为26.5元/吨

63．在技术方案投资现金流量表中，应作为现金流入的有（　　）。
A．营业收入
B．技术方案资本金
C．补贴收入
D．资产处置收益分配
E．回收固定资产余值

64．对于承租人来说，设备租赁与设备购买相比的优越性在于（　　）。
A．可随时处置设备
B．可获得良好的技术服务
C．可减少投资风险
D．在租赁期间承租人对租用设备享有所有权
E．设备租金可在所得税前扣除，能享受税费上的利益

65．在工程建设中，对不同的新技术、新工艺和新材料应用方案进行经济分析可采用的静态分析方法有（　　）。
A．增量投资分析法
B．年折算费用法
C．净现值法
D．净年值法
E．综合总费用法

66．关于会计核算基础的说法，正确的有（　　）。
A．企业已经实现的收入，计入款项实际收到日的当期利润表
B．企业应当承担的费用，计入款项实际支出日的当期利润表

C．企业应当以收付实现制和持续经营为前提进行会计核算
D．权责发生制基础要求，凡是不属于当期的收入和费用，即使款项在当期收付，也不应作为当期的收入和费用
E．收付实现制是以相关货币收支时间为基础的会计，是以收到或支付的现金作为确认收入和费用等的依据

67．工程成本是按一定成本核算对象归集的生产费用总和，包括直接费用和间接费用两部分，下列属于工程成本直接费用的有（　　）。
A．排污费　　　　　　　　　　　B．销售费用
C．材料费用　　　　　　　　　　D．人工费用
E．机械使用费用

68．施工企业收取的下列款项中，不能计入企业收入的有（　　）。
A．代扣职工个人所得税　　　　　B．收到的工程价款
C．转让施工技术取得的收入　　　D．销售材料价款收
E．企业代收的货物运杂费

69．根据《企业会计准则》，编制企业财务报表列报过程中，下列做法符合规定的有（　　）。
A．财务报表项目以资产净额列报
B．企业以持续经营为会计确认、计量和编制会计报表的基础
C．重要项目应从项目的性质和金额大小两方面判断
D．资产负债表按照权责发生制编制
E．财务报表项目的列报应当在各个会计期间保持一致

70．在分析企业盈利能力时，应采用的指标包括（　　）。
A．资本积累率　　　　　　　　　B．营业净利率
C．营业增长率　　　　　　　　　D．净资产收益率
E．总资产净利率

71．利用项目融资，项目本身必须有比较稳定的现金流量和较强的盈利能力。项目融资的特点有（　　）。
A．有限追索　　　　　　　　　　B．融资成本低
C．风险分担　　　　　　　　　　D．灵活的信用结构
E．以项目为主体

72．资金成本包括资金占用费和筹资费用。下列费用中，属于筹资费用的有（　　）。
A．发行债券支付的印刷费　　　　B．建设投资贷款利息
C．债券发行公证费　　　　　　　D．股东所得红利
E．债券发行广告费

73．根据现行建筑安装工程费用项目组成，下列属于施工机械使用费的有（　　）。
A．机械折旧费　　　　　　　　　B．机械检修费
C．机械维护费　　　　　　　　　D．大型机械进出场及安拆费
E．机械操作人员工资

74．下列费用中，建设单位管理费包括（　　）。
A．零星固定资产购置费　　　　　B．建设单位采购及保管材料费
C．合同契约公证费　　　　　　　D．住房公积金
E．竣工验收费

75. 施工作业的定额时间,是在拟定基本工作时间和(　　)的基础上编制的。
   A．偶然时间　　　　　　　　　　B．辅助工作时间
   C．准备与结束时间　　　　　　　D．不可避免的中断时间
   E．休息时间

76. 编制材料消耗定额时,确定材料净用量的方法有(　　)。
   A．统计分析法　　　　　　　　　B．理论计算法
   C．测定法　　　　　　　　　　　D．图纸计算法
   E．经验法

77. 下列方法中,可用来编制设备安装工程概算的方法有(　　)。
   A．估算指标法　　　　　　　　　B．概算指标法
   C．扩大单价法　　　　　　　　　D．预算单价法
   E．百分比分析法

78. 施工图预算审查的内容包括(　　)。
   A．施工图是否符合设计规范
   B．施工图是否满足项目功能要求
   C．施工图预算的编制是否符合相关法律、法规和规定要求
   D．工程量计算是否准确
   E．施工图预算是否超过设计概算

79. 在施工阶段,下列因不可抗力造成的损失中,应由发包人承担的有(　　)。
   A．已运至施工现场的材料的损坏
   B．承包人施工人员受伤产生的医疗费
   C．施工机具的损坏损失
   D．施工机具的停工损失
   E．工程清理修复费用

80. 对于国际工程项目,当收到分包商的报价后,承包商应从(　　)方面进行分析。
   A．分包保函是否完整　　　　　　B．核实分项工程的单价
   C．是否自备专用施工机具　　　　D．分包报价的合理性
   E．保证措施是否有力

考前第2套卷参考答案及解析

一、单项选择题

1. A	2. D	3. A	4. B	5. B
6. B	7. D	8. D	9. C	10. D
11. B	12. B	13. B	14. A	15. C
16. A	17. B	18. A	19. C	20. B
21. C	22. B	23. D	24. C	25. A
26. C	27. C	28. C	29. C	30. C
31. C	32. C	33. C	34. C	35. B
36. B	37. B	38. A	39. C	40. C
41. A	42. C	43. C	44. C	45. A
46. B	47. D	48. C	49. C	50. C
51. C	52. B	53. C	54. C	55. A
56. C	57. B	58. B	59. B	60. C

【解析】

1. A。影响资金时间价值的因素很多，其中主要有以下几点：（1）资金的使用时间。在单位时间的资金增值率一定的条件下，资金使用时间越长，则资金的时间价值越大；使用时间越短，则资金的时间价值越小。（2）资金数量的多少。在其他条件不变的情况下，资金数量越多，资金的时间价值就越多；反之，资金的时间价值则越少。（3）资金投入和回收的特点。在总资金一定的情况下，前期投入的资金越多，资金的负效益越大；反之，后期投入的资金越多，资金的负效益越小。而在资金回收额一定的情况下，离现在越近的时间回收的资金越多，资金的时间价值就越多；反之，离现在越远的时间回收的资金越多，资金的时间价值就越少。（4）资金周转的速度。资金周转越快，在一定的时间内等量资金的周转次数越多，资金的时间价值越多；反之，资金的时间价值越少。

2. D。该笔贷款还本付息总额=200×（1+4%）^{6}=253.06 万元。

3. A。甲银行实际利率为 8%；乙银行实际利率为：
$$i = (1+r/m)^m - 1 = (1+7.8\%/4)^4 - 1 = 8.031\%$$

4. B。总投资收益率（ROI）表示总投资的盈利水平，按下式计算：
$$ROI = \frac{EBIT}{TI} \times 100\%$$

式中 $EBIT$——技术方案正常年份的年息税前利润或运营期内年平均息税前利润；

TI——技术方案总投资（包括建设投资、建设期贷款利息和全部流动资金）。

注意：本题中"项目投产期年息税前利润为 800 万元"是干扰条件，该项目的总投资收益率=1000/（4500+450+600）=18.02%。

5. B。静态投资回收期的计算分两种情况：

（1）当技术方案实施后各年的净收益（即净现金流量）均相同时：

$$\text{静态投资回收期} = \frac{\text{技术方案总投资}}{\text{技术方案每年的净收益}}$$

（2）当技术方案实施后各年的净收益不相同时：

$$P_t = T - 1 + \frac{\left|\sum_{t=0}^{T-1}(CI-CO)_t\right|}{(CI-CO)_T}$$

式中　　T——技术方案各年累计净现金流量首次为正或零的年数；

$\left|\sum_{t=0}^{T-1}(CI-CO)_t\right|$——技术方案第（$T-1$）年累计净现金流量的绝对值；

　　　　$(CI-CO)_T$——技术方案第T年的净现金流量。

本题中应采用（1）公式，则静态投资回收期=3000/320=9.38年。

6. B。静态投资回收期指标不足主要有：（1）没有全面考虑技术方案在整个计算期内的现金流量，即，只考虑投资回收之前的效果，不能反映投资回收之后的情况，故无法准确全面衡量技术方案在整个计算期内的经济效果；（2）没有考虑资金时间价值，只考虑回收之前各年净现金流量的直接加减，以致无法准确判别技术方案的优劣。

7. D。财务净现值的评价准则：（1）当$FNPV \geq 0$时，说明该技术方案能满足基准收益率要求的盈利水平，故在财务上是可行的；（2）当$FNPV < 0$时，说明该技术方案不能满足基准收益率要求的盈利水平，故在财务上是不可行的。故C选项错误，D选项正确。财务净现值不能直接说明在技术方案运营期各年的经营成果。故A选项错误。财务净现值的不足之处是：在互斥方案评价时，财务净现值必须慎重考虑互斥方案的寿命，如果互斥方案寿命不等，必须构造一个相同的分析期限，才能进行方案比选。故B选项错误。

8. D。根据国家现行财税制度的规定，偿还贷款的资金来源主要包括可用于归还借款的利润、固定资产折旧、无形资产及其他资产摊销费和其他还款资金来源。其他还款资金是指按有关规定可以用减免的税金来作为偿还贷款的资金来源。用于归还贷款的利润，一般应是提取了盈余公积金、公益金后的未分配利润。

9. C。以产销量表示的盈亏平衡点$BEP(Q)$，其计算式如下：

$$BEP(Q) = \frac{C_F}{p - C_u - T_u}$$

式中　$BEP(Q)$——盈亏平衡点时的产销量；

　　　C_F——固定成本；

　　　C_u——单位产品变动成本；

　　　p——单位产品销售价格；

　　　T_u——单位产品营业税金及附加。

本题的计算过程为：56000000/（3800-1800-200）=3.11万件。

10. D。财务计划现金流量表反映技术方案计算期各年的投资、融资及经营活动的现金流入和流出，用于计算净现金流量和累计盈余资金，考察资金平衡和余缺情况，分析技术方案的财务生存能力。

11. B。设备无形磨损不是由产生过程中使用或自然力的作用造成的，而是由于社会经济环境变化造成的设备价值贬值，是社会进步的结果，分为两种形式。第一种无形磨损是由于技术进步，设备制造工艺不断改进，社会劳动生产率水平的提高，同类设备的再生产价值降低，因而设备的市场价格也降低了，致使原设备相对贬值。第二种无形磨损是由于科学技术的进步，不断创新出结构更先进、性能更完善、效率更高、耗费原材料和能源更少的新型设备，使原有设备相对陈旧落后，其经济效益相对降低而发生贬值。A、C、D选项属于有形磨损的原因。

12. B。对于租金的计算主要有附加率法和年金法。本题按附加率法计算，根据以下公式计算。

$$R = P\frac{(1+N\times i)}{N} + P\times r$$

式中　P——租赁资产的价格；
　　　N——租赁期数，可按月、季、半年、年计；
　　　i——与租赁期数相对应的利率；
　　　r——附加率。

每年应付租金 $=120\times\dfrac{(1+6\times 8\%)}{6}+120\times 3\% = 33.20$ 万元

13. B。价值提升的途径包括：(1) 双向型——在提高产品功能的同时，又降低产品成本，这是提高价值最为理想的途径，也是对资源最有效的利用。(2) 改进型——在产品成本不变的条件下，通过改进设计，提高产品的功能，提高利用资源的成果或效用（如提高产品的性能、可靠性、寿命、维修性），增加某些用户希望的功能等，达到提高产品价值的目的。(3) 节约型——在保持产品功能不变的前提下，通过降低成本达到提高价值的目的。(4) 投资型——产品功能有较大幅度提高，产品成本有较少提高。(5) 牺牲型——在产品功能略有下降、产品成本大幅度降低的情况下，也可达到提高产品价值的目的。

14. A。对象的功能评价值 F（目标成本），是指可靠地实现用户要求功能的最低成本。

15. C。现设 I_1、I_2 分别为旧、新方案的投资额，C_1、C_2 为旧、新方案的经营成本（或生产成本）。

如 $I_2 > I_1$，$C_2 < C_1$，则增量投资收益率 $R_{(2-1)}$ 为：

$$R_{(2-1)} = \frac{C_1 - C_2}{I_2 - I_1}\times 100\%$$

当 $R_{(2-1)}$ 大于或等于基准投资收益率时，表明新方案是可行的；当 $R_{(2-1)}$ 小于基准投资收益率时，则表明新方案是不可行的。

本题的计算过程为：增量投资收益率 $R_{(2-1)} = \dfrac{200-150}{1300-1000}\times 100\% = 16.67\% > 12\%$，应该选用乙方案。

16. A。所有者权益内容包括实收资本、资本公积、盈余公积、未分配利润、其他权益工具、其他综合收益、专项储备。资本公积包括资本溢价、资产评估增值、接受捐赠、外币折算差额等。

17. B。注意区分收付实现制与权责发生制核算的要求。收付实现制是以相关货币收支时间为基础的会计，是以收到或支付的现金作为确认收入和费用等的依据。权责发生制基础要求，凡是当期已经实现的收入和已经发生或应当负担的费用，无论款项（货币）是否收付，都应当作为当期的收入和费用，计入利润表；凡是不属于当期的收入和费用，即使款项在当期收付，也不应作为当期的收入和费用。

本题中，支付2020年第4季度借款利息，属于上年的费用，即使已经收到款项，也不应计入1月份的费用中。

购买办公用品，应计入1月份的管理费用。

预提本月负担的银行借款利息，应计入本月的财务费用中。

所以：按权责发生制确认的1月份费用=800+1200=2000元。

18. A。正确的处理方式是按完工进度（完工百分比）法确认提供劳务收入。企业为取得合同发生的增量成本预期能够收回的，应当作为合同取得成本确认为一项资产；但是，该资产摊销期限不超过一年的，可以在发生时计入当期损益。

19. D。工程成本核算应遵循的主要原则有：分期核算原则、相关性原则、一贯性原则、实际成本核算原则、及时性原则、配比原则、权责发生制原则、谨慎原则、划分收益性支出与资本性支出原则、重要性原则。本题体现了谨慎性原则。

20. B。建造（施工）合同收入是指企业通过签订建造（施工）合同并按合同要求为客户设计和建造房屋、道路、桥梁、水坝等建筑物以及船舶、飞机、大型机械设备等而取得的投入。销售商品收入是指企业通过销售产品或商品而取得的收入。建筑业企业销售商品要包括产品销售和材料销售两大类。产品销售主要有自行加工的碎石、商品混凝土、各种门窗制品等；材料销售主要有原材料、低值易耗品、周转材料、包装物等。提供劳务收入是指企业通过提供劳务作业而取得的收入。

21. C。当期不能完成的建造（施工）合同，在资产负债表日，应当按照合同总收入乘以完工进度扣除以前会计期间累计已确认收入后的金额，确认为当期合同收入。即：当期确认的合同收入=（合同总收入×完工进度）-以前会计期间累计已确认的收入=80000×90%-50000=22000万元。

22. B。A、D选项不能扣除；B选项为免税收入；C选项为不征税收入。

23. D。资产负债表是反映企业在某一特定日期财务状况的会计报表，故A选项错误。现金流量表有助于评价企业的支付能力、偿债能力和周转能力，故B选项错误。通过利润表可以分析判断企业损益发展变化的趋势，预测企业未来的盈利能力，故C选项错误。资产负债表作用主要体现在：（1）资产负债表能够反映企业在某一特定日期所拥有的各种资源总量及其分布情况，可以分析企业的资产构成，以便及时进行调整；（2）资产负债表可以提供某一日期的负债总额及其结构，表明企业未来需要用多少资产或劳务清偿债务以及清偿时间；（3）资产负债表能够反映企业在某一特定日期企业所有者权益的构成情况，可以判断资本保值、增值的情况以及对负债的保障程度。

24. C。C选项的说法错误，正确的表述是易于转换为已知金额的现金。

25. A。偿债能力分为短期偿债能力和长期偿债能力，短期偿债能力包括流动比率和速动比率，长期偿债能力包括资产负债率、产权比率、权益乘数。C选项属于营运能力比率；D选项属于盈利能力比率。

26. C。本题的计算过程如下：

第一步，计算各种长期资本占全部资本的比例。

长期借款资金比例=3000÷12000×100%=25.00%

长期债券资金比例=5000÷12000×100%=41.67%

普通股资金比例=4000÷12000×100%=33.33%

第二步，测算综合资金成本。
综合资金成本=5%×25.00%+6%×41.67%+8%×33.33%=6.42%

27. C。成本分析模式是通过分析持有现金的成本，寻找持有成本最低的现金持有量。机会成本、管理成本、短缺成本之和最小的现金持有量，就是最佳现金持有量。本题的计算过程见下表：

现金持有总成本

方案	甲	乙	丙	丁
机会成本（元）	6000	8000	9000	11000
管理成本（元）	8000	8000	8000	8000
短缺成本（元）	5500	6000	1500	0
总成本（元）	19500	22000	18500	19000

由上表可知，丙方案的总成本最低，故该企业应采用丙方案。

28. B。从财务管理的角度来看，A类存货种类虽然较少，但占用资金较多，应集中主要精力，对其经济批量进行认真规划，实施严格控制；C类存货虽然种类繁多，但占用资金很少，不必耗费过多的精力去分别确定其经济批量，也难以实行分品种或分大类控制，可凭经验确定进货量；B类存货介于A类和C类之间，也应给予相当的重视，但不必像A类那样进行非常严格的规划和控制，管理中根据实际情况采取灵活措施。

29. A。特殊情况下支付的工资：是指根据国家法律、法规和政策规定，因病、工伤、产假、计划生育假、婚丧假、事假、探亲假、定期休假、停工学习、执行国家或社会义务等原因按计时工资标准或计时工资标准的一定比例支付的工资。劳动保险和职工福利费是指由企业支付的职工退职金、按规定支付给离休干部的经费，集体福利费、夏季防暑降温费、冬季取暖补贴、上下班交通补贴等。津贴补贴包括流动施工津贴、特殊地区施工津贴、高温（寒）作业临时津贴、高空津贴等。医疗保险费是指企业按照规定标准为职工缴纳的基本医疗保险费。

30. D。建筑安装工程费按照工程造价形成由分部分项工程费、措施项目费、其他项目费、规费和税金组成。

31. C。暂列金额是指招标人在工程量清单中暂定并包括在合同价款中的一笔款项。用于工程合同签订时尚未确定或者不可预见的所需材料、工程设备、服务的采购，施工中可能发生的工程变更、合同约定调整因素出现时的合同价款调整以及发生的索赔、现场签证确认等的费用。已签约合同价中的暂列金额由发包人掌握使用。发包人按照合同的规定作出支付后，如有剩余，则暂列金额余额归发包人所有。

32. C。折旧费的计算公式为：

$$台班折旧费 = \frac{机械预算价格 \times (1-残值率)}{耐用总台班数}$$

耐用总台班数=折旧年限×年工作台班

本题中，该机械每工作台班折旧费 $= \frac{1200000 \times (1-3\%)}{5 \times 250} = 931.2$ 元/台班。

33. D。进口设备到岸价=离岸价+国外运费+国外运输保险费=210+5+1=216万元
进口设备增值税税额=（到岸价+进口关税+消费税）×增值税=（216+216×10%）×13%=

30.89万元

34．B。引进技术及进口设备其他费用，包括出国人员费用、国外工程技术人员来华费用、技术引进费、分期或延期付款利息、担保费以及进口设备检验鉴定费。

35．B。在建设期，各年利息计算如下：

第1年的利息：2000×1/2×8%=80.00万元；

第2年的利息：（2000+80+3000×1/2）×8%=286.40万元；

则该项目的建设期贷款利息合计：80+286.4=366.40万元。

36．B。计入定额时间包括必需消耗的时间。必需消耗的工作时间，包括有效工作时间，休息和不可避免中断时间。有效工作时间是从生产效果来看与产品生产直接有关的时间消耗。包括基本工作时间、辅助工作时间、准备与结束工作时间。非施工本身造成的停工时间在定额中应给予合理的考虑。A、C、D选项均属于损失时间。

37．B。定额中周转材料消耗量指标的表示，应当用一次使用量和摊销量两个指标表示。一次使用量供施工企业组织施工用；摊销量供施工企业成本核算或投标报价使用。

38．A。单项工程综合概算的组成如下图所示。

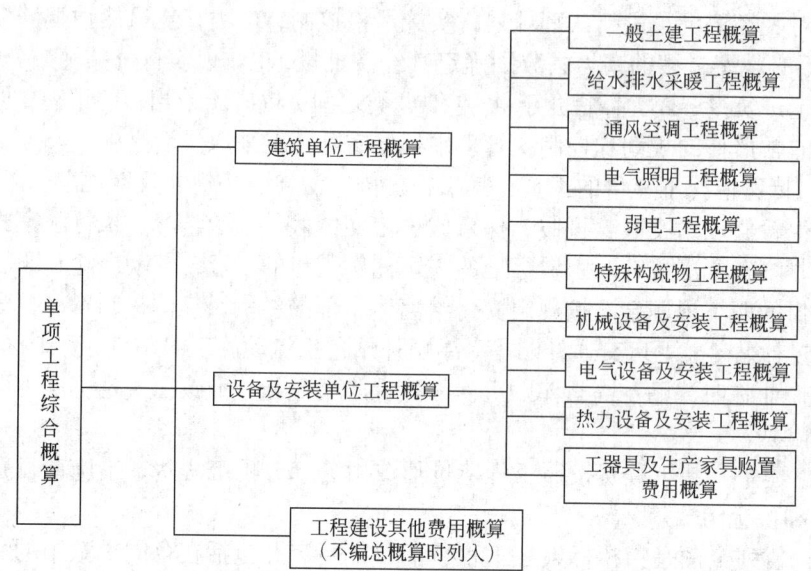

则该装配车间单项工程综合概算=100+15+100=215万元。

39．A。概算定额法编制设计概算的步骤：（1）按照概算定额分部分项顺序，列出各分项工程的名称。（2）确定各分部分项工程项目的概算定额单价（基价）。（3）计算单位工程的人、料、机费用。（4）根据人、料、机费用，结合其他各项取费标准，分别计算企业管理费、利润、规费和税金。（5）计算单位工程概算造价。

40．C。当建设项目有多个单项工程时，应采用三级预算编制形式，三级预算编制形式由建设项目总预算、单项工程综合预算、单位工程预算组成。当建设项目只有一个单项工程时，应采用二级预算编制形式，二级预算编制形式由建设项目总预算和单位工程预算组成。

41．A。计算人、料、机费用时需注意以下几项内容：

（1）分项工程的名称、规格、计量单位与定额单价中所列内容完全一致时，可以直接套用定额单价；

（2）分项工程的主要材料品种与定额单价中规定材料不一致时，不可以直接套用定额单价；需要按实际使用材料价格换算定额单价；

（3）分项工程施工工艺条件与定额单价不一致而造成人工、机械的数量增减时，一般调量不换价；

（4）分项工程不能直接套用定额、不能换算和调整时，应编制补充定额单价。

42．C。施工图预算的审查可采用全面审查法、标准预算审查法、分组计算审查法、对比审查法、筛选审查法、重点审查法、分解对比审查法等。其中筛选审查法的优点简单易懂、便于掌握、审查速度快、便于发现问题。但问题出现的原因尚需继续审查。

43．D。现行计量规范项目编码由12位阿拉伯数字表示。在12位数字中，其中1、2位为相关工程国家计量规范代码，3、4位为专业工程顺序码，5、6位为分部工程顺序码，7、8、9位为分项工程项目名称顺序码，10～12位为清单项目编码。

44．C。编制最高投标限价时，总承包服务费应按照省级或行业建设主管部门的规定，并根据招标文件列出的内容和要求估算。在计算时可参考以下标准：（1）招标人仅要求总包人对其发包的专业工程进行施工现场协调和统一管理、对竣工材料进行统一汇总整理等服务时，总承包服务费按发包的专业工程估算造价的1.5%左右计算；（2）招标人要求总包人对其发包的专业工程既进行总承包管理和协调，又要求提供相应配合服务时，总承包服务费应根据招标文件列出的配合服务内容，按发包的专业工程估算造价的3%～5%计算；（3）招标人自行供应材料、设备的，按招标人供应材料、设备价值的1%计算。

45．A。综合单价的计算通常采用定额组价的方法，即以计价定额为基础进行组合计算。综合单价的计算可以概括为以下步骤：（1）确定组合定额子目；（2）计算定额子目工程量；（3）测算人、料、机消耗量；（4）确定人、料、机单价；（5）计算清单项目的人、料、机总费用；（6）计算清单项目的管理费和利润；（7）计算清单项目的综合单价。

46．B。参数法计价主要适用于施工过程中必须发生，但在投标时难以具体分项预测，又无法单独列出项目内容的措施项目。如安全文明施工费、夜间施工增加费、二次搬运费、冬雨期施工增加费、已完工程及设备保护费的计价均可以采用该方法。

47．D。A选项错误，措施项目中的总价项目应采用综合单价方式报价，包括除规费、税金外的全部费用。B选项错误，暂列金额应按照招标工程量清单中列出的金额填写，不得变动。C选项错误，暂估价不得变动和更改。暂估价中的材料、工程设备必须按照暂估单价计入综合单价；专业工程暂估价必须按照招标工程量清单中列出的金额填写。

48．C。规费和税金应按国家或省级、行业建设主管部门规定计算，不得作为竞争性费用。措施项目费中的安全文明施工费应按照国家或省级、行业主管部门的规定计算确定，不得作为竞争性费用。

49．B。A选项错误，工程量计量按照合同约定的工程量计算规则、图纸及变更指示等进行计量。C选项错误，单价合同工程量必须以承包人完成合同工程应予计量的工程量确定。D选项错误，若发现工程量清单中出现漏项、工程量计算偏差，以及工程变更引起工程量的增减变化，应据实调整，正确计量。

50．B。工程计量的方法包括均摊法、凭据法、估价法、分解计量法、断面法、图纸法。一般建筑工程险保险费、第三方责任险保险费、履约保证金等项目，按凭据法进行计量支付。

51．C。对于任一招标工程量清单项目，如果因工程量偏差和工程变更等原因导致工程量偏差超过15%时，可进行调整。当工程量增加15%以上时，增加部分的工程量的综合单价应予调低；当工程量减少15%以上时，减少后剩余部分的工程量的综合单价应予调高。

52. B。当工程量偏差项目出现承包人在工程量清单中填报的综合单价与发包人招标控制价相应清单项目的综合单价偏差超过15%时，工程量偏差项目综合单价的调整可参考以下公式：

（1）当 $P_0 < P_2 \times (1-L) \times (1-15\%)$ 时，该类项目的综合单价：

P_1 按照 $P_2 \times (1-L) \times (1-15\%)$ 调整

（2）当 $P_0 > P_2 \times (1+15\%)$ 时，该类项目的综合单价：

P_1 按照 $P_2 \times (1+15\%)$ 调整

（3）当 $P_0 > P_2 \times (1-L) \times (1-15\%)$ 或 $P_0 < P_2 \times (1+15\%)$ 时，可不调整。

式中 P_0——承包人在工程量清单中填报的综合单价；

P_2——发包人在最高投标限价相应项目的综合单价；

L——计价规范中定义的承包人报价浮动率。

由于（4000-3200）/4000=20%>15%，因此，根据合同要求，需调整单价。

由于 $P_2 \times (1-L) \times (1-15\%) = 610 \times (1-10\%) \times (1-15\%) = 466.65$ 元/m² > 460 元/m²，P_1 按照 $P_2 \times (1-L) \times (1-15\%)$ 进行调整，即 $P_1 = 466.65 \times 3200 = 1493280$ 元 = 149.33 万元。

53. B。A、C选项错误，工程发包时，招标人应当依据相关工程的工期定额合理计算工期，压缩的工期天数不得超过定额工期的20%，将其量化。超过者，应在招标文件中明示增加赶工费用。D选项错误，不包括企业管理费。

54. C。A选项错误，收到索赔报告或有关索赔的进一步说明材料，而不是索赔通知书。B选项错误，应是14天内。D选项错误，承包人按"竣工结算审核"条款约定接收竣工付款证书后，应被视为已无权再提出工程接收证书颁发前所发生的任何索赔。

55. A。应注意题干是"只能获得工期补偿"，B、C选项只能获得费用补偿，D选项只能获得工期和费用补偿。

56. C。人工费包括增加工作内容的人工费、停工损失费和工作效率降低的损失费等累计，其中增加工作内容的人工费应按照计日工费计算，而停工损失费和工作效率降低的损失费按窝工费计算，窝工费的标准双方应在合同中约定。则承包商可索赔的人工费=3+2=5 万元。

57. B。农民工工资应当以货币形式，通过银行转账或者现金支付给农民工本人，不得以实物或者有价证券等其他形式替代。故B选项错误。

58. B。B选项错误，鉴定项目的发包人对承包人材料采购价格高于合同约定不予认可的，应按以下规定进行鉴定：（1）材料采购前经发包人或其代表签批认可的，应按签批的材料价格进行鉴定；（2）材料采购前未报发包人或其代表认质认价的，应按合同约定的价格进行鉴定；（3）发包人认为承包人采购的原材料、零配件不符合质量要求，不予认价的，应按双方约定的价格进行鉴定，质量方面的争议应告知发包人另行申请质量鉴定。

59. B。现场管理费包括工作人员费、办公费、差旅交通费、文体宣传费、固定资产使用费、国外生活设施使用费、工具用具使用费、劳动保护费、检验试验费、其他费用。A、D选项属于开办费；C选项属于其他待摊费用。

60. C。影响国际工程投标报价决策的因素主要有成本估算的准确性、期望利润、市场条件、竞争程度、公司的实力与规模。此外，在投标报价决策时，还应考虑风险偏好的影响。

二、多项选择题

61. A、B、D 62. A、C、E 63. A、C、E 64. B、C、E 65. A、B、E
66. D、E   67. C、D、E 68. A、E   69. B、C、D、E 70. D、E
71. A、C、D、E 72. A、C、E 73. A、B、C、E 74. A、C、D、E 75. B、C、D、E
76. B、C、D、E 77. B、C、D 78. C、D、E 79. A、E   80. A、B、D、E

【解析】

61. A、B、D。C 选项错误，不能直接用于互斥方案之间的比选，特别适用于独立的、具有常规现金流量的技术方案的经济评价和可行性研究判断。E 选项是财务净现值指标的优点。

62. A、C、E。本题的解答过程如下：
（1）生产负荷达到设计能力的 40%，即产量为 40 万吨，利润=销售收入-总成本=（4200/100-2650/100-50/100）×40-600=0；故 A 选项正确。
（2）设计能力为 100 万吨，利润=4200-600-2650-50=900 万元。故 B 选项错误。
（3）生产能力 80 万吨，利润=（42-26.5-0.5）×80-600=600 万元。故 C 选项正确。
（4）设单价为 Q，（Q-26.5-0.5）×100-600=0，则 Q=33 元/吨。故 D 选项错误。
（5）收入为 4200 万元，设计生产能力为 100 万吨，单价为 4200/100=42 元/吨。可变成本为 2650 万元，则可变单价为 2650/100=26.5 元/吨。故 E 选项正确。

63. A、C、E。投资现金流表中，应作为现金流入的项目有营业收入、补贴收入、销项税额、回收固定资产余值、回收流动资金。

64. B、C、E。A、D 选项错误，在租赁期间承租人对租用设备无所有权，只有使用权，故承租人无权随意对设备进行改造，不能处置设备，也不能用于担保、抵押贷款。

65. A、B、E。常用的静态分析方法有增量投资分析法、年折算费用法、综合总费用法等；常用的动态分析方法有净现值（费用现值）法、净年值（年成本）法等。

66. D、E。收付实现制是以相关货币收支时间为基础的会计，是以收到或支付的现金作为确认收入和费用等的依据。收付实现制是按照收益、费用是否在本期实际收到或付出为标准确定本期收益、费用的一种方法。权责发生制基础要求，凡是当期已经实现的收入和已经发生或应当负担的费用，无论款项（货币）是否收付，都应当作为当期的收入和费用，计入利润表；凡是不属于当期的收入和费用，即使款项在当期收付，也不应作为当期的收入和费用。权责发生制是按照收益、费用是否归属本期为标准来确定本期收益、费用的一种方法。

67. C、D、E。工程成本是建筑安装企业在工程施工过程中发生的，按一定成本核算对象归集的生产费用总和，包括直接费用和间接费用两部分。直接费用包括人工费、材料费、机械使用费和其他直接费。

68. A、E。狭义上的收入即营业收入，包括主营业务收入和其他业务收入，不包括为第三方或客户代收的款项。

69. B、C、D、E。A 选项错误，应以总额列报。D 选项注意下，除现金流量表按照收付实现制编制外，企业应当按照权责发生制编制其他财务报表。

70. D、E。反映企业盈利能力的指标很多，常用的主要有营业净利率、净资产收益率和总资产净利率。A、C 选项属于发展能力比率指标。

71. A、C、D、E。项目融资的特点：以项目为主体；有限追索贷款；合理分配投资风险；项目资产负债表之外的融资；灵活的信用结构。

72. A、C、E。筹资费用是指在资金筹集过程中支付的各项费用，如发行债券支付的印刷费、代理发行费、律师费、公证费、广告费等。

73. A、B、C、E。施工机械使用费包括折旧费、检修费、维护费、安拆费及场外运费、人工费、燃料动力费、税费（车船使用税、保险费及年检费）。D选项属于措施项目费。

74. A、C、D、E。建设单位管理费是指建设单位发生的管理性质的开支。包括：工作人员工资、工资性补贴、施工现场津贴、职工福利费、住房公积金、基本养老保险费、基本医疗保险费、失业保险费、工伤保险费、办公费、差旅交通费、劳动保护费、工具用具使用费、固定资产使用费、必要的办公及生活用品购置费、必要的通信设备及交通工具购置费、零星固定资产购置费、招募生产工人费、技术图书资料费、业务招待费、合同契约公证费、法律顾问费、咨询费、完工清理费、竣工验收费、印花税和其他管理性质开支。如建设管理采用工程总承包方式，其总包管理费由建设单位与总包单位根据总包工作范围在合同中商定，从建设管理费中支出。

75. B、C、D、E。施工作业的定额时间，是在拟定基本工作时间、辅助工作时间、准备与结束时间、不可避免的中断时间以及休息时间的基础上编制的。

76. B、C、D、E。材料净用量的确定方法包括：理论计算法、测定法、图纸计算法、经验法。

77. B、C、D。设备安装工程概算编制的基本方法有：预算单价法、扩大单价法、概算指标法。

78. C、D、E。施工图预算审查的重点是工程量计算是否准确，定额套用、各项取费标准是否符合现行规定或单价计算是否合理等方面。审查的主要内容包括：（1）审查施工图预算的编制是否符合现行国家、行业、地方政府有关法律、法规和规定要求。（2）审查工程量计算的准确性、工程量计算规则与计价规范规则或定额规则的一致性。（3）审查在施工图预算的编制过程中，各种计价依据使用是否恰当，各项费率计取是否正确。审查依据主要有施工图设计资料、有关定额、施工组织设计、有关造价文件规定和技术规范、规程等。（4）审查各种要素市场价格选用是否合理。（5）审查施工图预算是否超过设计概算以及进行偏差分析。

79. A、E。不可抗力导致的人员伤亡、财产损失、费用增加和（或）工期延误等后果，由合同当事人按以下原则承担：（1）永久工程、已运至施工现场的材料和工程设备的损坏，以及因工程损坏造成的第三方人员伤亡和财产损失由发包人承担；（2）承包人施工设备的损坏由承包人承担；（3）发包人和承包人承担各自人员伤亡和财产的损失；（4）因不可抗力影响承包人履行合同约定的义务，已经引起或将引起工期延误的，应当顺延工期，由此导致承包人停工的费用损失由发包人和承包人合理分担，停工期间必须支付的工人工资由发包人承担；（5）因不可抗力引起或将引起工期延误，发包人要求赶工的，由此增加的赶工费用由发包人承担；（6）承包人在停工期间按照发包人要求照管、清理和修复工程的费用由发包人承担。

80. A、B、D、E。当收到分包商的报价后，承包商应从分包保函是否完整、核实分项工程的单价、保证措施是否有力、确认工程质量及信誉、分包报价的合理性等方面进行分析。

《建设工程经济》
考前第 3 套卷及解析

扫码关注领取

本试卷配套解析课

《建设工程经济》考前第3套卷

一、单项选择题（共60题，每题1分。每题的备选项中，只有1个最符合题意）

1. 在通常情况下，利率的最高界限是（　　）。
   A．社会最大利润率　　　　　　　B．社会平均利润率
   C．社会最大利税率　　　　　　　D．社会平均利税率

2. 某银行给企业贷款120万元，年利率为4%，贷款年限3年，到期后企业一次性还本付息，利息按复利每半年计息一次，到期后企业应支付给银行的利息为（　　）万元。
   A．7.345　　　　　　　　　　　　B．15.139
   C．12.490　　　　　　　　　　　D．24.973

3. 某公司拟投资一项目，希望在4年内（含建设期）收回全部贷款的本金与利息。预计项目从第1年开始每年末能获得60万元，银行贷款年利率为6%。则项目总投资的现值应控制在（　　）万元以下。
   A．262.48　　　　　　　　　　　B．207.91
   C．75.75　　　　　　　　　　　　D．240.00

4. 下列技术方案经济效果评价指标中，能够在一定程度上反映资本周转速度的指标是（　　）。
   A．利息备付率　　　　　　　　　B．投资收益率
   C．偿债备付率　　　　　　　　　D．静态投资回收期

5. 某技术方案计算期5年，基准收益率为8%，技术方案计算期现金流量见下表。对该技术方案进行经济效果评价，可得到的正确结论是（　　）。

年份	0	1	2	3	4	5
现金流入（万元）				600	800	800
现金流出（万元）		300	200	200	300	300
净现金流量（万元）	0	-300	-200	400	500	500

   A．运营期利润总额为1400万元　　B．静态投资回收期为3.2年
   C．建设期资本金投入为500万元　　D．财务净现值为536万元

6. 某技术方案进行单因素敏感性分析，采用的基准折现率为12%，财务内部收益率为16.5%，现建设投资增加10%时，财务内部收益率为14%，则建设投资增加10%的敏感度系数是（　　）。
   A．-1.52　　　　　　　　　　　　B．-1.26
   C．1.26　　　　　　　　　　　　D．1.52

7. 单因素敏感性分析中，如果主要分析产品价格波动对技术方案超额净收益的影响，可选用（　　）作为分析指标。
   A．静态投资回收期　　　　　　　B．财务净现值
   C．资本金净利润　　　　　　　　D．财务内部收益率

8. 设备发生磨损后，需要进行补偿，以恢复设备的生产能力。对于第二种无形磨损进行补偿的形式是（　　）。
   A．大修理
   B．现代化改装
   C．淘汰
   D．经常性修理

9. 某技术方案由三个投资者共同投资，若要比较三个投资者的财务内部收益率是否均衡，则适宜采用的现金流量表是（　　）。
   A．投资现金流量表
   B．资本金现金流量表
   C．投资各方现金流量表
   D．财务计划现金流量表

10. 应用价值工程原理对设计方案运行评价时包括下列工作内容：①功能评价；②功能整理；③功能成本分析。仅就此三项工作而言。正确的顺序是（　　）。
    A．①→②→③
    B．②→①→③
    C．③→②→①
    D．②→③→①

11. 价值工程应用中，如果评价对象的价值系数 $V<1$，则表明（　　）。
    A．评价对象的现实成本偏低，功能要求高
    B．评价对象的现实成本偏高，而功能要求不高
    C．评价对象的功能比较重要，但分配的成本较少
    D．评价对象的功能现实成本与实现功能所必需的最低成本大致相当

12. 某设备 2 年前的原始成本是 40000 元，目前的账面价值是 25000 元，现在的市场价值仅为 10000 元。则在设备更新方案比选中，该设备的沉没成本是（　　）元。
    A．15000
    B．25000
    C．35000
    D．10000

13. 某工程施工现有 4 个对比技术方案。方案一是过去曾经应用过的，需投资 120 万元，年生产成本为 32 万元；方案二、方案三、方案四是新技术方案，投资额分别为 160 万元、150 万元、140 万元，年生产成本分别为 26 万元、24 万元、25 万元。在与方案一应用环境相同的情况下，设基准投资收益率为 12%，则采用折算费用法选择的最优方案是（　　）。
    A．方案一
    B．方案三
    C．方案二
    D．方案四

14. 根据现行《企业会计准则》，应列入流动负债的是（　　）。
    A．应收票据
    B．预付款项
    C．应付债券
    D．应交税费

15. 下列属于反映某一时期经营成果的要素是（　　）。
    A．负债
    B．费用
    C．资产
    D．所有者权益

16. 企业提供的会计信息应当反映与企业财务状况、经营成果和现金流量等有关的所有重要交易或者事项。这是会计信息（　　）的要求。
    A．相关性
    B．重要性
    C．及时性
    D．可靠性

17. 施工企业发生了自然灾害导致机器报废，发生的净损失 50000 元，该笔费用应计入（　　）。
    A．补提折旧
    B．财务费用
    C．管理费用
    D．营业外支出

18. 2021年5月，某施工单位为订立某项目建造合同，共发生差旅费、投标费60万元，该项目于2022年5月完成，工程完工时共发生人工费750万元，水电费3万元，差旅费5万元，项目管理人员工资105万元，材料采购及保管费18万元。在进行工程成本核算时，应计入直接费用的是（　　）万元。
    A．941　　　　　　　　　　　　　　B．933
    C．828　　　　　　　　　　　　　　D．881

19. 施工企业向外提供运输服务取得的收入属于（　　）。
    A．建造合同收入　　　　　　　　　　B．提供劳务收入
    C．让渡资产使用权收入　　　　　　　D．销售商品收入

20. 计算企业应纳税所得额时，不能从收入中扣除的支出是（　　）。
    A．销售成本　　　　　　　　　　　　B．坏账损失
    C．赞助支出　　　　　　　　　　　　D．存货盘亏损失

21. 某固定总价建造合同，总造价为8000万元，合同工期为3年。经计算第1年完工进度为30%，第2年完工进度为70%，第3年全部完工交付使用。则关于合同收入确认的说法，正确的有（　　）。
    A．第1年确认的合同收入为2400万元　　B．第2年确认的合同收入为2400万元
    C．第3年确认的合同收入为0　　　　　D．第3年确认的合同收入少于第1年

22. 关于速动比率的说法，错误的是（　　）。
    A．速动比率是反映企业对短期偿债能力的指标
    B．速动比率=（流动资产-存货）/流动负债
    C．速动资产=货币资金+短期投资+应收账款+其他应收款
    D．速动比率越低，说明企业的偿债能力越差

23. 下列财务比率指标中，可以反映企业资产管理效率的指标是（　　）。
    A．净资产收益率　　　　　　　　　　B．流动比率
    C．存货周转率　　　　　　　　　　　D．资本积累率

24. 双方商定银行提供总额500万元的贷款，企业实际使用了300万元，并需就未使用的200万元向银行支付一笔承诺费。这属于短期借款信用条件中的（　　）。
    A．周转信贷协定　　　　　　　　　　B．信贷限额
    D．借款抵押　　　　　　　　　　　　C．补偿性余额

25. 比较不同筹资方式能否给股东带来更大的收益，但不考虑风险因素的资本结构决策分析方法是（　　）。
    A．资金成本比较法　　　　　　　　　B．每股收益无差别点法
    C．企业价值比较法　　　　　　　　　D．资金成本加权平均法

26. 某企业拟向银行借款1500万元，年利率为6%，银行要求该企业在银行中保持按贷款限额10%作为最低存款余额，则该企业借款的有效年利率为（　　）。
    A．3.75%　　　　　　　　　　　　　　B．5.45%
    C．6.00%　　　　　　　　　　　　　　D．6.67%

27. 下列指标中，（　　）是指企业本年所有者权益增长额同年初所有者权益的比率。
    A．资本积累率　　　　　　　　　　　B．速动比率
    C．总资产周转率　　　　　　　　　　D．总资产净利率

28. 某施工企业从银行借款800万元，期限5年，年利率为7%，每年结息一次，到期一次还本，企业所得税率为25%。则该笔借款的年资金成本为（　　）。
    A．1.75%　　　　　　　　　　　　　B．8.75%
    C．7.00%　　　　　　　　　　　　　D．5.25%

29. 施工企业从建设单位取得工程预付款，属于企业筹资方式中的（　　）筹资。
    A．融资租赁　　　　　　　　　　　B．短期借款
    C．长期借款　　　　　　　　　　　D．商业信用

30. 项目竣工验收前，施工企业按照合同约定对已完成工程和设备采取必要的保护措施所发生的费用应计入（　　）。
    A．总承包管理费　　　　　　　　　B．企业管理费
    C．措施项目费　　　　　　　　　　D．其他项目费

31. 关于建筑安装工程费用中建筑业增值税的计算，下列说法中正确的是（　　）。
    A．当事人可以自主选择一般计税法或简易计税法计税
    B．一般计税法、简易计税法中的建筑业增值税税率均为11%
    C．采用简易计税法时，税前造价不包含增值税的进项税额
    D．采用一般计税法时，税前造价不包含增值税的进项税额

32. 关于进口设备外贸手续费的计算，下列公式中正确的是（　　）。
    A．外贸手续费=离岸价（FOB）×人民币外汇汇率×外贸手续费率
    B．外贸手续费=到岸价（CIF）×人民币外汇汇率×外贸手续费率
    C．外贸手续费=离岸价（FOB）×人民币外汇汇率/（1-外贸手续费率）×外贸手续费率
    D．外贸手续费=到岸价（CIF）×人民币外汇汇率/（1-外贸手续费率）×外贸手续费率

33. 人民币计算，某进口设备离岸价为2000万元，到岸价为2100万元，银行财务费为10万元，外贸手续费为30万元，进口关税为147万元。增值税税率为13%，无消费税，则该设备的抵岸价为（　　）万元。
    A．2579.11　　　　　　　　　　　　B．2636.52
    C．2623.00　　　　　　　　　　　　D．2616.52

34. 下列费用中，应计入建设工程项目投资中"生产准备费"的是（　　）。
    A．联合试运转费
    B．生产单位提前进厂参加施工人员的工资
    C．办公家具购置费
    D．施工管理费

35. 关于预算定额的说法，正确的是（　　）。
    A．预算定额以建筑物或构筑物各个分部分项工程为对象进行编制
    B．预算定额可以直接用于施工企业作业计划的编制
    C．预算定额属于企业定额的性质
    D．预算定额是编制施工定额的依据

36. 下列机械工作时间中，属于有效工作时间的是（　　）。
    A．由于气候条件引起的机械停工时间
    B．体积达标而未达到载重吨位的货物汽车运输时间
    C．工人没有及时供料而使机械空运转的时间
    D．装车数量不足而在低负荷下工作的时间

37. 为完成工程项目施工,用于发生在工程施工准备和施工过程中的技术、生活、安全、环境保护等方面的非工程实体项目所支付的费用为( )。
    A. 分部分项工程费   B. 措施项目费
    C. 其他项目费   D. 规费

38. 设计概算是由设计单位编制和确定的建设工程项目从筹建至竣工交付使用所需全部费用的文件,主要包括( )三级文件。
    A. 建筑工程概算、安装工程概算、设备及工器具购置费概算
    B. 建筑工程概算、安装工程概算、工程其他建设费用概算
    C. 单位工程概算、单项工程综合概算、建设工程项目总概算
    D. 分部分项工程项目概算、单位工程概算、单项工程概算

39. 某地拟建一办公楼,当地类似工程的单位工程概算指标为 4200 元/m^2。概算指标为瓷砖地面,拟建工程为复合木地板,每 $100m^2$ 该类建筑中铺贴地面面积为 $80m^2$,当地预算定额中瓷砖地面和复合木地板的预算单价分别为 135 元/m^2、210 元/m^2。则用概算指标法计算的结构变化修正指标为( )元/m^2。
    A. 4368   B. 4308
    C. 4260   D. 4140

40. 在对某建设项目设计概算审查时,找到了与其关键技术基本相同、规模相近的同类项目的设计概算和施工图预算资料,则该建设项目的设计概算最适宜的审查方法是( )。
    A. 标准审查法   B. 分组计算审查法
    C. 对比分析法   D. 查询核实法

41. 具有全面、细致,审查质量高、效果好,但工作量大,时间较长的施工图预算审查方法是( )。
    A. 分组计算审查法   B. 逐项审查法
    C. 对比审查法   D. 标准预算审查法

42. 按造价形成划分,脚手架工程费属于建筑安装工程费用构成中的( )。
    A. 规费   B. 其他项目费
    C. 措施项目费   D. 分部分项工程费

43. 斗容量为 $1m^3$ 正铲挖土机,挖一、二类土,装车深度在 1.5m 内,小组成员 2 人,机械台班产量为 5(定额单位 $100m^3$),则挖 $100m^3$ 的机械时间定额为( )台班。
    A. 0.2   B. 0.3
    C. 0.4   D. 0.5

44. 实物量法编制施工图预算时,计算并复核工程量后紧接着进行的工作是( )。
    A. 汇总人、料、机费用   B. 计算管理费等其他各项费用
    C. 套消耗定额,计算人、料、机消耗量 D. 套定额单价,计算人、料、机费用

45. 根据《建设工程工程量清单计价规范》GB 50500—2013,分部分项工程量清单中,确定综合单价的前提是( )。
    A. 计量单位   B. 项目特征
    C. 项目编码   D. 项目名称

46. 关于清单项目和定额子目的关系,下列说法正确的是( )。

A．清单工程量计算的是主项工程量，与各定额子目的工程量完全一致
B．一个清单项目对应一个定额子目，两者计算出来的工程量完全一致
C．清单工程量与定额工程量的计算规则是一致的
D．清单工程量不能直接用于计价，在计价时必须考虑施工方案等各种影响因素

47. 合同履行中不可以进行工程变更的情形是（　　）。
    A．取消合同中的某项工作，转由发包人实施
    B．为完成工程追加的额外工作
    C．改变合同中某项工作的质量标准
    D．改变合同中某项工作的施工时间

48. 下列文件和资料中，可作为建设工程工程量计量依据的是（　　）。
    A．造价管理机构发布的调价文件　　　B．造价管理机构发布的价格信息
    C．质量合格证书　　　　　　　　　　D．各种预付款支付凭证

49. 根据《建设工程工程量清单计价规范》GB 50500—2013，对于不实行招标的建设工程，以建设工程施工合同签订前（　　）天作为基准日。
    A．28　　　　　　　　　　　　　　　B．30
    C．35　　　　　　　　　　　　　　　D．42

50. 根据《标准施工招标文件》的合同通用条件，承包人通常只能获得费用补偿，但不能得到利润补偿和工期顺延的事件是（　　）。
    A．施工中遇到不利物质条件
    B．因发包人原因导致工程试运行失败
    C．发包人提供的材料和工程设备不符合合同要求
    D．法律变化引起的价格调整

51. 根据《建设工程施工合同（示范文本）》GF—2017—0201，承包人按合同约定提交的最终结清申请单中，只限于提出（　　）发生的索赔。
    A．在合同工程接收证书颁发前　　　　B．在竣工付款证书接收前
    C．在合同工程接收证书颁发后　　　　D．在缺陷责任期终止证书颁发后

52. 根据《建设工程工程量清单计价规范》GB 50500—2013，在施工中因承包人原因导致工期延误的，计划进度日期后续工程的价格调整原则是（　　）。
    A．应采用造价信息差额调整法
    B．如果没有超过15%，则不做调整
    C．采用计划进度日期与实际进度日期的两个价格指数中较高的一个
    D．采用计划进度日期与实际进度日期的两个价格指数中较低的一个

53. 根据《建设工程施工合同（示范文本）》GF—2017—0201，承包人应在发出索赔意向通知书后（　　）天内向监理人正式递交索赔报告。
    A．7　　　　　　　　　　　　　　　　B．14
    C．21　　　　　　　　　　　　　　　D．28

54. 根据《建设工程施工合同（示范文本）》GF—2017—0201，除专用合同条款另有约定外，按月计量支付的单价合同，监理人应在收到承包人提交的工程量报告后（　　）天内完成审核并报送发包人。
    A．5　　　　　　　　　　　　　　　　B．7

C．10
D．14

55. 因承包人原因导致工期延误的，在合同工程原定竣工时间之后，合同价款的调整方法是（　　）。
    A．调增、调减的均予以调整
    B．调增的予以调整，调减的不予调整
    C．调增、调减的均不予调整
    D．调增的不予调整，调减的予以调整

56. 某项目施工合同约定，由承包人承担±10%范围内的碎石价格风险，超出部分采用造价信息法调差。已知承包人投标价格、基准期的价格分别为100元/m^3、96元/m^3，2020年7月的造价信息发布价为130元/m^3，则该月碎石的实际结算价格为（　　）元/m^3。
    A．117.0
    B．120.0
    C．124.4
    D．130.0

57. 承包人应在采购材料前将采购数量和新的材料单价报（　　）核对，确认用于本合同工程时，应确认采购材料的数量和单价。
    A．发包人
    B．承包人
    C．监理单位
    D．设计单位

58. 根据《建设工程工程量清单计价规范》GB 50500—2013，关于工程竣工结算的计价原则，下列说法正确的是（　　）。
    A．计日工按发包人实际签证确认的事项计算
    B．总承包服务费依据合同约定金额计算，不得调整
    C．暂列金额应减去工程价款调整金额计算，余额归发承包人共同所有
    D．总价措施项目应依据合同约定的项目和金额计算，不得调整

59. 国际工程投标报价时，对于当地采购的材料，其预算价格应为（　　）。
    A．市场价格+运输费
    B．市场价格+运输费+运输保管损耗
    C．市场价格+运输费+采购保管费
    D．市场价格+运输费+采购保管损耗

60. 国际工程投标报价决策的影响因素中，（　　）直接影响到公司领导层的决策。
    A．期望利润
    B．成本估算的准确度
    C．市场条件
    D．竞争程度

二、**多项选择题**（共20题，每题2分。每题的备选项中，有2个或2个以上符合题意，至少有1个错项。错选，本题不得分；少选，所选的每个选项得0.5分）

61. 绘制现金流量图需要把握的要素有（　　）。
    A．现金流量的大小
    B．绘制比例
    C．时间单位
    D．现金流入或流出
    E．发生的时点

62. 必要功能是指用户所要求的功能以及与实现用户所需求的功能有关的功能，下列属于必要功能的有（　　）。
    A．使用功能
    B．重复功能
    D．辅助功能
    C．美学功能
    E．基本功能

63. 建设工程项目在选择新工艺和新材料时，应遵循的原则有（　　）。
    A．先进
    B．安全
    C．可靠
    D．超前

E．适用

64．根据现行《企业会计准则》，工程成本中的其他直接费包括施工过程中发生的（　　）。
A．材料二次搬运费　　　　　　　　B．临时设施摊销费
C．施工机械安装、拆卸和进出场费　　D．工程定位复测费
E．场地清理费

65．企业提取盈余公积的用途主要有（　　）。
A．转增资本　　　　　　　　　　　B．偿还债务
C．弥补亏损　　　　　　　　　　　D．转增未分配利润
E．发放职工补贴

66．根据我国现行《企业会计准则》，企业财务报表至少应当包括（　　）。
A．资产负债表　　　　　　　　　　B．利润表
C．现金流量表　　　　　　　　　　D．所有者权益变动表
E．成本分析表

67．现金是企业流动性最强的资产，具体包括（　　）。
A．应收账款　　　　　　　　　　　B．库存现金
C．银行本票　　　　　　　　　　　D．银行存款
E．银行汇票

68．计算企业管理费费率时，其计算基础可以为（　　）。
A．分部分项工程费　　　　　　　　B．人工费和机械费合计
C．人工费　　　　　　　　　　　　D．材料费
E．规费

69．进口设备抵岸价的构成部分有（　　）。
A．设备到岸价　　　　　　　　　　B．外贸手续费
C．设备运杂费　　　　　　　　　　D．进口设备增值税
E．进口设备检验鉴定费

70．施工定额直接应用于施工项目的管理，用来（　　）。
A．编制单位估价表　　　　　　　　B．编制施工作业计划
C．结算计件工资或计量奖励工资　　D．签发施工任务单
E．签发限额领料单

71．下列与施工机械工作相关的时间中，应包括在预算定额机械台班消耗量中，但不包括在施工定额中的有（　　）。
A．低负荷下工作时间　　　　　　　B．机械施工不可避免的工序间歇
C．机械转移工作面影响的损失时间　　D．不可避免的中断时间
E．工程结尾时，工作量不饱满所损失的时间

72．审查设计概算编制依据时，应着重审查编制依据是否（　　）。
A．经过国家或授权机关批准　　　　B．具有先进性和代表性
C．符合工程的适用范围　　　　　　D．符合国家有关部门的现行规定
E．满足建设单位的要求

73．施工图预算审查的方法有（　　）。
A．标准预算审查法　　　　　　　　B．预算指标审查法

C．预算单价审查法 D．对比审查法
E．分组计算审查法

74．在工程招标投标和施工阶段，工程量清单的主要作用有（ ）。
A．为招标人编制投资估算文件提供依据 B．为投标人投标竞争提供一个平等基础
C．招标人可据此编制最高投标限价 D．投标人可据此调整清单工程量
E．是工程付款和结算的依据

75．施工合同履行过程中，导致工程量清单缺项并应调整合同价款的原因有（ ）。
A．设计变更 B．施工条件改变
C．承包人投标漏项 D．工程量清单编制错误
E．施工技术进步

76．关于工程合同价款调整程序的说法，正确的有（ ）。
A．出现合同价款调减事项后的14天内，承包人应向发包人提交相应报告
B．出现合同价款调增事项后的14天内，承包人应向发包人提交相应报告
C．发包人收到承包人合同价款调整报告7天内，应对其核实并提出书面意见
D．发包人收到承包人合同价款调整报告7天内未确认，视为报告被认可
E．发承包双方对合同价款调整的意见不能达成一致，且对履约不产生实质影响的，双方应继续履行合同义务

77．下列事项中，属于现场签证范围的有（ ）。
A．确认修改施工方案引起的工程量增减
B．施工过程中发生变更后需要现场确认的工程量
C．施工合同范围内的工程确认
D．承包人原因导致的人工窝工及有关损失
E．工程变更导致的措施费用增减

78．根据《建设工程工程量清单计价规范》GB 50500—2013，工程变更引起施工方案改变并使措施项目发生变化时，关于措施项目费调整的说法，正确的有（ ）。
A．安全文明施工费按实际发生的措施项目，考虑承包人报价浮动因素进行调整
B．安全文明施工费按实际发生变化的措施项目调整，不得浮动
C．对单价计算的措施项目费，按实际发生变化的措施项目和已标价工程量清单项目确定单价
D．对总价计算的措施项目费一般不能进行调整
E．对总价计算的措施项目费，按实际发生变化的措施项目并考虑承包人报价浮动因素进行调整

79．根据《建设工程施工合同（示范文本）》GF—2017—0201，下列可能引起合同解除的事件中，属于承包人违约的情形有（ ）。
A．违反合同约定进行转包
B．使用不合格的材料和工程设备
C．工程质量超出合同要求
D．因罕见暴雨导致合同无法履行连续超过了84天
E．未经批准私自将已按照合同约定进入施工现场的设备撤离施工现场

80．国际工程投标总报价组成中，其他待摊费用包括（ ）。

A. 工程辅助费　　　　　　　　B. 保险费
C. 国外生活设施使用费　　　　D. 经营业务费
E. 检验试验费

考前第3套卷参考答案及解析

一、单项选择题

1. B	2. B	3. B	4. D	5. B
6. A	7. B	8. B	9. C	10. D
11. B	12. A	13. D	14. D	15. B
16. B	17. D	18. C	19. B	20. C
21. A	22. C	23. C	24. A	25. B
26. D	27. A	28. D	29. D	30. C
31. D	32. C	33. A	34. D	35. A
36. B	37. B	38. C	39. C	40. C
41. B	42. A	43. A	44. C	45. B
46. D	47. C	48. C	49. A	50. D
51. C	52. D	53. D	54. D	55. D
56. B	57. A	58. A	59. D	60. B

【解析】

1. B。在通常情况下，社会平均利润率是利率的最高界限。

2. B。因为是按复利每半年计息一次，所以我们首先要确定实际利率，也就是半年利率。半年实际利率=4%/2=2%。3年后复本利和=120×(1+2%)$^{2×3}$=135.139万元；到期后企业应支付给银行的利息=135.139-120=15.139万元。这是按周期实际利率来计算的方法。

3. B。已知 A=60万元，i=6%，可得：n=4，

$$P = A\frac{(1+i)^n - 1}{i(1+i)^n} = 60 \times \frac{(1+6\%)^4 - 1}{6\% \times (1+6\%)^4} = 207.91 \text{ 万元}$$

4. D。利息备付率从付息资金来源的充裕性角度反映企业偿付债务利息的能力。偿债备付率从偿债资金来源的充裕性角度反映偿付债务本息的能力。投资收益率在一定程度上反映了技术方案投资效果的优劣。静态投资回收期在一定程度上显示了资本的周转速度。

5. B。对本题的分析如下：

（1）利润总额是指营业利润加上营业外收入，再减去营业外支出后的余额，本题中的条件不足，无法判断，所以A选项错误。

（2）静态投资回收期需要根据累计净现金流量计算，该技术方案累计净现金流量见下表：

年份	0	1	2	3	4	5
现金流入（万元）				600	800	800
现金流出（万元）		300	200	200	300	300
净现金流量（万元）	0	-300	-200	400	500	500
累计净现金流量（万元）	0	-300	-500	-100	400	900

该项目静态投资回收期=（累计净现流量出现正值的年份数-1）+

$$\frac{上一年累计净现金流量的绝对值}{出现正值年份的净现金流量}=（4-1）+\frac{|-100|}{500}=3.2\ 年$$

故 B 选项正确。

（3）建设期是指技术方案从资金正式投入开始到技术方案建成投产为止所需要的时间。技术方案的资本金（即技术方案权益资金）是指在技术方案总投资中，由投资者认缴的出资额，本题中无法判定建设期资本金投入。故 C 选项错误。

（4）财务净现值=$-300×（1+8\%）^{-1}-200×（1+8\%）^{-2}+400×（1+8\%）^{-3}+500×（1+8\%）^{-4}+500×（1+8\%）^{-5}$=576.09 万元，故 D 选项错误。

6. A。敏感度系数的计算公式为：

$$S_{AF}=\frac{\Delta A/A}{\Delta F/F}$$

式中　S_{AF}——敏感度系数；

$\Delta F/F$——不确定性因素 F 的变化率（%）；

$\Delta A/A$——不确定性因素 F 发生 ΔF 变化时，评价指标 A 的相应变化率（%）。

本题中，建设投资增加 10%的敏感度系数=（14%-16.5%）/16.5%/10%=-1.52。

7. B。如果主要分析技术方案状态和参数变化对技术方案投资回收快慢的影响，则可选用静态投资回收期作为分析指标；如果主要分析产品价格波动对技术方案超额净收益的影响，则可选用财务净现值作为分析指标；如果主要分析投资大小对技术方案资金回收能力的影响，则可选用财务内部收益率指标等。

8. B。补偿分为局部补偿和完全补偿，设备有形磨损的局部补偿是修理，设备无形磨损的局部补偿是现代化改装。设备有形磨损和无形磨损的完全补偿是更新。对于第二种无形磨损进行补偿的形式是更新和现代化改装。

9. C。投资各方现金流量表是分别从技术方案各个投资者的角度出发，以投资者的出资额作为计算的基础，用以计算技术方案投资各方财务内部收益率。

10. D。价值工程分析阶段的工作步骤为：功能定义→功能整理→功能成本分析→功能评价→确定改进范围。

11. B。功能的价值系数 $V<1$，即功能现实成本大于功能评价值，表明评价对象的现实成本偏高，而功能要求不高，一种可能是存在着过剩功能；另一种可能是功能虽无过剩，但实现功能的条件或方法不佳。

12. A。本题的计算过程为：沉没成本=设备账面价值-当前市场价值=（设备原值-历年折旧费）-当前市场价值=25000-10000=15000 元。

13. D。折算费用法的计算公式为：

$$Z_j=C_j+P_j·R_c$$

式中，Z_j 表示第 j 方案的年折算费用；

C_j 表示第 j 方案的年生产成本；

P_j 表示用于第 j 方案的投资额（包括建设投资和流动资金）；

R_c 表示基准投资收益率。

本题的计算过程为：方案一的折算费用=32+120×12%=46.4 万元；

方案二的折算费用=26+160×12%=45.2 万元；

方案三的折算费用=24+150×12%=42 万元；

方案四的折算费用=25+140×12%=41.8万元。选择折算费用最小的方案为最优方案，故应选择方案四。

14. D。流动负债指在一年内或超过一年的一个营业周期内偿还的债务。包括短期借款、交易性金融负债、衍生金融负债、应付票据、应付账款、预收款项、合同负债、应付职工薪酬、应交税费、其他应付款、持有待售负债、一年内到期的非流动负债、其他流动负债。A、B选项属于流动资产；C选项属于非流动负债。

15. B。会计要素包括资产、负债、所有者权益、收入、费用和利润。资产、负债和所有者权益是反映企业某一时点财务状况的会计要素，称为静态会计要素；收入、费用和利润是反映某一时期经营成果的会计要素，称为动态会计要素。

16. B。企业提供的会计信息应当反映与企业财务状况、经营成果和现金流量等有关的所有重要交易或者事项。这是会计信息重要性的要求。

17. D。营业外支出主要包括：公益性捐赠支出、非常损失、盘亏损失、非流动资产毁损报废损失等。"非流动资产毁损报废损失"通常包括因自然灾害发生毁损、已丧失使用功能等原因而报废清理产生的损失。

18. C。直接费用是指未完成合同所发生的、可以直接计入合同成本核算对象的各项费用。直接费用包括：（1）耗用的材料费用；（2）耗用的人工费用；（3）耗用的机械使用费；（4）其他直接费用。本题解题过程：直接费用=750+60+18=828万元。

19. B。建造（施工）合同收入是指企业通过签订建造（施工）合同并按合同要求为客户设计和建造房屋、道路、桥梁、水坝等建筑物以及船舶、飞机、大型机械设备等而取得的收入。销售商品收入是指企业通过销售产品或商品而取得的收入。提供劳务收入是指企业通过提供劳务作业而取得的收入。建筑业企业提供劳务一般均为非主营业务，主要包括机械作业、运输服务、设计业务、产品安装、餐饮住宿等。让渡资产使用权收入是指企业通过让渡资产使用权而取得的收入，如金融企业发放贷款取得的收入，企业让渡无形资产使用权取得的收入等。

20. C。在计算应纳税所得额时，下列支出不得扣除：（1）向投资者支付的股息、红利等权益性投资收益款项；（2）企业所得税税款；（3）税收滞纳金；（4）罚金、罚款和被没收财物的损失；（5）《企业所得税法》第九条规定以外的捐赠支出；（6）赞助支出；（7）未经核定的准备金支出；（8）与取得收入无关的其他支出。

21. A。本题中合同收入的确认过程如下：

第1年确认的合同收入=8000×30%=2400万元；

第2年确认的合同收入=8000×70%-2400=3200万元；

第3年确认的合同收入=8000-（2400+3200）=2400万元。

22. C。速动比率是指企业的速动资产与流动负债之间的比率关系，反映企业对短期债务偿付能力的指标。速动比率=速动资产/流动负债，速动资产=货币资金+交易性金融资产+应收票据+应收账款+其他应收款。速动比率为1就说明企业有偿债能力，低于1则说明企业偿债能力不强，该指标越低，企业的偿债能力越差。

23. C。营运能力比率是以用于衡量公司资产管理效率的指标。常用的指标有总资产周转率、流动资产周转率、存货周转率、应收账款周转率。

24. A。短期借款的信用条件主要有：信贷限额、周转信贷协定、补偿性余额、借款抵押、偿还条件、其他承诺。企业享用周转信贷协定，通常要就贷款限额的未使用部分付给银行一笔承诺费，属于周转信贷协定。

25. B。资本结构决策有不同的方法，常用的有资金成本比较法和每股收益无差别点法。每股收益无差别点法的判断原则是比较不同筹资方式能否给股东带来更大的净收益，但是没有考虑风险因素。

26. D。短期借款的信用条件包括信贷限额、周转信贷协定、补偿性余额、借款抵押、偿还条件等。补偿性余额是银行要求借款企业在银行中保持按贷款限额或实际借用额一定百分比（一般为10%～20%）的最低存款余额。该企业在银行中保持按贷款限额10%作为最低存款余额，则该企业实际可用的借款只有1500-1500×10%=1350万元。则有效年利率=$\frac{1500 \times 6\%}{1350}$=6.67%。

27. A。资本积累率是指企业本年度所有者权益增长额同年初所有者权益的比率。速动比率是指企业的速动资产与流动负债之间的比率关系。总资产周转率是指企业在一定时期内主营业务收入与总资产的比率。总资产净利率是指企业运用全部资产的净收益率。

28. D。根据企业所得税法的规定，企业债务的利息允许从税前利润中扣除，从而可以抵免企业所得税。则该笔借款的年资金成本=800×7%×（1-25%）/800=5.25%。

29. D。短期负债筹资最常用的方式是商业信用和短期借款。商业信用的具体形式有应付账款、应付票据、预收账款。

30. C。已完工程及设备保护费是指竣工验收前，对已完工程及设备采取的必要保护措施所发生的费用。已完工程及设备保护费属于措施项目费。

31. D。增值税的计算方法分为一般计税方法和简易计税方法，一般纳税人发生应税行为适用一般计税方法计税。小规模纳税人发生应税行为适用简易计税方法计税。故A选项错误。一般计税方法中建筑业增值税税率为9%，简易计税方法中建筑业增值税税率为3%。故B选项错误。采用简易计税法时，税前造价包含增值税的进项税额；采用一般计税法时，税前造价不包含增值税的进项税额。故C选项错误，D选项正确。

32. B。计算基数为到岸价，首先排除A、C两项。不需要除以（1-外贸手续费率），故B选项正确。

33. A。
进口设备抵岸价=货价+国外运费+国外运输保险费+银行财务费+外贸手续费+进口关税+增值税+消费税
到岸价=离岸价+国外运费+国外运输保险费
增值税=（到岸价×人民币外汇牌价+进口关税+消费税）×增值税率
则该设备的抵岸价=2100+10+30+147+（2100+147）×13%=2579.11万元。

34. B。生产准备费用内容包括：（1）生产职工培训费。自行培训、委托其他单位培训人员的工资、工资性补贴、职工福利费、差旅交通费、学习资料费、学费、劳动保护费。（2）生产单位提前进厂参加施工、设备安装、调试等以及熟悉工艺流程及设备性能等人员的工资、工资性补贴、职工福利费、差旅交通费、劳动保护费等。

35. A。预算定额是以建筑物或构筑物各个分部分项工程为对象编制的定额。预算定额是以施工定额为基础综合扩大编制的，同时也是编制概算定额的基础。B选项错误，施工定额可以直接用于施工企业作业计划的编制。C选项错误，施工定额属于企业定额的性质。D选项错误，预算定额是编制施工图预算的主要依据，是编制定额基价、确定工程造价、控制建设工程投资的基础和依据。

36．B。在必需消耗的工作时间里，包括有效工作、不可避免的无负荷工作和不可避免的中断三项时间消耗。在有效工作的时间消耗中又包括正常负荷下、有根据地降低负荷下的工时消耗。A 选项属于损失时间；B 选项属于有根据地降低负荷下的工作时间，属于有效工作时间；C 选项属于多余工作时间，属于损失工作时间；D 选项属于损失工作时间。

37．B。措施项目费是指为完成工程项目施工，而用于发生在工程施工准备和施工过程中的技术、生活、安全、环境保护等方面的非工程实体项目所支付的费用。

38．C。设计概算可分为单位工程概算、单项工程综合概算和建设工程项目总概算三级。

39．C。结构变化修正概算指标计算公式为：

结构变化修正概算指标（元/m²）= $J + Q_1 P_1 - Q_2 P_2$

式中　　J——原概算指标；
　　　　Q_1——概算指标中换入结构的工程量；
　　　　Q_2——概算指标中换出结构的工程量；
　　　　P_1——换入结构的人、料、机费用单价；
　　　　P_2——换出结构的人、料、机费用单价。

结构变化修正概算指标（元/m²）=4200+210×80/100-135×80/100=4260 元/m²。

40．C。对比分析法主要是指通过建设规模、标准与立项批文对比，工程数量与设计图纸对比，综合范围、内容与编制方法、规定对比，各项取费与规定标准对比，材料、人工单价与统一信息对比，技术经济指标与同类工程对比。

41．B。逐项审查法又称全面审查法，优点是全面、细致，审查质量高、效果好。缺点是工作量大，时间较长。

42．C。按造价形成划分的建筑安装工程费用包括分部分项工程费、措施项目费、其他项目费、规费和税金。脚手架工程费是指施工需要的各种脚手架搭、拆、运输费用以及脚手架购置费的摊销（或租赁）费用，属于措施项目费。

43．A。单位产品机械时间定额（台班）= $\dfrac{1}{台班产量}$

则挖 100m³ 的机械时间定额=1/5=0.2 台班。

44．C。实物量法编制施工图预算的步骤如下图所示：

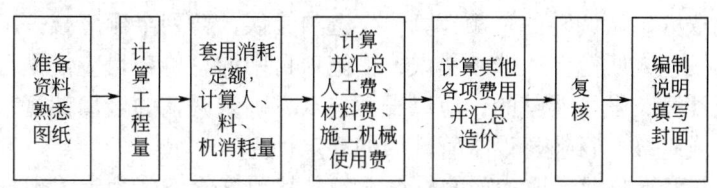

45．B。工程量清单项目特征描述的重要意义在于：（1）项目特征是区分清单项目的依据；（2）项目特征是确定综合单价的前提；（3）项目特征是履行合同义务的基础。

46．D。由于一个清单项目可能对应几个定额子目，而清单工程量计算的是主项工程量，与各定额子目的工程量可能并不一致；即便一个清单项目对应一个定额子目，也可能由于清单工程量计算规则与所采用的定额工程量计算规则之间的差异，而导致二者的计价单位和计算出来的工程量不一致。因此，清单工程量不能直接用于计价，在计价时必须考虑施工方案等各种影响因素，根据所采用的计价定额及相应的工程量计算规则重新计算各定额子目的施工工程量。定额子目工程量的具体计算方法，应严格按照与所采用的定额相对应的工程量计算规则计算。

47. A。除专用合同条款另有约定外，合同变更的范围一般包括以下情形：（1）增加或减少合同中任何工作，或追加额外的工作；（2）取消合同中任何工作，但转由他人实施的工作除外；（3）改变合同中任何工作的质量标准或其他特性；（4）改变工程的基线、标高、位置和尺寸；（5）改变工程的时间安排或实施顺序。

48. C。工程计量的依据一般有质量合格证书、《计量规范》、技术规范中的"计量支付"条款和设计图纸。

49. A。招标工程以投标截止日前28天，非招标建设工程以合同签订前的28天作为基准日。

50. D。A选项可以获得工期顺延和费用补偿；B选项可以获得费用和利润补偿；C选项可以获得费用和利润补偿及工期顺延；D选项只能获得费用补偿。

51. C。承包人按"最终结清"条款提交的最终结清申请单中，只限于提出工程接收证书颁发后发生的索赔。提出索赔的期限自接受最终结清证书时终止。

52. D。因承包人原因未按期竣工的，对合同约定的竣工日期后继续施工的工程，在使用价格调整公式时，应采用计划竣工日期与实际竣工日期的两个价格指数中较低的一个作为现行价格指数。

53. D。承包人应在发出索赔意向通知书后28天内，向监理人正式递交索赔通知书。

54. B。监理人应在收到承包人提交的工程量报告后7天内完成对承包人提交的工程量报表的审核并报送发包人，以确定当月实际完成的工程量。

55. D。因承包人原因导致工期延误的，按规定调整时间，在合同工程原定竣工时间之后，合同价款调增的不予调整，合同价款调减的予以调整。

56. B。2020年7月的造价信息发布价为130元/m^3，价格上涨，应以投标价格和基准期的价格中较高的作为计算基数，100×（1+10%）=110元/m^3。因此碎石价格上调：130-110=20元/m^3。2020年7月碎石的实际结算价格100+20=120元/m^3。

57. A。承包人应在采购材料前将采购数量和新的材料单价报发包人核对，确认用于本合同工程时，发包人应确认采购材料的数量和单价。

58. A。B选项错误，总承包服务费应依据已标价工程量清单的金额计算；发生调整的，应以发承包双方确认调整的金额计算。C选项错误，暂列金额应减去工程价款调整金额计算，余额归发包人所有。D选项错误，措施项目中的总价项目应依据已标价工程量清单的项目和金额计算；发生调整的，应以发承包双方确认调整的金额计算，其中安全文明施工费应按国家或省级、行业建设主管部门的规定计算。

59. D。在工程所在国当地采购的材料设备，其预算价格应为施工现场交货价格，即预算价格=市场价+运输费+采购保管损耗。国内供应：材料、设备价格=到岸价+海关税+港口费+运杂费+保管费+运输保管损耗+其他费用。

60. B。影响国际工程投标报价决策的因素主要有成本估算的准确性、期望利润、市场条件、竞争程度、公司的实力与规模和风险偏好。其中，成本估算的准确度如何，直接影响到公司领导层的决策。

二、多项选择题

61. A、D、E	62. A、C、D、E	63. A、B、C、E	64. A、B、D、E	65. A、C
66. A、B、C、D	67. B、C、D、E	68. A、B、C	69. A、B、D	70. B、C、D、E
71. B、C、E	72. A、C、D	73. D、E	74. B、C、E	75. A、B、D
76. B、E	77. A、B、E	78. B、C、E	79. A、B、E	80. A、B、D

【解析】

61. A、D、E。要正确绘制现金流量图，必须把握好现金流量的三要素。即：现金流量的大小（现金流量数额）、方向（现金流入或现金流出）和作用点（现金流量发生的时点）。

62. A、C、D、E。必要功能就是指用户所要求的功能以及与实现用户所需求功能有关的功能，使用功能、美学功能、基本功能、辅助功能等均为必要功能。重复功能属于不必要功能。

63. A、B、C、E。新技术、新工艺和新材料应用方案的选择原则：技术上先进、可靠、安全、适用；综合效益上合理。

64. A、B、D、E。其他直接费用包括施工过程中发生的材料二次搬运费、临时设施摊销费、生产工具用具使用费、工程定位复测费、工程点交费、场地清理费等。

65. A、C。盈余公积是指按照规定从企业的税后利润中提取的公积金。主要用来弥补企业以前的亏损和转增资本。

66. A、B、C、D。财务报表由报表本身及其附注两部分构成，附注是财务报表的有机组成部分。报表至少应当包括资产负债表、利润表、现金流量表、所有者权益（或股东权益）变动表。

67. B、C、D、E。现金是企业流动性最强的资产，具体包括：库存现金、各种形式的银行存款、银行本票、银行汇票等。

68. A、B、C。企业管理费费率的计算基础包括：分部分项工程费、人工费和机械费合计、人工费。

69. A、B、D。进口设备抵岸价=货价+国外运费+国外运输保险费+银行财务费+外贸手续费+进口关税+增值税+消费税

货价=离岸价（FOB价）×人民币外汇牌价

进口设备到岸价（CIF）=离岸价（FOB）+国外运费+国外运输保险费。

70. B、C、D、E。施工定额直接应用于施工项目的管理，用来编制施工作业计划、签发施工任务单、签发限额领料单以及结算计件工资或计量奖励工资等。

71. B、C、E。机械幅度差是指在施工定额中未曾包括的，而机械在合理的施工组织条件下所必需的停歇时间，在编制预算定额时应予以考虑。其内容包括：（1）施工机械转移工作面及配套机械互相影响损失的时间；（2）在正常的施工情况下，机械施工中不可避免的工序间歇；（3）检查工程质量影响机械操作的时间；（4）临时水、电线路在施工中移动位置所发生的机械停歇时间；（5）工程结尾时，工作量不饱满所损失的时间。

72. A、C、D。编制依据审查包括：（1）合法性审查。采用的各种编制依据必须经过国家或授权机关的批准，符合国家的编制规定。（2）时效性审查。对定额、指标、价格、取费标准等各种依据，都应根据国家有关部门的现行规定执行。（3）适用范围审查。各主

管部门、各地区规定的各种定额及其取费标准均有其各自的适用范围。

73. A、D、E。施工图预算的审查方法为：（1）全面审查法（又称逐项审查法）；（2）标准预算审查法；（3）分组计算审查法；（4）对比审查法；（5）"筛选"审查法；（6）重点审查法。

74. B、C、E。工程量清单的主要作用如下：（1）工程量清单为投标人的投标竞争提供了一个平等和共同的基础；（2）工程量清单是建设工程计价的依据；（3）工程量清单是工程付款和结算的依据；（4）工程量清单是调整工程价款、处理工程索赔的依据。工程量清单也是编制最高投标限价、投标报价的依据。

75. A、B、D。施工过程中，工程量清单项目的增减变化必然带来合同价款的增减变化。而导致工程量清单缺项的原因：一是设计变更；二是施工条件改变；三是工程量清单编制错误。

76. B、E。A 选项错误，出现合同价款调减事项（不含工程量偏差、施工索赔）后的14天内，发包人应向承包人提交合同价款调减报告并附相关资料。C 选项错误，发（承）包人应在收到承（发）包人合同价款调增（减）报告及相关资料之日起14天内对其核实，予以确认的应书面通知承（发）包人。D 选项错误，发（承）包人在收到合同价款调增（减）报告之日起 14 天内未确认也未提出协商意见的，视为承（发）包人提交的合同价款调增（减）报告已被发（承）包人认可。

77. A、B、E。现场签证的范围一般包括：（1）适用于施工合同范围以外零星工程的确认；（2）在工程施工过程中发生变更后需要现场确认的工程量；（3）非承包人原因导致的人工、设备窝工及有关损失；（4）符合施工合同规定的非承包人原因引起的工程量或费用增减；（5）确认修改施工方案引起的工程量或费用增减；（6）工程变更导致的工程施工措施费增减等。

78. B、C、E。安全文明施工费应按照实际发生变化的措施项目调整，不得浮动。故 A 选项错误，B 选项正确。采用单价计算的措施项目费，应按照实际发生变化的措施项目，按照已标价工程量清单项目的规定确定单价。故 C 选项正确。按总价（或系数）计算的措施项目费，按照实际发生变化的措施项目调整、但应考虑承包人报价浮动因素，即调整金额按照实际调整金额乘以承包人报价浮动率计算。故 D 选项错误、E 选项正确。

79. A、B、E。D 选项属于不可抗力解除合同的情形。C 选项，工程质量超出合同要求不属于违约情形，如果是不符合合同要求，就是违约情形了。

80. A、B、D。其他待摊费用包括临时设施工程费、保险费、税金、保函手续费、经营业务费、工程辅助费、贷款利息、总部管理费、利润和风险费。C、E 选项属于现场管理费。

《建设工程项目管理》
考前第 1 套卷及解析

扫码关注领取

本试卷配套解析课

《建设工程项目管理》考前第1套卷

一、单项选择题（共70题，每题1分。每题的备选项中，只有1个最符合题意）

1. 建设工程项目决策期管理工作的主要任务是（　　）。
   A．确定项目的定义   B．组建项目管理团队
   C．确定项目的投资目标   D．确定建设目标

2. 工程总承包方的项目管理工作涉及的阶段是（　　）。
   A．决策、设计、施工、动用前准备
   B．决策、施工、动用前准备、保修期
   C．设计前的准备、设计、施工、动用前准备
   D．设计前的准备、设计、施工、动用前准备、保修期

3. 下列组织工具中，可以用来对项目的结构进行逐层分解，反映组成该项目的所有工作任务的是（　　）。
   A．组织结构图   B．项目结构图
   C．工作流程图   D．合同结构图

4. 项目管理任务分工表是（　　）的一部分。
   A．项目组织设计文件   B．项目结构分解
   C．项目工作流程图   D．项目管理职能分工

5. 施工总承包管理模式中，对分包方承担组织和管理责任的是（　　）。
   A．业主方   B．工程监理方
   C．施工总承包管理方   D．施工总承包方

6. 可以接受业主方、施工方、供货方或建设项目工程总承包方的委托，提供代表委托方利益的项目管理服务的组织是（　　）。
   A．项目管理咨询企业   B．建设单位
   C．设计单位   D．监理单位

7. 在项目管理中，定期进行项目目标的计划值和实际值的比较，属于项目目标控制中的（　　）。
   A．事前控制   B．动态控制
   C．事后控制   D．专项控制

8. 根据《建设工程项目管理规范》GB 50326—2017，在项目实施之前应由法定代表人和项目管理机构负责人协商制定的文件是（　　）。
   A．施工安全管理责任书   B．项目管理目标责任书
   C．项目管理实施计划   D．工程质量责任承诺书

9. 项目人力资源管理的目的是（　　）。
   A．调动项目参与人的积极性 B．建立广泛的人际关系
   C．对项目参与人员进行绩效考核 D．招聘或解聘员工

10. 根据构成风险的因素分类，建设工程项目施工现场因防火设施数量不足而产生的风险

属于（ ）风险。
A．组织 B．经济与管理
C．工程环境 D．技术

11. 根据《建设工程监理规范》GB/T 50319—2013，工程建设监理规划应当在（ ）前报送建设单位。
A．签订委托监理合同 B．召开第一次工地会议
C．签发工程开工令 D．业主组织施工招标

12. 下列建设工程项目成本管理的任务中，作为建立施工项目成本管理责任制、开展施工成本控制和核算的基础是（ ）。
A．成本预测 B．成本考核
C．成本分析 D．成本计划

13. 成本偏差的控制，其核心工作是（ ）。
A．成本分析 B．纠正偏差
C．成本考核 D．调整成本计划

14. 下列成本管理措施中，属于技术措施的是（ ）。
A．加强施工调度 B．使用先进的机械设备
C．加强施工定额管理 D．及时落实设计变更签证

15. 关于编制项目成本计划时考虑预备费的说法，正确的是（ ）。
A．只针对整个项目考虑总的预备费，以便灵活调用
B．在分析各分项工程风险基础上，只针对部分分项工程考虑预备费
C．既要针对项目考虑总的预备费，也要在分项工程中安排适当的不可预见费
D．不考虑整个项目预备费，由施工企业统一考虑

16. 下列成本控制依据中，能提供工程实际完成量及工程款实际支付情况的是（ ）。
A．工程承包合同 B．施工成本计划
C．进度报告 D．工程变更文件

17. 关于施工过程中材料费控制的说法，正确的是（ ）。
A．没有消耗定额的材料必须包干使用
B．有消耗定额的材料采用限额发料
C．零星材料应实行计划管理并按指标控制
D．有消耗定额的材料均不能超过领料限额

18. 某施工总承包项目实施过程中，因国家消防设计规范变化导致出现费用偏差，从偏差产生原因来看属于（ ）。
A．设计原因 B．客观原因
C．施工原因 D．业主原因

19. 下列成本分析方法中，用来分析各种因素对成本影响程度的是（ ）。
A．相关比率法 B．连环置换法
C．比重分析法 D．动态比率法

20. 施工项目综合成本分析的基础是（ ）。
A．月度成本分析 B．分部分项工程成本分析
C．年度成本分析 D．单位工程成本分析

21. 建设工程项目进度计划系统分为控制性进度规划（计划）、指导性进度规划（计划）、实施性（操作性）进度计划等，这是根据进度计划的不同（　　）编制的。
    A．深度　　　　　　　　　　　　　B．功能
    C．周期　　　　　　　　　　　　　D．编制主体

22. 关于横道图进度计划的说法，正确的是（　　）。
    A．工作简要说明必须放在横道上　　B．可以表达工作间的逻辑关系
    C．可以表示工作的时差　　　　　　D．可以直接表达出关键线路

23. 工作最早开始时间为第4天，总时差为2天，持续时间为6天，该工作的最迟完成时间是第（　　）天。
    A．9　　　　　　　　　　　　　　　B．11
    C．10　　　　　　　　　　　　　　 D．12

24. 关于双代号网络计划关键线路的说法，正确的是（　　）。
    A．一个网络计划可能有几条关键线路
    B．在网络计划执行中，关键线路始终不会改变
    C．关键线路是总的工作持续时间最短的线路
    D．关键线路上的工作总时差为零

25. 某工程单代号网络计划如下图所示，图中工作B的总时差是指在不影响（　　）的前提下所具有的机动时间。

    A．工作D最迟开始时间　　　　　　B．工作E最早开始时间
    C．工作D、E最迟开始时间　　　　 D．工作D、E最早开始时间

26. 某工程网络计划中，工作M的持续时间为4天，工作M的三项紧后工作的最迟开始时间分别为第21天、第18天和第15天，则工作M的最迟开始时间是第（　　）天。
    A．11　　　　　　　　　　　　　　 B．14
    C．15　　　　　　　　　　　　　　 D．17

27. 工作A有B、C两项紧后工作，A、B之间的时间间隔为3天，A、C之间的时间间隔为2天，则工作A的自由时差是（　　）天。
    A．1　　　　　　　　　　　　　　　B．2
    C．3　　　　　　　　　　　　　　　D．5

28. 建设工程项目质量特性主要体现在（　　）。
    A．适用性、先进性、耐久性、可靠性　　B．适用性、安全性、耐久性、可靠性
    C．安全性、耐久性、美观性、可靠性　　D．适用性、安全性、美观性、耐久性

29. 项目质量控制应以控制（　　）的因素为基本出发点。
    A．人　　　　　　　　　　　　　　　B．机械
    C．材料　　　　　　　　　　　　　　D．方法

30. 下列质量管理工作中，属于"PDCA"处理环节的是（　　）。
    A．确定项目施工应达到的质量标准　　　B．纠正计划执行中的质量偏差
    C．按质量计划开展施工技术活动　　　　D．检查施工质量是否达到标准

31. 项目质量控制体系的运行机制中，（　　）取决于各质量责任主体内部的自我约束能力和外部的监控效力。
    A．动力机制　　　　　　　　　　　　　B．反馈机制
    C．持续改进机制　　　　　　　　　　　D．约束机制

32. 企业质量管理体系的认证应由（　　）进行。
    A．企业最高管理者　　　　　　　　　　B．政府相关主管部门
    C．公正的第三方认证机构　　　　　　　D．企业所属的行业协会

33. 下列施工质量控制的基本环节中，属于事中质量控制的是（　　）。
    A．设置质量控制点　　　　　　　　　　B．明确质量责任
    C．评价质量活动结果　　　　　　　　　D．约束质量活动行为

34. 下列施工准备质量控制的工作中，属于技术准备工作的是（　　）。
    A．设置质量控制点　　　　　　　　　　B．复核原始坐标
    C．规划施工场地　　　　　　　　　　　D．布置施工机械

35. 施工过程的质量控制应当以（　　）质量控制为基础和核心。
    A．特殊施工过程　　　　　　　　　　　B．工序
    C．分部工程　　　　　　　　　　　　　D．分项工程

36. 下列施工现场质量检查项目中，适宜采用试验法的是（　　）。
    A．钢筋的力学性能检验　　　　　　　　B．混凝土坍落度的检测
    C．砌体的垂直度检查　　　　　　　　　D．沥青拌合料的温度检测

37. 下列不能作为工程项目竣工质量验收依据的是（　　）。
    A．工程施工进度计划　　　　　　　　　B．经批准的设计文件、施工图纸及说明书
    C．工程施工承包合同　　　　　　　　　D．国家和有关部门颁发的施工规范

38. 建设工程施工质量事故的处理程序中，确定处理结果是否达到预期目的、是否依然存在隐患，属于（　　）环节的工作。
    A．事故处理鉴定验收　　　　　　　　　B．事故原因分析
    C．事故调查　　　　　　　　　　　　　D．制定事故处理技术方案

39. 政府对工程质量监督的行为从性质上属于（　　）。
    A．技术服务　　　　　　　　　　　　　B．委托代理
    C．司法审查　　　　　　　　　　　　　D．行政执法

40. 根据《环境管理体系 要求及使用指南》GB/T 24001—2016，下列环境因素中，属于外部存在的是（　　）。
    A．组织的全体职工　　　　　　　　　　B．影响人类生存的各种自然因素
    C．组织的管理团队　　　　　　　　　　D．静态组织结构

41. 根据《建设工程安全生产管理条例》，施工单位应自施工起重机械架设验收合格之日起最多不超过（　　）日内，向建设行政主管部门或者其他有关部门登记。
    A．40　　　　　　　　　　　　　　　　B．30
    C．50　　　　　　　　　　　　　　　　D．60

42. 确定预警级别和预警信号标准,属于安全生产管理预警分析中(　　)的工作内容。
   A．预警监测　　　　　　　　　　B．预警评价
   C．预警信息管理　　　　　　　　D．预警评价指标体系的构建

43. 施工项目的安全检查应由(　　)组织,定期进行。
   A．项目经理　　　　　　　　　　B．项目技术负责人
   C．专职安全员　　　　　　　　　D．企业安全生产部门

44. 应由建设单位组织的施工质量验收项目是(　　)。
   A．分部工程　　　　　　　　　　B．分项工程
   C．单位工程　　　　　　　　　　D．检验批

45. 工程建设单位负责人接到工程安全事故发生报告后,向事故发生地县级以上人民政府住房和城乡建设主管部门及有关部门报告应在(　　)小时内。
   A．1　　　　　　　　　　　　　　B．2
   C．3　　　　　　　　　　　　　　D．6

46. 下列统计分析方法中,可用来了解统计数据的分布特征,掌握质量能力状态的是(　　)。
   A．因果分析图法　　　　　　　　B．直方图法
   C．分层法　　　　　　　　　　　D．排列图法

47. 对于施工现场易塌方的基坑部位,既设防护栏杆和警示牌,又设置照明和夜间警示灯,此措施体现了安全隐患治理中的(　　)原则。
   A．单项隐患综合治理　　　　　　B．预防与减灾并重治理
   C．直接隐患与间接隐患并治　　　D．冗余安全度治理

48. 根据生产安全事故应急预案的体系构成,深基坑开挖施工的应急预案属于(　　)。
   A．专项应急预案　　　　　　　　B．专项施工方案
   C．现场处置方案　　　　　　　　D．危大工程预案

49. 施工现场职业健康安全管理体系与环境管理体系的管理评审,应由施工企业的(　　)进行。
   A．最高管理者　　　　　　　　　B．项目经理
   C．技术负责人　　　　　　　　　D．安全生产负责人

50. 下列生产安全事故应急预案中,应报同级人民政府备案,同时抄送上一级人民政府应急管理部门的是(　　)。
   A．中央管理的企业集团的应急预案
   B．地方建设行政主管部门的应急预案
   C．特级施工总承包企业的应急预案
   D．地方各级人民政府应急管理部门的应急预案

51. 根据《生产安全事故报告和调查处理条例》,某工程因提前拆模导致垮塌,造成75人死亡,83人受伤的事故,该事故属于(　　)事故。
   A．重大　　　　　　　　　　　　B．较大
   C．一般　　　　　　　　　　　　D．特别重大

52. 施工现场文明施工管理的第一责任人是(　　)。
   A．项目经理　　　　　　　　　　B．建设单位负责人
   C．施工单位负责人　　　　　　　D．项目专职安全员

53. 下列施工现场防止噪声污染的措施中，最根本的措施是（　　）。
    A．接收者防护　　　　　　　　　　B．传播途径控制
    C．严格控制作业时间　　　　　　　D．声源上降低噪声

54. 利用水泥、沥青等胶结材料，将松散的废物胶结包裹起来，减少有害物质从废物中向外迁移、扩散，使得废物对环境的污染减少。此做法属于固体废物（　　）的处置。
    A．填埋　　　　　　　　　　　　　B．焚烧
    C．减量化　　　　　　　　　　　　D．稳定和固化

55. 关于投标人正式投标时投标文件和程序要求的说法，正确的是（　　）。
    A．提交投标保证金的最后期限为招标人规定的投标截止日
    B．投标文件应对招标文件提出的实质性要求和条件作出响应
    C．标书的提交可按投标人的内部控制标准
    D．投标的担保截止日为提交标书最后的期限

56. 关于建设工程施工招标评标的说法，正确的是（　　）。
    A．投标报价中出现单价与数量的乘积之和与总价不一致时，将作无效标处理
    B．投标书中投标报价正本、副本不一致时，将作无效标处理
    C．评标委员会推荐的中标候选人应当限定在1～3人
    D．初步评审是对标书进行实质性审查，包括技术评审和商务评审

57. 下列建设工程项目招标投标活动中，属于合同要约行为的是（　　）。
    A．订立承包合同　　　　　　　　　B．发布招标公告
    C．提交投标文件　　　　　　　　　D．发出中标通知书

58. 缺陷责任期是指承包人按照合同约定承担缺陷修复义务，且发包人预留质量保证金的期限，自（　　）起计算。
    A．工程实际竣工日期　　　　　　　B．交付使用
    C．发包方支付全部价款　　　　　　D．竣工验收备案

59. 根据《建设工程施工合同（示范文本）》GF—2017—0201，发包人提供给承包人的地质勘察资料和水文气象资料的准确性和完整性应由（　　）负责。
    A．监理单位　　　　　　　　　　　B．发包人
    C．承包人　　　　　　　　　　　　D．设计单位

60. 建筑施工企业与物资供应企业就某建筑材料的供应签订合同，如该建筑材料不属于国家定价的产品，则其价格应（　　）。
    A．参考国家定价
    B．由确定供需双方协商确定
    C．报请物价主管部门确定
    D．按当地工程造价管理部门公布的指导价确定

61. 关于建设工程索赔的说法，正确的是（　　）。
    A．导致索赔的事件必须是对方的过错，索赔才能成立
    B．只要对方存在过错，不管是否造成损失，索赔都能成立
    C．未按照合同规定的程序提交索赔报告，索赔不能成立
    D．只要索赔事件的事实存在，在合同有效期内任何时候提出索赔都能成立

62. 工程施工过程中索赔事件发生以后，承包人首先要做的工作是（　　）。
    A．向监理工程师提出索赔意向通知　　B．向监理工程师提交索赔证据
    C．向监理工程师提交索赔报告　　　　D．与业主就索赔事项进行谈判

63. 根据《建设工程施工专业分包合同（示范文本）》GF—2003—0213，承包人应在收到分包工程竣工结算报告及结算资料后（　　）日内支付工程结算价款。
    A．7　　　　　　　　　　　　　　　B．14
    C．28　　　　　　　　　　　　　　　D．42

64. 在固定总价合同模式下，承包人承担的风险是（　　）。
    A．全部工作量和价格的风险
    B．全部价格的风险，不包括工作量的风险
    C．全部工作量的风险，不包括价格的风险
    D．工程变更的风险，不包括工程量和价格的风险

65. 下列担保中，担保金额在担保有效期内逐步减少的是（　　）。
    A．投标担保　　　　　　　　　　　　B．履约担保
    C．支付担保　　　　　　　　　　　　D．预付款担保

66. 债务人或者第三人将其质押物移交债权人占有，将该物作为债权的担保。债务人不履行债务时，债权人有权依法从将该物折价或者拍卖、变卖的价款中优先受偿。这种担保方式是（　　）担保。
    A．保证　　　　　　　　　　　　　　B．质押
    C．抵押　　　　　　　　　　　　　　D．留置

67. 施工合同交底是指合同管理人员组织相关人员（　　）。
    A．学习合同的主要内容和合同分析结果　B．参与起草合同条款
    C．参与合同谈判和合同签订　　　　　D．研究分析合同条款中的不妥之处

68. 根据国际惯例，承包商自有设备的窝工费一般按（　　）计算。
    A．台班折旧费　　　　　　　　　　　B．台班折旧费+设备进出现场的分摊费
    C．台班使用费　　　　　　　　　　　D．同类型设备的租金

69. 非承包商原因导致非关键线路上的某项工作延误，如延误时间小于该项工作的总时差，则对此项延误的补偿是（　　）。
    A．业主既应给予工期顺延，也应给予费用补偿
    B．业主一般不会给予工期顺延，但给予费用补偿
    C．业主既不会给予工期顺延，也不给予费用补偿
    D．业主一般不会给予工期顺延，但可能给予费用补偿

70. 建设工程的项目信息门户是基于互联网技术的重要管理工具。可以作为一个建设工程服务的项目信息门户主持者的是（　　）。
    A．建设行政主管部门　　　　　　　　B．设计单位
    C．业主委托的工程顾问公司　　　　　D．施工单位

二、多项选择题（共30题，每题2分。每题的备选项中，有2个或2个以上符合题意，至少有1个错项。错选，本题不得分；少选，所选的每个选项得0.5分）

71. 在建设工程项目实施阶段的策划工作中，对项目目标分析和再论证的主要工作内容包括（　　）。
    A．项目功能分解　　　　　　　　　　B．确定项目建设的规模和标准

C．编制项目建设总进度规划 D．确定项目质量目标
E．编制项目总投资规划和投资目标论证

72. 国际上，业主方工程建设物资采购的模式主要有（   ）。
   A．业主自行采购 B．与承包商约定某些物资的指定供应商
   C．承包商采购 D．业主规定价格、由承包商采购
   E．承包商询价、由业主采购

73. 根据《建设工程施工合同（示范文本）》GF—2017—0201，施工合同签订后，承包人应向发包人提交的关于项目经理的有效证明文件包括（   ）。
   A．劳动合同 B．缴纳社保证明
   C．身份证 D．职称证书
   E．注册执业证书

74. 根据《建设工程项目管理规范》GB 50326—2017，企业法定代表人与项目管理机构负责人协商制定项目管理目标责任书的依据有（   ）。
   A．项目合同文件 B．组织经营方针
   C．项目管理实施规划 D．项目实施条件
   E．组织管理制度

75. 监理工程师应当按照工程监理规范的要求，采取（   ）的形式，对建设工程实施监理。
   A．班组互检 B．班组自检
   C．巡视 D．旁站
   E．平行检验

76. 成本计划编制依据包括（   ）。
   A．招标文件 B．项目管理实施规划
   C．已签订的合同 D．价格信息
   E．类似项目的成本资料

77. 进行施工成本的材料费控制，主要控制的内容有（   ）。
   A．材料用量 B．材料定额
   C．材料数量标准 D．材料价格
   E．材料价格指数

78. 施工方根据项目特点和施工进度控制的需要，编制的施工进度计划有（   ）。
   A．主体结构施工进度计划 B．安装工程施工进度计划
   C．建设项目总进度纲要 D．资源需求计划
   E．旬施工作业计划

79. 某工程进度计划如下图所示（时间单位：天），图中的正确信息有（   ）。

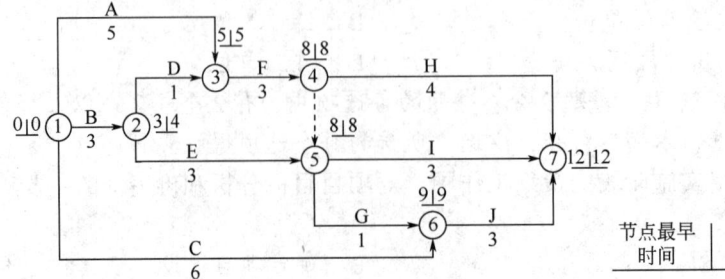

A．关键节点组成的线路①→③→④→⑤→⑦为关键线路
B．关键线路有两条
C．工作 E 的自由时差为 2 天
D．工作 E 的总时差为 2 天
E．开始节点和结束节点为关键节点的工作 A、工作 C 为关键工作

80．下列项目进度控制措施中，属于管理措施的有（　　）。
A．健全进度控制管理的组织体系　　B．推广采用工程网络计划技术
C．选择合理的工程合同结构　　D．重视信息技术在进度控制中的应用
E．制定并落实加快进度的经济激励政策

81．施工质量控制的依据中，项目专用性依据包括（　　）。
A．工程建设合同　　B．勘察设计文件
C．设计交底及图纸会审记录　　D．设计修改和技术变更通知
E．工程建设项目质量检验评定标准

82．当计算工期不能满足计划工期时，在选择缩短持续时间的关键工作时应考虑的因素有（　　）。
A．持续时间最长的工作
B．缩短持续时间对综合效益影响不大的工作
C．有充足备用资源的工作
D．缩短持续时间所需增加的费用最少的工作
E．缩短持续时间对质量和安全影响不大的工作

83．下列机械设备，属于施工机械设备的有（　　）。
A．辅助配套的电梯、泵机　　B．测量仪器
C．计量器具　　D．空调设备
E．操作工具

84．下列施工的形式中，属于经常性安全教育的有（　　）。
A．事故现场会　　B．安全生产会议
C．上岗前三级安全教育　　D．变换岗位时的安全教育
E．安全活动日

85．下列各施工生产要素的质量控制手段中，属于对施工人员质量控制的有（　　）。
A．合理布置施工总平面图　　B．坚持特殊工种持证上岗制度
C．禁止使用明令淘汰的施工方法　　D．坚持分包商资质考核制度
E．组织项目管理者培训学习

86．检验批可根据施工质量控制和专业验收的需要，按（　　）进行划分。
A．工程量　　B．施工段
C．楼层　　D．工程特点
E．变形缝

87．根据《建筑工程施工质量验收统一标准》GB 50300—2013，分项工程质量验收合格的条件有（　　）。
A．主控项目的质量均应检验合格　　B．一般项目的质量均应检验合格
C．所含检验批的质量应验收合格　　D．所含检验批的质量验收记录应完整
E．观感质量应符合相应要求

88. 一般情况下，固定总价合同适用的情形有（　　）。
    A．抢险、救灾工程
    B．工程结构简单，风险小
    C．工程量小、工期短，工程条件稳定
    D．工程内容和工程量一时不能明确
    E．工程设计详细、图纸完整、清楚，工程任务和范围明确

89. 下列建设工程资料中，可以作为施工质量事故处理依据的有（　　）。
    A．质量事故状况的描述
    B．设计委托合同
    C．施工记录
    D．工程竣工报告
    E．现场制备材料的质量证明资料

90. 建设行政主管部门对工程质量监督的内容包括（　　）。
    A．抽查质量检测单位的工程质量行为
    B．抽查工程质量责任主体的工程质量行为
    C．参与工程质量事故的调查处理
    D．监督工程竣工验收
    E．审核工程建设标准的完整性

91. 根据《建设工程施工专业分包合同（示范文本）》GF—2003—0213，下列工作中，属于分包人的工作有（　　）。
    A．对分包工程进行深化设计、施工、竣工和保修
    B．负责已完分包工程的成品保护工作
    C．向监理人提供进度计划及进度统计报表
    D．向承包人提交详细的施工组织设计
    E．直接履行监理工程师的工作指令

92. 编制生产安全事故应急预案的目的是（　　）。
    A．避免紧急情况发生时出现混乱
    B．满足职业健康安全管理体系论证的要求
    C．确保建设主管部门尽快开展调查处理
    D．预防和减少可能随之引发的职业健康安全和环境影响
    E．确保按照合理的响应流程采取适当的救援措施

93. 投标人须知是招标人向投标人传递招标基础信息的文件，投标人应特别注意其中的（　　）。
    A．施工技术说明
    B．投标文件的组成
    C．重要的时间安排
    D．招标人的责任权利
    E．招标工程的范围和详细内容

94. 建筑材料采购的验收方式有（　　）。
    A．驻厂验收
    B．提运验收
    C．接运验收
    D．入库验收
    E．使用前验收

95. 在固定总价合同中，承包人承担的工作量风险主要包括（　　）。
    A．通货膨胀
    B．工程范围不确定
    C．人工费上涨
    D．工程变更
    E．设计深度不够

96. 在最大成本加费用合同中，投标人所报的固定酬金中应包括的费用有（　　）。
    A．管理费　　　　　　　　　　B．临时设施费
    C．暂定金额　　　　　　　　　D．利润
    E．风险费

97. 投标担保可以采用的担保形式有（　　）。
    A．银行保函　　　　　　　　　B．信用证
    C．担保公司担保书　　　　　　D．同业担保书
    E．投标保证金

98. 在施工过程中，引起工程变更的原因有（　　）。
    A．发包人修改项目计划　　　　B．设计错误导致图纸修改
    C．总承包人改变施工方案　　　D．工程环境变化
    E．政府部门提出新的环保要求

99. 下列事件中，承包商可以向业主提出费用索赔的有（　　）。
    A．工程量发生变化，引起承包商费用的增加
    B．货币出现贬值，导致承包商实际费用的增加
    C．业主延期支付应付工程款，造成利润损失
    D．由于不可抗力，造成停工损失
    E．施工中出现了承包商难以预计的地下暗河，导致费用增加

100. 信息管理手册的主要内容包括（　　）。
    A．信息管理的任务　　　　　　B．信息流程图
    C．信息处理平台的建立与运行维护　　D．工程档案管理制度
    E．信息的编码体系和编码

考前第1套卷参考答案及解析

一、单项选择题

1. A	2. D	3. B	4. A	5. C
6. A	7. B	8. B	9. A	10. B
11. B	12. D	13. B	14. B	15. C
16. C	17. B	18. B	19. B	20. B
21. B	22. B	23. D	24. B	25. C
26. A	27. B	28. B	29. A	30. B
31. D	32. C	33. D	34. D	35. D
36. A	37. A	38. A	39. D	40. B
41. B	42. B	43. B	44. C	45. A
46. B	47. D	48. A	49. A	50. D
51. D	52. A	53. D	54. A	55. D
56. C	57. C	58. A	59. B	60. B
61. C	62. A	63. C	64. A	65. D
66. B	67. A	68. A	69. A	70. C

【解析】

1. A。项目立项（立项批准）是项目决策的标志。项目决策期管理工作的主要任务是确定项目的定义。

2. D。项目总承包方项目管理工作涉及项目实施阶段的全过程，即设计前的准备阶段、设计阶段、施工阶段、动用前准备阶段和保修期。

3. B。项目结构图通过树状图的方式对一个项目的结构进行逐层分解，以反映组成该项目的所有工作任务。组织结构图反映一个组织系统（如项目管理班子）中各个子系统之间和各组织元素（如各工作部门）之间的组织关系（指令关系），反映的是各工作单位、各工作部门和各工作人员之间的组织关系。工程流程图反映一个组织系统中各项工作之间的逻辑关系。合同结构图反映一个建设项目参与单位之间的合同关系。

4. A。每一个建设项目都应编制项目管理任务分工表，这是一个项目的组织设计文件的一部分。

5. C。由施工总承包管理单位负责对所有分包单位的管理及组织协调，大大减轻了业主的工作。这是施工总承包管理模式的基本出发点。

6. A。在国际上，项目管理咨询公司（咨询事务所，或称顾问公司）可以接受业主方、设计方、施工方、供货方和建设项目工程总承包方的委托，提供代表委托方利益的项目管理服务。项目管理咨询公司所提供的这类服务的工作性质属于工程咨询（工程顾问）服务。

7. B。项目目标的动态控制，是定期地进行项目目标的计划值和实际值的比较，当发现项目目标偏离时采取纠偏措施。

8. B。项目管理目标责任书应在项目实施之前，由法定代表人或其授权人与项目管理机构负责人协商制定。

9. A。项目人力资源管理的目的是调动所有项目参与人的积极性，在项目承担组织的内部和外部建立有效的工作机制，以实现项目目标。

10. B。经济与管理风险包括：（1）宏观和微观经济情况；（2）工程资金供应的条件；（3）合同风险；（4）现场与公用防火设施的可用性及其数量；（5）事故防范措施和计划；（6）人身安全控制计划；（7）信息安全控制计划等。

11. B。工程建设监理规划应在签订委托监理合同及收到设计文件后开始编制，完成后必须经监理单位技术负责人审核批准，并应在召开第一次工地会议前报送业主。

12. D。成本计划是以货币形式编制施工项目在计划期内的生产费用、成本水平、成本降低率以及为降低成本所采取的主要措施和规划的书面方案。它是建立施工项目成本管理责任制、开展成本管理和核算的基础，它是该项目降低成本的指导文件，是设立目标成本的依据，即成本计划是目标成本的一种形式。

13. B。成本偏差的控制过程中，分析是关键，纠偏是核心，要针对分析得出的偏差发生原因，采取切实措施，加以纠正。

14. B。施工过程中降低成本的技术措施，包括：进行技术经济分析，确定最佳的施工方案；结合施工方法，进行材料使用的比选，在满足功能要求的前提下，通过代用、改变配合比、使用外加剂等方法降低材料消耗的费用；确定最合适的施工机械、设备使用方案；结合项目的施工组织设计及自然地理条件，降低材料的库存成本和运输成本；应用先进的施工技术，运用新材料，使用先进的机械设备等。A、C选项属于组织措施，D选项属于经济措施。

15. C。在编制成本支出计划时，要在项目总体层面上考虑总的预备费，也要在主要的分项工程中安排适当的不可预见费。

16. C。成本控制的依据包括：合同文件、成本计划、进度报告、工程变更与索赔资料、各种资源的市场信息。进度报告提供了每一时刻工程实际完成量，工程施工成本实际支付情况等重要信息。

17. B。对于没有消耗定额的材料，则实行计划管理和按指标控制的办法。故A选项错误。对于有消耗定额的材料，以消耗定额为依据，实行限额领料制度。故B选项正确。在材料使用过程中，对部分小型及零星材料（如钢钉、钢丝等），根据工程量计算出所需材料量，将其折算成费用，由作业者包干使用。故C选项错误。在限额领料的执行过程中，会有许多因素影响材料的使用，如：工程量的变更、设计更改、环境因素等。限额领料的主管部门在限额领料的执行过程中要深入施工现场，了解用料情况，根据实际情况及时调整限额数量，以保证施工生产的顺利进行和限额领料制度的连续性、完整性。故D选项错误。

18. B。产生费用偏差的原因如下图所示。

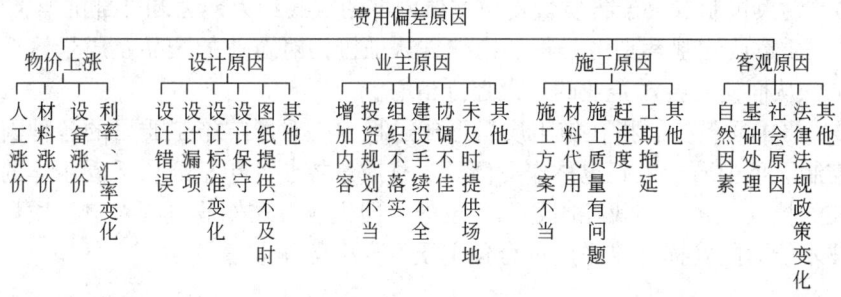

19．B。因素分析法又称连环置换法，可用来分析各种因素对成本的影响程度。

20．B。分部分项工程成本分析是施工项目成本分析的基础。分部分项工程成本分析的对象为已完成分部分项工程。

21．B。由不同功能的进度计划构成的计划系统，包括：（1）控制性进度规划（计划）；（2）指导性进度规划（计划）；（3）实施性（操作性）进度计划等。

22．B。通常情况下，横道图的表头为工作及其简要说明，项目进展表示在时间表格上。横道图也可将工作简要说明直接放到横道上。故A选项错误。工序（工作）之间的逻辑关系可以设法表达，但不易表达清楚。故B选项正确。不能确定计划的关键工作、关键线路与时差。故C、D选项错误。

23．D。本工作最迟开始时间=最早开始时间+总时差=6，由于工作持续6天，则最迟完成时间为第12天。

24．A。在双代号网络计划和单代号网络计划中，关键线路是总的工作持续时间最长的线路。一个网络计划可能有一条，或几条关键线路，在网络计划执行过程中，关键线路有可能转移。故A选项正确，B、C选项错误。关键线路上的工作为关键工作，关键工作指的是网络计划中总时差最小的工作。故D选项错误。

25．C。工作的最迟开始时间是指在不影响整个任务按期完成的前提下，工作必须开始的最迟时刻。工作的最迟开始时间等于本工作的最迟完成时间与其持续时间之差。工作的总时差是指在不影响总工期的前提下，本工作可以利用的机动时间。不影响总工期，也就是不影响D、E工作的最迟开始时间。

26．A。工作的最迟完成时间应等于其紧后工作最迟开始时间的最小值，则工作M的最迟完成时间=min{21，18，15}=15；工作的最迟开始时间等于工作的最迟完成时间减去工作的持续时间，即工作M的最迟开始时间=15-4=11。

27．B。网络计划终点节点所代表的工作的自由时差等于计划工期与本工作的最早完成时间之差；其他工作的自由时差等于本工作与其紧后工作之间时间间隔的最小值。工作A的自由时差=min{2，3}=2天。

28．B。建设工程项目质量特性主要体现在适用性、安全性、耐久性、可靠性、经济性及与环境的协调性等六个方面。

29．A。项目质量控制应以控制人的因素为基本出发点。

30．B。对于质量检查所发现的质量问题或质量不合格，及时进行原因分析，采取必要的措施，予以纠正，保持工程质量形成过程的受控状态。处置分纠偏和预防改进两个方面。前者是采取有效措施，解决当前的质量偏差、问题或事故；后者是将目前质量状况信息反馈到管理部门，反思问题症结或计划时的不周，确定改进目标和措施，为今后类似质量问题的预防提供借鉴。

31．D。约束机制取决于各质量责任主体内部的自我约束能力和外部的监控效力。

32．C。质量认证制度是由公正的第三方认证机构对企业的产品及质量体系作出正确可靠的评价，从而使社会对企业的产品建立信心。

33．D。事中质量控制指在施工质量形成过程中，对影响施工质量的各种因素进行全面的动态控制。事中质量控制也称作业活动过程质量控制，包括质量活动主体的自我控制和他人监控的控制方式。自我控制是第一位的，即作业者在作业过程对自己质量活动行为的约束和技术能力的发挥，以完成符合预定质量目标的作业任务。

34. A。技术准备工作的质量控制,包括对上述技术准备工作成果的复核审查,检查这些成果是否符合设计图纸和施工技术标准的要求;依据经过审批的质量计划审查、完善施工质量控制措施;针对质量控制点,明确质量控制的重点对象和控制方法;尽可能地提高上述工作成果对施工质量的保证程度等。

35. B。工序是人、材料、机械设备、施工方法和环境因素对工程质量综合起作用的过程,所以对施工过程的质量控制,必须以工序作业质量控制为基础和核心。

36. A。试验法是通过必要的试验手段对质量进行判断的检查方法,包括理化试验和无损检测。B、C、D选项均应采用实测法。

37. A。工程项目竣工质量验收的依据有:(1)国家相关法律法规和建设主管部门颁布的管理条例和办法;(2)工程施工质量验收统一标准;(3)专业工程施工质量验收规范;(4)批准的设计文件、施工图纸及说明书;(5)工程施工承包合同;(6)其他相关文件。

38. A。质量事故的技术处理是否达到预期的目的,是否依然存在隐患,应当通过检查鉴定和验收作出确认。

39. D。政府质量监督的性质属于行政执法行为,由主管部门依据有关法律法规和工程建设强制性标准,对工程实体质量和工程建设、勘察、设计、施工、监理单位(此五类单位简称为工程质量责任主体)和质量检测等单位的工程质量行为实施监督。

40. B。在《环境管理体系 要求及使用指南》GB/T 24001—2016中,环境是指:"组织运行活动的外部存在,包括空气、水、土地、自然资源、植物、动物、人,以及它(他)们之间的相互关系。"这个定义是以组织运行活动为主体,其外部存在主要是指人类认识到的、直接或间接影响人类生存的各种自然因素及其相互关系。

41. B。《建设工程安全生产管理条例》规定,施工单位应当自施工起重机械和整体提升脚手架、模板等自升式架设设施验收合格之日起30日内,向建设行政主管部门或者其他有关部门登记。登记标志应当置于或者附着于该设备的显著位置。

42. B。预警评价包括确定评价的对象、内容和方法,建立相应的预测系统,确定预警级别和预警信号标准等工作。

43. A。施工项目的安全检查应由项目经理组织,定期进行。

44. C。检验批、分项工程由专业监理工程师组织验收。分部工程由总监理工程师组织验收。单位工程是工程项目竣工质量验收的基本对象,建设单位组织工程竣工验收。

45. A。工程安全事故发生后,事故现场有关人员应当立即向工程建设单位负责人报告;工程建设单位负责人接到报告后,应于1小时内向事故发生地县级以上人民政府住房和城乡建设主管部门及有关部门报告。

46. B。直方图法的主要用途:(1)整理统计数据,了解统计数据的分布特征,即数据分布的集中或离散状况,从中掌握质量能力状态。(2)观察分析生产过程质量是否处于正常、稳定和受控状态以及质量水平是否保持在公差允许的范围内。

47. D。冗余安全度治理原则是为确保安全,在治理事故隐患时应考虑设置多道防线,即使发生有一两道防线无效,还有冗余的防线可以控制事故隐患。例如:道路上有一个坑,既要设防护栏及警示牌,又要设照明及夜间警示红灯。

48. A。专项应急预案是针对具体事故类别(如基坑开挖、脚手架拆除等事故)、危险源应急保障而制定的计划或方案。

49. A。管理评审是由施工企业的最高管理者对管理体系的系统评价,判断企业的管理体系面对内部情况的变化和外部环境是否充分适应有效，由此决定是否对管理体系做出调整，包括方针、目标、机构和程序等。

50. D。地方各级任命政府应急管理部门的应急预案，应当报同级人民政府备案，同时抄送上一级人民政府应急管理部门，并依法向社会公布。

51. D。特别重大事故，是指造成30人以上死亡，或者100人以上重伤（包括急性工业中毒），或者1亿元以上直接经济损失的事故。

52. A。加强现场文明施工，应确立项目经理为现场文明施工的第一责任人，以各专业工程师，施工质量、安全、材料、保卫等现场项目经理部人员为成员的施工现场文明管理组织，共同负责本工程现场文明施工工作。

53. D。噪声控制技术可从声源、传播途径、接收者防护等方面来考虑。声源上降低噪声，这是防止噪声污染的最根本的措施。

54. D。稳定和固化是利用水泥、沥青等胶结材料，将松散的废物胶结包裹起来，减少有害物质从废物中向外迁移、扩散，使得废物对环境的污染减少。

55. B。招标人所规定的投标截止日就是提交标书最后的期限。投标人应当按照招标文件的要求编制投标文件。投标文件应当对招标文件提出的实质性要求和条件作出响应。标书的提交有固定的要求，基本内容是：签章、密封。通常投标需要提交投标担保，应注意要求的担保方式、金额及担保期限。

56. C。A选项错误，单价与数量的乘积之和与所报的总价不一致的应以单价为准。B选项错误，标书正本和副本不一致的，则以正本为准。D选项错误，初步评审主要是进行符合性审查，即重点审查投标书是否实质上响应了招标文件的要求。详细评审是评标的核心，是对标书进行实质性审查，包括技术评审和商务评审。

57. C。招标人通过媒体发布招标公告，或向符合条件的投标人发出招标邀请，为要约邀请；投标人根据招标文件内容在约定的期限内向招标人提交投标文件，为要约；招标人通过评标确定中标人，发出中标通知书，为承诺；招标人和中标人按照中标通知书、招标文件和中标人的投标文件等订立书面合同时，合同成立并生效。

58. A。缺陷责任期是指承包人按照合同约定承担缺陷修复义务，且发包人预留质量保证金的期限，自工程实际竣工日期起计算。

59. B。发包人应当在移交施工现场前向承包人提供施工现场及工程施工所必需的毗邻区域内供水、排水、供电、供气、供热、通信、广播电视等地下管线资料，气象和水文观测资料，地质勘察资料，相邻建筑物、构筑物和地下工程等有关基础资料，并对所提供资料的真实性、准确性和完整性负责。

60. B。有国家定价的材料，应按国家定价执行；按规定应由国家定价的但国家尚无定价的材料，其价格应报请物价主管部门的批准；不属于国家定价的产品，可由供需双方协商确定价格。

61. C。索赔事件又称为干扰事件，是指那些使实际情况与合同规定不符合，最终引起工期和费用变化的各类事件。故A选项错误。索赔的成立，应该同时具备以下三个前提条件：（1）与合同对照，事件已造成了承包人工程项目成本的额外支出或直接工期损失；（2）造成费用增加或工期损失的原因，按合同约定不属于承包人的行为责任或风险责任；（3）承包人按合同规定的程序和时间提交索赔意向通知和索赔报告。以上三个条件必须同时具备，缺一不可。故B、D选项错误，C选项正确。

62. A。在工程实施过程中发生索赔事件以后，或者承包人发现索赔机会，首先要提出索赔意向，即在合同规定时间内将索赔意向用书面形式及时通知发包人或者工程师，向对方表明索赔愿望、要求或者声明保留索赔权利，这是索赔工作程序的第一步。

63. C。承包人应在收到分包工程竣工结算报告及结算资料后 28 天内支付工程竣工结算价款，无正当理由不按时支付，从第 29 天起按分包人同期向银行贷款利率支付拖欠工程价款的利息，并承担违约责任。

64. A。固定总价合同的价格计算是以图纸及规定、规范为基础，工程任务和内容明确，业主的要求和条件清楚，合同总价一次包死，固定不变，即不再因为环境的变化和工程量的增减而变化。在这类合同中，承包商承担了全部的工作量和价格的风险。

65. D。预付款一般逐月从工程付款中扣除，预付款担保的担保金额也相应逐月减少。

66. B。常见的担保方式有五种：保证、抵押、质押、留置和定金。质押是指债务人或者第三人将其质押物移交债权人占有，将该物作为债权的担保。债务人不履行债务时，债权人有权依法从将该物折价或者拍卖、变卖的价款中优先受偿。

67. A。合同和合同分析的资料是工程实施管理的依据。合同分析后，应向各层次管理者作"合同交底"，即由合同管理人员在对合同的主要内容进行分析、解释和说明的基础上，通过组织项目管理人员和各个工程小组学习合同条文和合同总体分析结果，使大家熟悉合同中的主要内容、规定、管理程序，了解合同双方的合同责任和工作范围，各种行为的法律后果等，使大家都树立全局观念，使各项工作协调一致，避免执行中的违约行为。

68. A。窝工费的计算，如是租赁设备，一般按实际租金和调进调出费的分摊计算；如是承包人自有设备，一般按台班折旧费计算，而不能按台班费计算，因台班费中包括了设备使用费。

69. D。由于关键线路上任何工作（或工序）的延误都会造成总工期的推迟，因此，非承包商原因造成关键线路延误都是可索赔延误。而非关键线路上的工作一般都存在机动时间，其延误是否会影响到总工期的推迟取决于其总时差的大小和延误时间的长短。如果延误时间少于该工作的总时差，业主一般不会给予工期顺延，但可能给予费用补偿；如果延误时间大于该工作的总时差，非关键线路的工作就会转化为关键工作，从而成为可索赔延误。

70. C。对一个建设工程而言，业主方往往是建设工程的总组织者和总集成者，一般而言，它自然就是项目信息门户的主持者，当然，它也可以委托代表其利益的工程顾问公司作为项目信息门户的主持者。

二、多项选择题

71. A、C、D、E	72. A、B、C	73. A、B	74. A、B、D、E	75. C、D、E
76. B、C、D、E	77. A、D	78. A、B、E	79. B、C、D	80. B、C、D
81. A、B、C、D	82. C、D、E	83. B、C、E	84. A、B、E	85. B、C、E
86. A、B、C、E	87. C、D	88. B、C、E	89. A、B、E	90. A、B、C、D
91. A、D	92. A、B、E	93. B、C、E	94. A、B、E	95. B、C、E
96. A、D、E	97. A、C、D、E	98. A、B、D、E	99. A、B、C、E	100. A、B、D、E

【解析】

71. A、C、D、E。在项目实施阶段，项目目标分析和再论证的内容包括：（1）投资目标的分解和论证；（2）编制项目投资总体规划；（3）进度目标的分解和论证；（4）编制项目建设总进度规划；（5）项目功能分解；（6）建筑面积分配；（7）确定项目质量目标。

72. A、B、C。在国际上，业主方工程建设物资采购有多种模式，如：（1）业主方自行采购；（2）与承包商约定某些物资为指定供货商；（3）承包商采购等。

73. A、B。项目经理应是承包人正式聘用的员工，承包人应向发包人提交项目经理与承包人之间的劳动合同，以及承包人为项目经理缴纳社会保险的有效证明。

74. A、B、D、E。制定项目管理目标责任书的依据包括：（1）项目合同文件；（2）组织的管理制度；（3）项目管理规划大纲；（4）组织的经营方针和目标；（5）项目特点和实施条件与环境。

75. C、D、E。监理工程师应当按照工程监理规范的要求，采取旁站、巡视和平行检验等形式，对建设工程实施监理。

76. B、C、D、E。成本计划的编制依据包括：（1）合同文件；（2）项目管理实施规划；（3）相关设计文件；（4）价格信息；（5）相关定额；（6）类似项目的成本资料。

77. A、D。材料费控制按照"量价分离"原则，控制材料用量和材料价格。

78. A、B、E。施工方进度控制的任务是依据施工任务委托合同对施工进度的要求控制施工进度，这是施工方履行合同的义务。在进度计划编制方面，施工方应视项目的特点和施工进度控制的需要，编制深度不同的控制性、指导性和实施性施工的进度计划，以及按不同计划周期（年度、季度、月度和旬）的施工计划等。

79. B、C、D。关键线路为①→③→④→⑦和①→③→④→⑤→⑥→⑦两条。工作 E 的自由时差=[8-（3+3）]=2 天。工作 E 的总时差=8-6=2 天。工作 C 不是关键工作。

80. B、D。项目进度控制的管理措施包括：（1）建设工程项目进度控制的管理措施涉及管理的思想、管理的方法、管理的手段、承发包模式、合同管理和风险管理等。（2）用工程网络计划的方法编制进度计划必须很严谨地分析和考虑工作之间的逻辑关系，通过工程网络的计算可发现关键工作和关键路线，也可知道非关键工作可使用的时差，工程网络计划的方法有利于实现进度控制的科学化。（3）应选择合理的合同结构，以避免过多的合同交界面而影响工程的进展。工程物资的采购模式对进度也有直接的影响，对此应作比较分析。（4）注意分析影响工程进度的风险，并在分析的基础上采取风险管理措施，以减少进度失控的风险量。（5）重视信息技术（包括相应的软件、局域网、互联网以及数据处理设备等）在进度控制中的应用。A 选项属于组织措施，E 选项属于经济措施。

81. A、B、C、D。项目专用性依据指本项目的工程建设合同、勘察设计文件、设计交底及图纸会审记录、设计修改和技术变更通知，以及相关会议记录和工程联系单等。

82. C、D、E。当计算工期不能满足计划工期时，可设法通过压缩关键工作的持续时间，以满足计划工期要求。在选择缩短持续时间的关键工作时，宜考虑下述因素：（1）缩短持续时间而不影响质量和安全的工作；（2）有充足备用资源的工作；（3）缩短持续时间所需增加的费用相对较少的工作等。

83. B、C、E。机械主要是指施工机械和各类工器具，包括施工过程中使用的运输设备、吊装设备、操作工具、测量仪器、计量器具以及施工安全设施等。

84. A、B、E。经常性安全教育的形式有：每天的班前班后会上说明安全注意事项；安全活动日；安全生产会议；事故现场会；张贴安全生产招贴画、宣传标语及标志等。

85. B、D、E。施工企业必须坚持执业资格注册制度和作业人员持证上岗制度；对所选派的施工项目领导者、组织者进行教育和培训，使其质量意识和组织管理能力能满足施工质量控制的要求；对所属施工队伍进行全员培训，加强质量意识的教育和技术训练，提高每个作业者的质量活动能力和自控能力；对分包单位进行严格的资质考核和施工人员的资格考核，其资质、资格必须符合相关法规的规定，与其分包的工程相适应。

86. A、B、C、E。分项工程可由一个或若干个检验批组成，检验批可根据施工质量控制和专业验收的需要，按工程量、楼层、施工段、变形缝进行划分。

87. C、D。分项工程质量验收合格应符合下列规定：（1）所含检验批的质量均应验收合格；（2）所含检验批的质量验收记录应完整。

88. B、C、E。固定总价合同适用于以下情况：（1）工程量小、工期短，估计在施工过程中环境因素变化小，工程条件稳定并合理。（2）工程设计详细，图纸完整、清楚，工程任务和范围明确。（3）工程结构和技术简单，风险小。（4）投标期相对宽裕，承包商可以有充足的时间详细考察现场，复核工程量，分析招标文件，拟订施工计划。A选项应采用成本加酬金合同，D选项应采用单价合同。

89. A、B、C、E。施工质量事故处理的依据包括：质量事故的实况资料、有关合同及合同文件、有关的技术文件和档案、相关的建设法规。C、E选项都属于有关的技术文件和档案。

90. A、B、C、D。工程质量监督管理包括下列内容：（1）执行法律法规和工程建设强制性标准的情况；（2）抽查涉及工程主体结构安全和主要使用功能的工程实体质量；（3）抽查工程质量责任主体和质量检测等单位的工程质量行为；（4）抽查主要建筑材料、建筑构配件的质量；（5）对工程竣工验收进行监督；（6）组织或者参与工程质量事故的调查处理；（7）定期对本地区工程质量状况进行统计分析；（8）依法对违法违规行为实施处罚。

91. A、B、D。分包人的工作包括：（1）按照分包合同的约定，对分包工程进行设计（分包合同有约定时）、施工、竣工和保修。（2）按照合同约定的时间，完成规定的设计内容，报承包人确认后在分包工程中使用。承包人承担由此发生的费用。（3）在合同约定的时间内，向承包人提供年、季、月度工程进度计划及相应进度统计报表。（4）在合同约定的时间内，向承包人提交详细施工组织设计，承包人应在专用条款约定的时间内批准，分包人方可执行。（5）遵守政府有关主管部门对施工场地交通、施工噪声以及环境保护和安全文明生产等的管理规定，按规定办理有关手续，并以书面形式通知承包人，承包人承担由此发生的费用，因分包人责任造成的罚款除外。（6）分包人应允许承包人、发包人、工程师（监理人）及其三方中任何一方授权的人员在工作时间内，合理进入分包工程施工场地或材料存放的地点，以及施工场地以外与分包合同有关的分包人的任何工作或准备地点，分包人应提供方便。（7）已竣工工程未交付承包人之前，分包人应负责已完分包工程的成品保护工作，保护期间发生损坏，分包人自费予以修复；承包人要求分包人采取特殊措施保护的工程部位和相应的追加合同价款，双方在合同专用条款内约定。对分包工程进行深化设计、向监理人提供进度计划及进度统计报表是承包人的工作，所以C选项错误。分包人不得直接致函发包人或工程师（监理人），也不得直接接受发包人或工程师（监理人）的指令，所以E选项错误。

92. A、D、E。编制应急预案的目的是防止一旦紧急情况发生时出现混乱，能够按照合理的响应流程采取适当的救援措施，预防和减少可能随之引发的职业健康安全和环境影响。

93. B、C、E。"投标人须知"是招标人向投标人传递基础信息的文件，投标人应重点注意：招标工程的详细内容和范围；投标文件的组成；招标答疑、投标截止时间等重要时间安排。

94. A、B、C、D。建筑材料采购验收方式有驻厂验收、提运验收、接运验收和入库验收等方式。

95. B、D、E。在固定总价合同中，承包商的风险主要有两个方面：一是价格风险，二是工作量风险。价格风险有报价计算错误、漏报项目、物价和人工费上涨等；工作量风险有工程量计算错误、工程范围不确定、工程变更或者由于设计深度不够所造成的误差等。

96. A、D、E。最大成本加费用合同是在工程成本总价合同基础上加固定酬金费用的方式，即当设计深度达到可以报总价的深度，投标人报一个工程成本总价和一个固定的酬金（包括各项管理费、风险费和利润）。

97. A、C、D、E。投标担保可以采用银行保函、担保公司担保书、同业担保书和投标保证金担保方式，多数采用银行投标保函和投标保证金担保方式，具体方式由招标人在招标文件中规定。

98. A、B、D、E。工程变更一般主要有以下几个方面的原因：（1）业主新的变更指令，对建筑的新要求，如业主有新的意图、修改项目计划、削减项目预算等；（2）由于设计人员、监理方人员、承包商事先没有很好地理解业主的意图，或设计的错误，导致图纸修改；（3）工程环境的变化，预定的工程条件不准确，要求实施方案或实施计划变更；（4）由于产生新技术和知识，有必要改变原设计、原实施方案或实计划，或由于业主指令及业主责任的原因造成承包商施工方案的改变；（5）政府部门对工程新的要求，如国家计划变化、环境保护要求、城市规划变动等；（6）由于合同实施出现问题，必须调整合同目标或修改合同条款。

99. A、B、C、E。承包商可以向业主提出的费用索赔有：（1）增减工程量的索赔；（2）关于货币贬值和严重经济失调导致的索赔；（3）由于延误产生损失的索赔；（4）特殊风险和人力不可抗拒灾害的索赔。

100. A、B、D、E。信息管理手册的主要内容：（1）信息管理的任务（信息管理任务目录）；（2）信息管理的任务分工表和管理职能分工表；（3）确定信息的分类；（4）信息的编码体系和编码；（5）信息输入输出模型；（6）各项信息管理工作的工作流程图；（7）信息流程图；（8）信息处理的工作平台及使用规定；（9）各种报表和报告的格式，以及报告周期；（10）项目进展的月度报告、季度报告、年度报告和工程总报告的内容及其编制；（11）工程档案管理制度；（12）信息管理的保密制度。

《建设工程项目管理》
考前第 2 套卷及解析

扫码关注领取

本试卷配套解析课

《建设工程项目管理》考前第2套卷

一、单选选择题（共70题，每题1分。每题的备选项中，只有1个最符合题意）

1. 项目投资的动态控制中，相对于工程合同价，可作为投资计划值的是（　　）。
   A．工程决算和工程款支付值　　　B．工程概算和工程款支付值
   C．工程概算和工程预算　　　　　D．工程概算和工程决算

2. 在项目目标动态控制的纠偏措施中，调整管理职能分工属于（　　）。
   A．组织措施　　　　　　　　　　B．管理措施
   C．经济措施　　　　　　　　　　D．技术措施

3. 重点、难点分部（分项）工程和专项工程施工方案应由（　　）批准。
   A．建设单位技术负责人　　　　　B．项目技术负责人
   C．监理工程师　　　　　　　　　D．施工单位技术负责人

4. 下列工程项目策划工作中，属于项目决策阶段合同策划的是（　　）。
   A．决策期的合同内容和文本　　　B．决策期的组织结构
   C．融资方案　　　　　　　　　　D．决策期的工作流程

5. 按照工程建设项目物资采购管理程序，物资采购首先应（　　）。
   A．进行采购策划，编制采购计划
   B．进行市场调查，选择合格的产品供应或服务单位，建立名录
   C．处置不合格产品或不符合要求的服务
   D．明确采购产品或服务的基本要求、采购分工及有关责任

6. 根据《建设工程施工合同（示范文本）》GF—2017—0201，项目经理确需离开施工现场时，应取得（　　）书面同意。
   A．监理人　　　　　　　　　　　B．承包人
   C．总监理工程师　　　　　　　　D．发包人

7. 关于施工总承包模式投资控制方面特点的说法，正确的是（　　）。
   A．有利于业主的总投资控制
   B．一部分施工图完成后，业主就可单独或与施工总承包管理单位共同进行该部分工程的招标
   C．在进行对施工总承包管理单位的招标时，只确定施工总承包管理费
   D．分包合同的投标报价和合同价以施工图为依据

8. 关于沟通能力的说法中，正确的是（　　）。
   A．沟通能力包含着表达能力、争辩能力、倾听能力和想象能力
   B．沟通的两个要素是思维与表达
   C．沟通的两个层面是沟通内容和沟通方法
   D．沟通效益指沟通行为符合沟通情境和彼此相互关系的标准或期望

9. 关于施工总承包管理与施工总承包模式比较的说法，正确的是（　　）。

A．一般情况下，当采用施工总承包管理模式时，分包合同由业主与施工总承包单位直接签订

B．当采用施工总承包管理模式时，对各个分包单位的工程款项只能通过施工总承包管理单位支付

C．施工总承包管理单位和施工总承包单位一样，要负责对现场施工的总体管理和协调

D．施工总承包管理模式不利于缩短建设周期

10．下列风险因素中，属于组织风险的是（　　）。
   A．工程物资　　　　　　　　　B．工程勘测资料
   C．工程施工方案　　　　　　　D．业主方人员的构成和能力

11．根据《建设工程安全生产管理条例》，关于工程监理单位安全责任的说法，正确的是（　　）。
   A．在实施监理过程中发现情况严重的安全事故隐患，应要求施工单位整改
   B．在实施监理过程中发现情况严重的安全事故隐患，应及时向有关主管部门报告
   C．应审查专项施工方案是否符合工程建设强制性标准
   D．对于情节严重的安全事故隐患，施工单位拒不整改时应向建设单位报告

12．下列风险管理的工作中，属于风险评估环节的是确定风险量和（　　）。
   A．风险因素　　　　　　　　　B．风险等级
   C．风险排序　　　　　　　　　D．风险管理范围

13．施工组织总设计的主要内容有（　　）。
   A．施工进度计划　　　　　　　B．主要资源配置计划
   C．施工准备　　　　　　　　　D．施工方法及工艺要求

14．关于成本分析的说法，正确的是（　　）。
   A．成本分析是在施工成本考核的基础上，对成本的形成过程和影响成本升降的因素进行分析，以寻求进一步降低成本的途径
   B．成本分析贯穿于施工成本管理的全过程
   C．在成本形成过程中，将施工项目的成本核算资料与目标成本、预算成本以及类似施工项目的预算成本等进行比较，了解成本的变动情况
   D．成本偏差的控制，纠偏是关键，分析是核心

15．建设工程项目施工准备阶段的施工预算成本计划以项目实施方案为依据，采用（　　）编制形成。
   A．人工定额　　　　　　　　　B．概算定额
   C．预算定额　　　　　　　　　D．施工定额

16．关于施工预算和施工图预算比较的说法，正确的是（　　）。
   A．施工预算既适用于建设单位，也适用于施工单位
   B．施工预算的编制以施工定额为依据，施工图预算的编制以预算定额为依据
   C．施工预算是投标报价的依据，施工图预算是施工企业组织生产的依据
   D．编制施工预算依据的定额比编制施工图预算依据的定额粗略一些

17．编制成本计划时，按照成本构成要素划分，建筑安装工程费分解为（　　）等费用。
   A．人工费、材料费、施工机具使用费、规费和企业管理费
   B．人工费、材料费、施工机具使用费、利润和企业管理费
   C．人工费、材料费、施工机具使用费、规费和间接费
   D．人工费、材料费、施工机具使用费、间接费、利润和增值税

18. 施工成本的过程控制中,对于人工费和材料费都可以采用的控制方法是(   )。
    A．量价分离   B．包干控制
    C．预算控制   D．跟踪检查

19. 在工程项目的施工阶段,对现场用到的钢钉、钢丝等零星材料的用量控制,宜采用的控制方法是(   )。
    A．定额控制   B．计量控制
    C．指标控制   D．包干控制

20. 某分部分项工程预算单价为 300 元/m³,计划 1 个月完成工程量 100m³。实际施工中用了两个月(匀速)完成工程量 160m³,由于材料费上涨导致实际单价为 330 元/m³,则该分部分项工程的费用偏差为(   )元。
    A．4800   B．-4800
    C．18000   D．-18000

21. 某工程基坑开挖恰逢雨期,造成承包商雨期施工增加费用超支,产生此费用偏差的原因是(   )。
    A．业主原因   B．设计原因
    C．施工原因   D．客观原因

22. 会计信息应当符合国家宏观经济管理的要求,满足有关方面了解企业财务状况和经营成果的需要,满足企业加强内部经营管理的需要,这体现了成本核算的(   )。
    A．谨慎原则   B．相关性原则
    C．重要性原则   D．配比原则

23. 对施工项目进行综合成本分析时,可作为分析基础的是(   )。
    A．月(季)度成本分析   B．分部分项工程成本分析
    C．年度成本分析   D．竣工成本分析

24. 如果一个进度计划系统由总进度计划、项目子系统进度计划、项目子系统中的单项工程进度计划组成。该进度计划系统是由(   )的计划组成的计划系统。
    A．不同功能   B．不同项目参与方
    C．不同深度   D．不同周期

25. 某工程有 A、B、C、D、E 五项工作,其逻辑关系为 A、B、C 完成后 D 开始,C 完成后 E 才能开始,则据此绘制的双代号网络图是(   )。

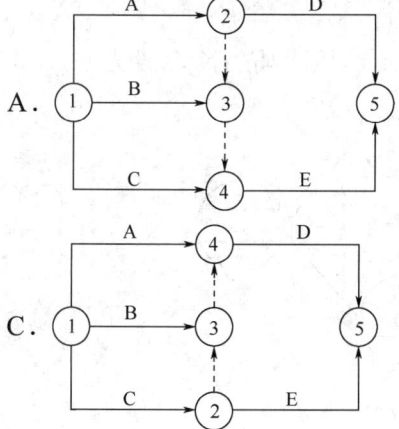
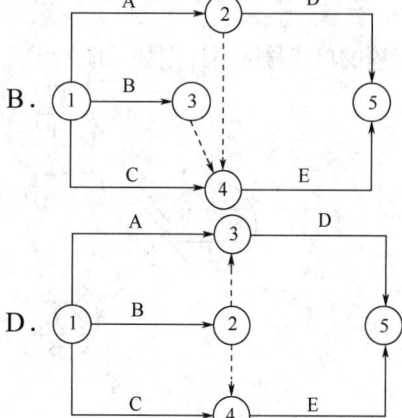

26. 根据双代号网络图绘图规则，下列网络图中的绘图错误有（　　）处。

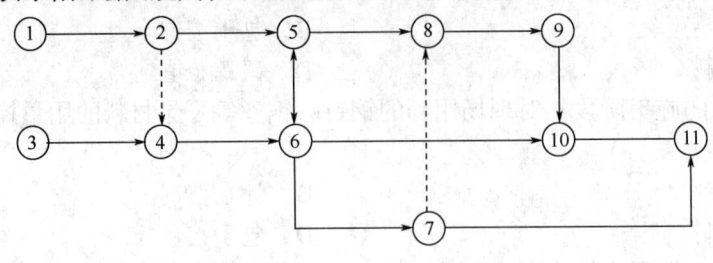

　　A．5　　　　　　　　　　　　　　B．4
　　C．3　　　　　　　　　　　　　　D．2

27. 双代号时标网络计划中，当某工作之后有虚工作时，则该工作的自由时差为（　　）。
　　A．该工作的波形线的水平长度
　　B．本工作与紧后工作间波形线水平长度的最大值
　　C．本工作与紧后工作间波形线水平长度的最小值
　　D．后续所有线路段中波形线中水平长度的最小值

28. 双代号网络计划如下图所示（时间单位：天），其关键线路有（　　）条。

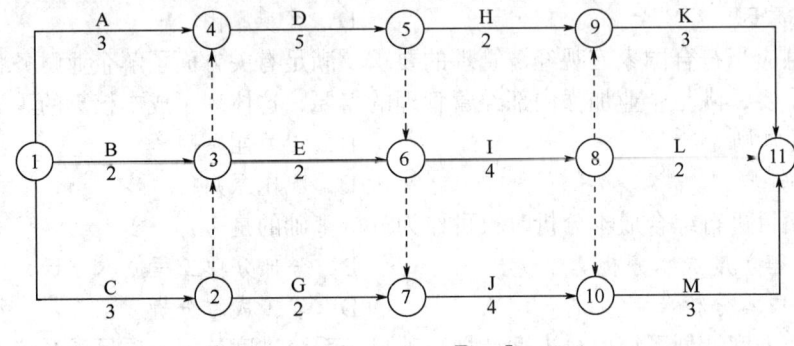

　　A．4　　　　　　　　　　　　　　B．5
　　C．6　　　　　　　　　　　　　　D．7

29. 某双代号网络计划中，工作M的最早开始时间和最迟开始时间分别为第12天和第15天，其持续时间为5天；工作M有3项紧后工作，它们的最早开始时间分别为第21天、第24天和第28天，则工作M的自由时差为（　　）天。
　　A．1　　　　　　　　　　　　　　B．4
　　C．8　　　　　　　　　　　　　　D．11

30. 某工程的单代号网络计划如下图所示（时间单位：天），该计划的计算工期为（　　）天。

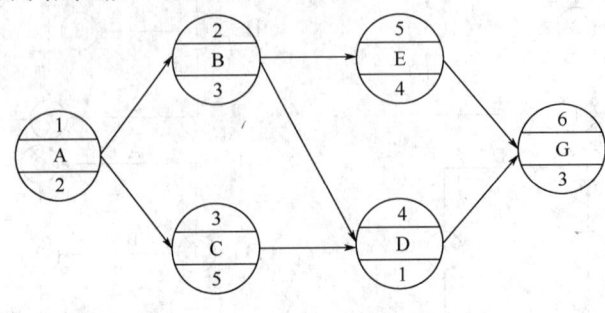

　　A．9　　　　　　　　　　　　　　B．12
　　C．11　　　　　　　　　　　　　D．15

31. 工程网络计划执行过程中，如果某项工作实际进度拖延的时间超过其自由时差，则该工作（　　）。
    A．必定影响其紧后工作的最早开始
    B．必定变为关键工作
    C．必定导致其后续工作的完成时间推迟
    D．必定影响工程总工期

32. 下列影响建设工程项目质量的因素中，作为项目质量控制基本出发点的因素是（　　）。
    A．人   B．机械
    C．材料   D．环境

33. 某企业通过质量管理体系认证后，由于管理不善，经认证机构调查做出了撤销认证的决定，则该企业（　　）。
    A．可以提出申诉，并在一年后可重新提出认证申请
    B．不能提出申诉，不能再重新提出认证申请
    C．不能提出申诉，但在一年后可以重新提出认证申请
    D．可以提出申诉，并在半年后可重新提出认证申请

34. 下列现场质量检查方法中，属于无损检测方法的是（　　）。
    A．托线板挂锤吊线检查   B．铁锤敲击检查
    C．留置试块试验检查   D．超声波探伤检查

35. 每户住宅和规定的公共部位验收完毕，应填写《住宅工程质量分户验收表》，（　　）。
    A．由监理单位项目总监理工程师签字即可
    B．建设单位和施工单位项目负责人分别签字即可
    C．建设单位和施工单位项目负责人、监理单位项目总监理工程师要共同签字
    D．建设单位和施工单位项目负责人、监理单位项目总监理工程师要分别签字

36. 建设单位应当自建设工程竣工验收合格之日起（　　）日内，向工程所在地的县级以上地方人民政府建设主管部门备案。
    A．15   B．20
    C．30   D．45

37. 某建设工程发生一起质量事故，经调查分析是由于"边勘察、边设计、边施工"导致的。引起这起事故的主要原因是（　　）。
    A．社会、经济原因   B．技术原因
    C．管理原因   D．人为事故和自然灾害原因

38. 下列工程质量事故中，可由事故发生单位组织事故调查组的是（　　）。
    A．事故造成2人死亡、5人重伤的
    B．事故造成7人重伤、2000万元直接经济损失的
    C．事故未造成人员伤亡，但造成1200万元直接经济损失的
    D．事故未造成人员伤亡，但造成800万元的直接经济损失的

39. 对于特别重大事故，负责事故调查的人民政府应当自收到事故调查报告之日起（　　）天内作出批复。
    A．5   B．15
    C．30   D．60

40. 关于施工过程水污染防治措施的说法中，错误的是（　　）。
    A．可以将有毒有害废弃物作土方回填
    B．现场存放油料，必须对库房地面进行防渗处理
    C．施工现场 100 人以上的临时食堂，污水排放时可设置简易有效的隔油池，定期清理，防止污染
    D．工地临时厕所、化粪池应采取防渗漏措施

41. 在评标过程中，对投标报价计算错误的修正，下列做法中正确的是（　　）。
    A．单价与数量的乘积之和与所报的总价不一致的，以单价为准
    B．标书正本和副本不一致的，则以副本为准
    C．投标人应接受修正价格，否则将没收其投标保证金
    D．投标文件中的大写与小写金额不一致的，以小写金额为准

42. 根据《建设工程施工合同（示范文本）》GF—2017—0201，工程未经竣工验收，发包人擅自使用，以（　　）为实际竣工日期。
    A．承包人提交竣工验收申请报告之日　　B．转移占有工程之日
    C．监理组织竣工初验之日　　D．发包人签发工程接收证书之日

43. 下列建设工程施工合同的风险中，不属于项目外界环境风险的是（　　）。
    A．通货膨胀、汇率调整
    B．工资和物价上涨
    C．发生战争、禁运、罢工导致工程中断
    D．承包商投标策略错误

44. 对于采用单价合同招标的工程，如投标书中有明显的数字计算错误，业主有权先做修改再评标。当总价和单价的计算结果不一致时，正确的做法是（　　）。
    A．按市场价调整单价　　B．分别调整单价和总价
    C．以总价为准调整单价　　D．以单价为准调整总价

45. 在非代理型 CM 模式的合同中，采用成本加酬金合同的具体方式是（　　）。
    A．成本加固定费用合同　　B．成本加固定比例费用合同
    C．成本加奖金合同　　D．最大成本加费用合同

46. 下列合同分析的内容中，不属于合同价格分析重点的是（　　）。
    A．合同价格所包括的范围
    B．工程量计量程序，工程款结算方法和程序
    C．拖欠工程款的合同责任
    D．索赔款争执的解决

47. 某施工合同实施过程中出现了偏差，经过偏差分析后，承包人采取了夜间加班、增加劳动力投入等措施。这种调整措施属于（　　）。
    A．组织措施　　B．技术措施
    C．经济措施　　D．合同措施

48. 某工程项目总价值 1000 万元，合同工期为 18 个月，现因建设条件发生变化需增加额外工程费用 500 万元，则承包方可提出的工期索赔为（　　）个月。
    A．6　　B．9
    C．24　　D．27

49. 在国际工程承包合同中，根据工程项目的规模和复杂程度，DAB争端裁决委员会的任命有多种方式，只在发生争端时任命的是（   ）。
   A．常任争端裁决委员会
   B．特聘争端裁决委员会
   C．工程师兼任的委员会
   D．业主指定争端裁决委员会

50. 建设工程项目总进度目标论证的工作包括：①项目结构分析；②编制各层进度计划；③进度计划系统的结构分析；④项目的工作编码。其正确的工作顺序是（   ）。
   A．①—③—②—④
   B．③—②—①—④
   C．④—①—③—②
   D．①—③—④—②

51. 关于横道图进度计划的说法，正确的是（   ）。
   A．横道图的工作量较小
   B．横道图难以适应较大的进度计划系统
   C．工作的简要说明必须放在表头内
   D．横道图不能表达工作间的逻辑关系

52. 下列进度控制工作中，属于业主方任务的是（   ）。
   A．控制设计准备阶段的工作进度
   B．编制施工图设计进度计划
   C．调整初步设计小组的人员
   D．确定设计总说明的编制时间

53. 某双代号网络计划中，工作M的自由时差4天，总时差6天。在进度计划实施检查中发现工作M实际进度落后，且影响总工期2天。在其他工作均正常的前提下，工作M的实际进度落后（   ）天。
   A．10
   B．6
   C．4
   D．8

54. 某工程时标网络图如下图所示，下列选项正确的是（   ）。

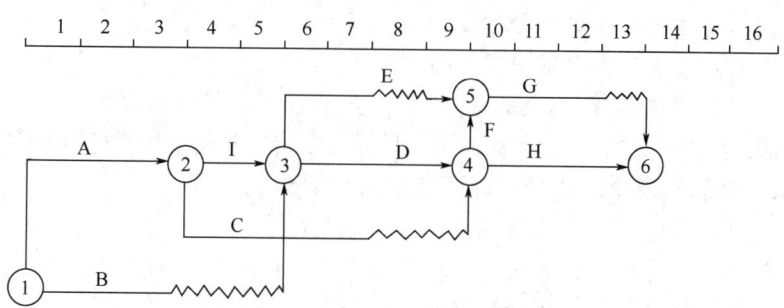

   A．工作C的TF为3
   B．工作I的FF为3
   C．工作D的TF为3
   D．工作G的TF为1

55. 通过资源需求的分析，可发现所编制的进度计划实现的可能性，若资源条件不具备，则应（   ）。
   A．调整资金计划
   B．改变进度目标
   C．调整进度计划
   D．取消进度计划

56. 建立建设工程项目质量控制系统时，首先应完成的工作是（   ）。
   A．制定系统质量控制制度
   B．编制系统质量控制计划
   C．分析系统质量控制界面
   D．建立系统质量控制网络

57. 在质量管理过程中，采用排列图方法进行状况描述的特点是（   ）。
   A．直观、主次分明
   B．层层深入
   C．可以分析多个质量问题
   D．通常采用QC小组活动的方式进行

58. 建设项目的职业健康安全和环境管理涉及大量的露天作业,受到气候条件、工程地质等不可控因素的影响较大,导致其具有(　　)的特点。
    A．复杂性　　　　　　　　　　　　B．多变性
    C．强制性　　　　　　　　　　　　D．协调性

59. 对直方图的分布位置与质量控制标准的上下限范围进行比较时,如质量特性数据分布(　　),说明质量能力偏大,不经济。
    A．偏下限　　　　　　　　　　　　B．充满上下限
    C．居中且边界与上下限有较大距离　　D．超出上下限

60. 下列关于固体废物处理方法中填埋的表述,错误的是(　　)。
    A．可将有毒有害废弃物进行现场填埋
    B．填埋场应利用天然或人工屏障
    C．尽量使需处置的废物与环境隔离,并注意废物的稳定性和长期安全性
    D．填埋是固体废物经过无害化、减量化处理的废物残渣集中到填埋场进行处置

61. 关于合理分配工程合同风险的表述,说法错误的是(　　)。
    A．整个工程的产出效益可能会更好
    B．可以最大限度发挥合同双方风险控制和履约的积极性
    C．减少合同的不确定性,承包商可以准确地计划和安排工程施工
    D．承包商可以获得一个合理的报价,业主报价中的不可预见风险费较少

62. 对建设项目投资项(或者成本项)信息进行编码时,适宜的做法是(　　)。
    A．综合考虑投资方、承包商要求进行编码
    B．根据预算定额确定的分部分项工程进行编码
    C．根据概算定额确定的分部分项工程进行编码
    D．综合考虑概算、预算、标底、合同价、工程款支付等因素建立编码

63. 质量管理就是确定和建立质量方针、质量目标及职责,并在质量管理体系中通过(　　)等手段来实施和实现全部质量管理职能的所有活动。
    A．质量规划、质量控制、质量检查和质量改进
    B．质量策划、质量控制、质量保证和质量改进
    C．质量策划、质量检查、质量监督和质量审核
    D．质量规划、质量检查、质量审核和质量改进

64. 对质量控制系统的能力和运行效果进行评价,并为及时做出处置提供决策依据的建设工程项目质量控制体系的运行机制是(　　)。
    A．动力机制　　　　　　　　　　　　B．约束机制
    C．反馈机制　　　　　　　　　　　　D．持续改进机制

65. 防水层的蓄水或淋水试验属于现场质量检查方法中的(　　)。
    A．实测法　　　　　　　　　　　　B．目测法
    C．理化试验法　　　　　　　　　　D．无损检测法

66. 根据建筑工程质量终身责任制要求,施工单位项目经理对建设工程质量承担责任的时间期限是(　　)。
    A．建筑工程实际使用年限　　　　　　B．建设单位要求年限
    C．建筑工程设计使用年限　　　　　　D．缺陷责任期

67. 下列施工质量控制的工作中，属于事前质量控制的是（   ）。
    A．分析可能导致质量问题的因素并制定预防措施
    B．隐蔽工程的检查
    C．工程质量事故的处理
    D．进场材料抽样检验或试验

68. 某施工现场发生触电事故后，对现场人员进行了安全用电操作教育，并在现场设置了漏电开关，还对配电箱、电路进行了防护改造。这体现了施工安全隐患处理的（   ）原则。
    A．直接隐患与间接隐患并治　　　　B．单项隐患综合处理
    C．冗余安全处理　　　　　　　　　D．预防与减灾并重处理

69. 某建设工程采用固定总价方式招标，业主在招标投标过程中对某项争议工程量不予更正，投标单位正确的应对策略是（   ）。
    A．修改工程量后进行报价
    B．按业主要求工程量修改单价后报价
    C．采用不平衡报价法提高该项工程报价
    D．投标时注明工程量表存在错误，应按实结算

70. 根据《建设工程施工合同（示范文本）》GF—2017—0201，如果干扰事件对建设工程的影响持续时间长，承包人应按监理工程师要求的合理间隔提交（   ）。
    A．中间索赔报告　　　　　　　　　B．中间索赔依据
    C．索赔意向通知　　　　　　　　　D．索赔声明

二、多项选择题（共30题，每题2分。每题的备选项中，有2个或2个以上符合题意，至少有1个错项。错选，本题不得分；少选，所选的每个选项得0.5分）

71. 建设工程管理工作是一种增值服务工作，下列任务中，属于工程建设增值的是（   ）。
    A．确保工程建设安全　　　　　　　B．提高工程质量
    C．有利于成本和进度控制　　　　　D．有利于环保和节能
    E．有利于降低工程运营成本

72. 关于施工方项目管理目标的说法，正确的是（   ）。
    A．施工方的项目管理仅应服务于施工方本身的利益
    B．项目的整体利益和施工方本身的利益是对立统一关系
    C．施工总承包管理方的成本目标是由施工企业根据其生产和经营的情况自行确定的
    D．分包方的成本目标是总承包管理方确定的
    E．施工总承包方或施工总承包管理方应对合同规定的工期目标和质量目标负责

73. 施工总承包管理模式与施工总承包模式相比，在合同价格方面的优点包括（   ）。
    A．整个建设项目的合同总额的确定较有依据
    B．所有分包都通过招标获得有竞争力的投标报价，对业主方节约投资有利
    C．在施工总承包管理模式下，分包合同价对业主是透明的
    D．合同总价一次确定
    E．分包合同价对业主不透明

74. 在建设工程施工管理过程中，项目经理在企业法定代表人授权范围内可以行使的管理权力有（   ）。

A．选择施工作业队伍 B．组织项目管理班子
C．指挥工程项目建设的生产经营活动 D．对外进行纳税申报
E．制定企业经营目标

75．建设工程施工风险管理过程中，风险识别的工作有（　　）。
A．确定风险因素 B．收集与施工风险相关的信息
C．分析各种风险的损失量 D．编制施工风险识别报告
E．分析各种风险因素发生的概率

76．下列施工成本管理的措施中，属于组织措施的有（　　）。
A．加强施工定额管理和施工任务单管理，控制活劳动和物化劳动的消耗
B．通过生产要素的优化配置、合理使用、动态管理，有效控制实际成本
C．编制施工成本控制工作计划，确定合理详细的工作流程
D．研究合同条款，寻找索赔机会
E．加强施工调度，避免因施工计划不周和盲目调度造成窝工损失、机械利用率降低、物料积压等问题

77．下列费用，按照费用构成要素划分，属于企业管理费的有（　　）。
A．工具用具使用费 B．社会保险费
C．职工教育经费 D．工会经费
E．检验试验费

78．某工程主要工作是混凝土浇筑，中标的综合单价是400元/m^3，计划工程量是8000m^3。施工过程中因原材料价格提高实际单价为500元/m^3，实际完成并经监理工程师确认的工程量是9000m^3。若采用赢得值法进行综合分析，正确的结论有（　　）。
A．已完工作预算费用为360万元 B．已完工作实际费用为450万元
C．计划工作预算费用为320万元 D．费用偏差为90万元，费用节省
E．进度偏差为40万元，进度拖延

79．关于项目总进度目标论证的说法，正确的有（　　）。
A．总进度目标论证是单纯的总进度规划的编制工作
B．建设工程项目的总进度目标指的是整个工程项目的进度目标
C．建设工程项目的总进度目标是在项目准备阶段确定的
D．进行建设工程项目总进度目标控制前，首先应分析和论证进度目标实现的可能性
E．建设工程项目总进度目标的控制是业主方项目管理的任务

80．某双代号网络计划如下图所示，图中存在的绘图错误有（　　）。

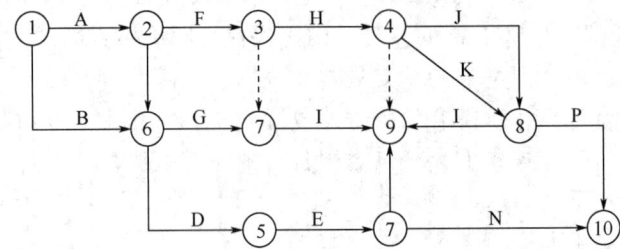

A．循环回路 B．多个终点节点
C．节点编号重复 D．多个起点节点

E．两项工作有相同的节点编号

81．下列项目进度控制的措施中，属于组织措施的有（　　）。
A．编制项目进度控制的工作流程　　B．进行有关进度控制会议的组织设计
C．定义项目进度计划系统的组成　　D．优化工程施工方案
E．重视信息技术的应用

82．关于项目进度控制管理措施的说法中，正确的有（　　）。
A．工程物资的采购模式对进度控制无直接影响
B．分析影响工程进度的风险，可以减少进度失控的风险量
C．应选择合理的合同结构，以避免过多的合同交界面而影响工程的进展
D．采用工程网络计划实现进度控制科学化
E．建设工程项目进度控制的管理措施涉及管理的思想、管理的方法、管理的手段、承发包模式、合同管理和风险管理等

83．下列质量风险策略中，属于"风险转移"策略的是（　　）。
A．合理安排施工工期和进度计划
B．承包单位依法实行联合承包
C．建设单位在工程发包时，要求承包单位提供履约担保
D．质量责任单位向保险公司投保适当的险种
E．把没有足够把握的部分工程，分包给有经验、有能力的单位施工

84．企业质量管理体系文件由（　　）构成。
A．质量方针和质量目标　　B．质量记录
C．质量报告　　D．质量手册
E．程序性文件

85．有关工程施工过程质量验收的说法，正确的是（　　）。
A．检验批质量验收由专业监理工程师组织
B．分项工程由施工单位项目专业技术负责人组织进行验收
C．分部工程应由总监理工程师组织施工单位项目负责人和项目技术负责人等进行验收
D．预制构件进场时应检查质量证明文件或质量验收记录
E．工程竣工质量验收由建设单位负责组织实施

86．关于因果分析图法应用的说法，正确的有（　　）。
A．一张分析图可以解决多个质量问题
B．常采用QC小组活动的方式进行，有利于集思广益
C．因果分析图法专业性很强，QC小组以外的人员不能参加
D．通过因果分析图可以了解统计数据的分布特征，从而掌握质量能力状态
E．分析时要充分发表意见，层层深入，排除所有可能的原因

87．根据《建设工程安全生产管理条例》，施工单位应当组织专家对专项施工方案进行论证、审查的分部分项工程有（　　）。
A．拆除工程　　B．地下暗挖工程
C．高大模板工程　　D．起重吊装工程
E．深基坑工程

88．按照我国现行规定，发生事故后的"四不放过"原则包括（　　）。
A．事故原因未查清不放过　　B．责任人员未处理不放过

C．有关责任人员未受到教育不放过　　　D．整改措施未落实不放过
E．整改措施的监督人未明确不放过

89．根据《建设工程施工合同（示范文本）》GF—2017—0201，发包人的责任和义务有（　　）。
A．图纸的提供和交底
B．对化石、文物的保护
C．在保修期内承担保修义务
D．除专用合同条款另有约定外，发包人应最迟于开工日期7天前向承包人移交施工现场
E．发包人应遵守法律，并办理法律规定由其办理的许可、批准或备案

90．各类保险合同由于标的的差异，除外责任不尽相同，但比较一致的内容有（　　）。
A．投保人故意行为所造成的损失
B．因被保险人不忠实履行约定义务所造成的损失
C．战争或军事行为所造成的损失
D．保险责任范围以外，其他原因所造成的损失
E．投保人皆相同

91．关于履约担保的说法，正确的有（　　）。
A．履约担保是为保证正确、合理使用发包人支付的预付款而提供的担保
B．履约担保有效期始于工程开工之日，终止日期可以约定在工程竣工交付之日
C．银行履约保函担保金额通常为合同金额的10%左右
D．保留金由发包人从工程进度款中扣除，总额一般限制在合同总价款的5%
E．履约担保书由商业银行开具，金额在保证金的担保金额之内

92．根据《建设工程工程量清单计价规范》GB 50500—2013，"其他项目费"的内容一般包括（　　）。
A．暂估价　　　　　　　　　　　B．工程排污费
C．计日工　　　　　　　　　　　D．暂列金额
E．总承包服务费

93．大型建设工程项目总进度纲要的主要内容包括（　　）。
A．项目实施总体部署　　　　　　B．总进度规划
C．施工准备与资源配置计划　　　D．确定里程碑事件的计划进度目标
E．总进度目标实现的条件和应采取的措施

94．按计划的功能划分，建设工程项目施工进度计划分为（　　）。
A．指示性进度计划　　　　　　　B．控制性进度计划
C．指导性进度计划　　　　　　　D．实施性进度计划
E．总结性进度计划

95．下列有关项目总进度目标论证的说法，正确的是（　　）。
A．大型建设工程项目总进度目标论证的核心工作是通过编制总进度纲要论证总进度目标实现的可能性
B．大型建设工程项目的结构分析是根据编制总进度纲要的需要，将整个项目进行逐层分解，并确立相应的工作目录
C．总进度目标论证是单纯的总进度规划的编制工作
D．进行建设工程项目总进度目标控制前，首先应分析和论证进度目标实现的可能性
E．整个项目划分成多少计划层，应根据项目的规模和特点而定

96. 某项目分部工程双代号时标网络计划如下图所示，关于该网络计划的说法，正确的是（　　）。

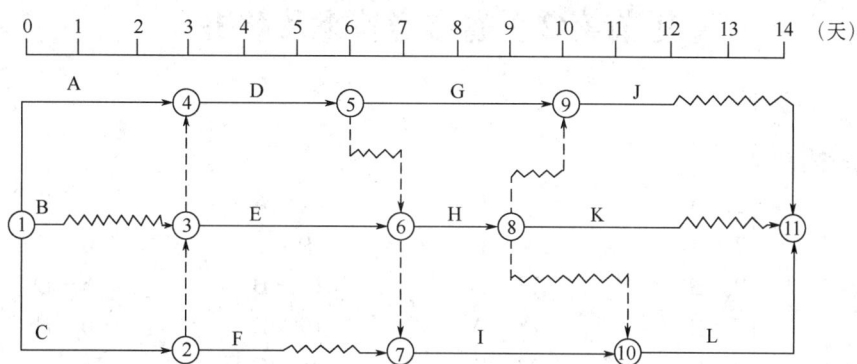

A．工作C、E、I、L组成关键线路
B．工作H的总时差为2天
C．工作A、C、H、L是关键工作
D．工作D的总时差为1天
E．工作G的总时差与自由时差相等

97. 建设工程项目的施工质量计划的内容有（　　）。
A．施工任务
B．施工条件
C．管理组织
D．控制措施
E．控制方式

98. 成本加酬金合同的常见形式有（　　）。
A．成本加固定费用合同
B．成本加固定比例费用合同
C．成本加奖金合同
D．最大成本加费用合同
E．最小成本加固定费用合同

99. 根据《建设工程项目管理规范》GB/T 50326—2017，制定项目管理目标责任书的主要依据有（　　）。
A．项目管理实施规划
B．项目合同文件
C．组织的管理制度
D．组织的经营方针和目标
E．项目管理规划大纲

100. 采用固定总价合同，双方结算比较简单，但是由于承包商承担了较大的风险，因此，报价中不可避免地要增加一笔较高的不可预见风险费。承包商的风险主要有（　　）。
A．价格风险
B．自然环境风险
C．工程量风险
D．管理风险
E．技术风险

考前第 2 套卷参考答案及解析

一、单项选择题

1. C	2. A	3. D	4. A	5. D
6. D	7. A	8. B	9. C	10. D
11. C	12. B	13. B	14. B	15. D
16. B	17. B	18. A	19. D	20. B
21. D	22. B	23. B	24. C	25. C
26. B	27. C	28. C	29. B	30. B
31. A	32. A	33. A	34. D	35. D
36. A	37. A	38. D	39. C	40. A
41. A	42. B	43. D	44. D	45. D
46. D	47. A	48. D	49. B	50. D
51. B	52. A	53. D	54. D	55. C
56. D	57. A	58. D	59. C	60. A
61. D	62. D	63. B	64. C	65. C
66. C	67. A	68. B	69. D	70. A

【解析】

1. C。投资的计划值和实际值是相对的，如：相对于工程预算而言，工程概算是投资的计划值；相对于工程合同价，则工程概算和工程预算都可作为投资的计划值等。

2. A。项目目标动态控制的纠偏措施包括：组织措施、管理措施、经济措施和技术措施。其中，组织措施是分析由于组织的原因而影响项目目标实现的问题，并采取相应的措施，如调整项目组织结构、任务分工、管理职能分工、工作流程组织和项目管理班子人员等。

3. D。重点、难点分部（分项）工程和专项工程施工方案应由施工单位技术部门组织相关专家评审，施工单位技术负责人批准。

4. A。决策期的工作流程和决策期的组织结构属于组织策划的工作内容。融资方案属于经济策划的工作内容。

5. D。物资采购管理应遵循的程序：明确采购产品或服务的基本要求、采购分工及有关责任→进行采购策划，编制采购计划→进行市场调查，选择合格的产品供应或服务单位，建立名录→采用招标或协商等方式实施评审工作，确定供应或服务单位→签订采购合同→运输、验证、移交采购产品或服务→处置不合格产品或不符合要求的服务→采购资料归档。

6. D。依据《建设工程施工合同（示范文本）》GF—2017—0201，项目经理确需离开施工现场时，应事先通知监理人，并取得发包人的书面同意。

7. A。B、C、D 选项为施工总承包管理模式在投资控制方面的特点。

8. B。沟通能力包含着表达能力、争辩能力、倾听能力和设计能力。故 A 选项错误。

沟通也有两个层面：思维的交流和语言的交流。故 C 选项错误。沟通效益指沟通活动在功能上达到了预期的目标，或者满足了沟通者的需要。故 D 选项错误。

9. C。一般情况下，当采用施工总承包管理模式时，分包合同由业主与分包单位直接签订。故 A 选项错误。对各个分包单位的工程款项可以通过施工总承包管理单位支付，也可以由业主直接支付。故 B 选项错误。施工总承包管理模式可以在很大程度上缩短建设周期。故 D 选项错误。

10. D。建设工程项目的组织风险包括：（1）组织结构模式；（2）工作流程组织；（3）任务分工和管理职能分工；（4）业主方（包括代表业主利益的项目管理方）人员的构成和能力；（5）设计人员和监理工程师的能力；（6）承包方管理人员和一般技工的能力；（7）施工机械操作人员的能力和经验；（8）损失控制和安全管理人员的资历和能力等。A、B、C 选项属于技术风险。

11. C。工程监理单位应当审查施工组织设计中的安全技术措施或者专项施工方案是否符合工程建设强制性标准。工程监理单位在实施监理过程中，发现存在安全事故隐患的，应当要求施工单位整改；情况严重的，应当要求施工单位暂时停止施工，并及时报告建设单位。施工单位拒不整改或者不停止施工的，工程监理单位应当及时向有关主管部门报告。

12. B。项目风险评估包括以下工作：

（1）利用已有数据资料（主要是类似项目有关风险的历史资料）和相关专业方法分析各种风险因素发生的概率；

（2）分析各种风险的损失量；

（3）根据各种风险发生的概率和损失量，确定各种风险的风险量和风险等级。

13. B。施工组织总设计的主要内容包括：（1）工程概况；（2）总体施工部署；（3）施工总进度计划；（4）总体施工准备与主要资源配置计划；（5）主要施工方法；（6）施工总平面布置。

14. B。A 选项中的正确表述应为"在施工成本核算的基础上"。在成本形成过程中，将施工项目的成本核算资料与目标成本、预算成本以及类似施工项目的实际成本等进行比较，了解成本的变动情况。故 C 选项错误。成本偏差的控制，分析是关键，纠偏是核心。故 D 选项错误。

15. D。实施性成本计划是项目施工准备阶段的施工预算成本计划，它是以项目实施方案为依据，以落实项目经理责任目标为出发点，采用企业的施工定额通过施工预算的编制而形成的实施性施工成本计划。

16. B。施工预算与建设单位无直接关系；施工图预算既适用于建设单位，又适用于施工单位。故 A 选项错误。施工预算是施工企业组织生产、编制施工计划、准备现场材料、签发任务书、考核功效、进行经济核算的依据，施工图预算则是投标报价的主要依据。故 C 选项错误。施工预算的编制以施工定额为主要依据，施工图预算的编制以预算定额为主要依据。施工定额比预算定额划分得更详细、更具体。故 D 选项错误。

17. B。按照成本构成要素划分，建筑安装工程费由人工费、材料（包含工程设备）费、施工机具使用费和企业管理费、利润、规费和增值税组成。

18. A。人工费的控制实行"量价分离"的方法；材料费控制同样按照"量价分离"原则，控制材料用量和材料价格。

19. D。在材料使用过程中，对部分小型及零星材料（如钢钉、钢丝等）根据工程量计算出所需材料量，将其折算成费用，由作业者包干使用。

20. B。费用偏差=已完成工作量×预算单价-已完成工作量×实际单价。分部分项工程的费用偏差=160m³×300元/m³-160m³×330元/m³=-4800元。

21. D。客观原因包括：自然因素、基础处理、社会原因、法律法规政策变化等。

22. B。谨慎原则是指在市场经济条件下，在成本、会计核算中应当对可能发生的损失和费用，作出合理预计，以增强抵御风险的能力。重要性原则是指对于成本有重大影响的业务内容，应作为核算的重点，力求精确，而对于那些不太重要的琐碎的经济业务内容，可以相对从简处理。配比原则是指营业收入与其相对应的成本、费用应当相互配合。为取得本期收入而发生的成本和费用，应与本期实现的收入在同一时期内确认入账。

23. B。A、B、C、D选项均属于综合成本分析的要素。B选项为施工项目成本分析的基础。

24. C。由不同深度的进度计划构成的计划系统，包括：
（1）总进度规划（计划）；
（2）项目子系统进度规划（计划）；
（3）项目子系统中的单项工程进度计划等。

25. C。A、B、C完成后D开始，说明A、B、C工作为D工作的紧前工作。A选项错误，D工作的紧前工作只有A工作。B选项错误，E工作的紧前工作为A、B、C，D工作的紧前工作只有A工作。D选项错误，D工作的紧前工作只有工作A、B工作。

26. B。错误包括：（1）有①、③两个开始节点；（2）⑤、⑥之间有双向箭头；（3）⑩、⑪之间的连线无箭头；（4）无终点节点。

27. C。双代号时标网络计划中应以实箭线表示工作，以虚箭线表示虚工作，以波形线表示工作的自由时差。

28. C。自始至终全部由关键工作组成的线路为关键线路，或线路上总的工作持续时间最长的线路为关键线路。本题的关键线路为：①→④→⑤→⑥→⑧→⑩→⑪；①→④→⑤→⑥→⑦→⑩→⑪；①→②→③→④→⑤→⑥→⑦→⑩→⑪；①→②→③→④→⑤→⑥→⑧→⑨→⑪；①→②→③→④→⑤→⑥→⑧→⑨→⑪。

29. B。当工作有紧后工作时，其自由时差等于紧后工作的最早开始时间减去本工作的最早开始时间再减去本工作的持续时间的最小值，则工作M的自由时差=min{（21-12-5），（24-12-5），（28-12-5）}=4天。

30. B。从起点节点开始到终点节点均为关键工作，且所有工作的时间间隔为零的线路为关键线路。该计划的关键线路为A→B→E→G，工期是12天。

31. A。自由时差是指在不影响其紧后工作最早开始的前提下，工作可以利用的机动时间。如果某项工作实际进度拖延的时间超过其自由时差，则该工作将影响其紧后工作的最早开始时间。

32. A。建设工程项目质量的影响因素，主要是指在项目质量目标策划、决策和实现过程中影响质量形成的各种客观因素和主观因素，包括人的因素、机械因素、材料因素、方法因素和环境因素。项目质量控制应以控制人的因素为基本出发点。

33. A。当获证企业发生质量管理体系存在严重不符合规定，或在认证暂停的规定期限未予整改，或发生其他构成撤销体系认证资格情况时，认证机构作出撤销认证的决定。

企业不服可提出申诉。撤销认证的企业一年后可重新提出认证申请。

34．D。利用专门的仪器仪表从表面探测结构物、材料、设备的内部组织结构或损伤情况。常用的无损检测方法有超声波探伤、X射线探伤、γ射线探伤等。

35．D。每户住宅和规定的公共部位验收完毕，应填写《住宅工程质量分户验收表》，建设单位和施工单位项目负责人、监理单位项目总监理工程师要分别签字。

36．A。建设单位应当自建设工程竣工验收合格之日起15日内，向工程所在地的县级以上地方人民政府建设主管部门备案。

37．A。社会、经济原因是指引发的质量事故是由于社会上存在的不正之风及经济上的原因，滋长了建设中的违法违规行为，而导致出现质量事故。例如，违反基本建设程序，无立项、无报建、无开工许可、无招标投标、无资质、无监理、无验收的"七无"工程，边勘察、边设计、边施工的"三边"工程，几乎所有的重大施工质量事故都能从这个方面找到原因；某些施工企业盲目追求利润而不顾工程质量，在投标报价中随意压低标价，中标后则依靠违法的手段或修改方案追加工程款，甚至偷工减料等，这些因素都会导致发生重大工程质量事故。

38．D。未造成人员伤亡的一般事故，县级人民政府也可以委托事故发生单位组织事故调查组进行调查。这里有两个条件：（1）未造成人员伤亡；（2）一般事故。虽然C选项未造成人员伤亡，但造成1200万元直接经济损失，这就属于较大事故了。

39．C。重大事故、较大事故、一般事故，负责事故调查的人民政府应当自收到事故调查报告之日起15日内作出批复；特别重大事故，30日内作出批复，特殊情况下，批复时间可以适当延长，但延长的时间最长不超过30日。

40．A。施工过程水污染的防治措施有：

（1）禁止将有毒有害废弃物作土方回填。

（2）施工现场搅拌站废水，现制水磨石的污水，电石（碳化钙）的污水必须经沉淀池沉淀合格后再排放，最好将沉淀水用于工地洒水降尘或采取措施回收利用。

（3）现场存放油料，必须对库房地面进行防渗处理，如采用防渗混凝土地面、铺油毡等措施。

（4）施工现场100人以上的临时食堂，污水排放时可设置简易有效的隔油池，定期清理，防止污染。

（5）工地临时厕所、化粪池应采取防渗漏措施。中心城市施工现场的临时厕所可采用水冲式厕所，并有防蝇灭蛆措施，防止污染水体和环境。

（6）化学用品、外加剂等要妥善保管，库内存放，防止污染环境。

41．A。要对报价计算的正确性进行审查，如果计算有误，通常的处理方法是：大小写不一致的以大写为准，单价与数量的乘积之和与所报的总价不一致的应以单价为准；标书正本和副本不一致的，则以正本为准。这些修改一般应由投标人代表签字确认。

42．B。工程经竣工验收合格的，以承包人提交竣工验收申请报告之日为实际竣工日期，并在工程接收证书中载明；因发包人原因，未在监理人收到承包人提交的竣工验收申请报告42天内完成竣工验收，或完成竣工验收不予签发工程接收证书的，以提交竣工验收申请报告的日期为实际竣工日期；工程未经竣工验收，发包人擅自使用的，以转移占有工程之日为实际竣工日期。

43．D。项目外界环境风险包括：

（1）在国际工程中，工程所在国政治环境的变化，如发生战争、禁运、罢工、社会动乱等造成工程施工中断或终止。

（2）经济环境的变化，如通货膨胀、汇率调整、工资和物价上涨。物价和货币风险在工程中经常出现，而且影响非常大。

（3）合同所依据的法律环境的变化，如新的法律颁布、国家调整税率或增加新税种，新的外汇管理政策等。在国际工程中，以工程所在国的法律为合同法律基础，对承包商的风险很大。

（4）自然环境的变化。

44．D。对于投标书中明显的数字计算错误，业主有权力先作修改再评标，当总价和单价的计算结果不一致时，以单价为准调整总价。

45．D。最大成本加费用合同指在工程成本总价合同基础上加固定酬金费用的方式，即当设计深度达到可以报总价的深度，投标人报一个工程成本总价和一个固定的酬金（包括各项管理费、风险费和利润）。在非代理型（风险型）CM模式的合同中就采用这种方式。

46．D。对合同的价格，应重点分析以下几个方面：

（1）合同所采用的计价方法及合同价格所包括的范围；

（2）工程量计量程序，工程款结算（包括进度付款、竣工结算、最终结算）方法和程序；

（3）合同价格的调整，即费用索赔的条件、价格调整方法，计价依据，索赔有效期规定；

（4）拖欠工程款的合同责任。

47．A。根据合同实施偏差分析的结果，承包商应该采取相应的调整措施，调整措施可以分为：

（1）组织措施，如增加人员投入，调整人员安排，调整工作流程和工作计划等。

（2）技术措施，如变更技术方案，采用新的高效率的施工方案等。

（3）经济措施，如增加投入，采取经济激励措施等。

（4）合同措施，如进行合同变更，签订附加协议，采取索赔手段等。

48．B。工期索赔的计算方法主要有直接法、比例分析法和网络分析法。本题采用比例分析法来计算，工期索赔值=原合同工期×附加或新增工程造价/原合同总价=18×（500/1000）=9个月。

49．B。根据工程项目的规模和复杂程度，争端裁决委员会可以由一人、三人或者五人组成，其任命通常有三种方式：

（1）常任争端裁决委员会，在施工前任命一个委员会，通常在施工过程中定期视察现场。在视察期间，DAB也可以协助双方避免发生争端。

（2）特聘争端裁决委员会，由只在发生争端时任命的一名或三名成员组成，他们的任期通常在DAB对该争端发出其最终决定时期满。

（3）由工程师兼任，其前提是，工程师是具有必要经验和资源的独立专业咨询工程师。DAB的成员一般为工程技术和管理方面的专家，他不应是合同任何一方的代表，与业主、承包商没有任何经济利益及业务联系，与本工程所裁决的争端没有任何联系。DAB成员必须公正行事，遵守合同。

50．D。建设工程项目总进度目标论证的工作步骤如下：

（1）调查研究和收集资料；
（2）进行项目结构分析；
（3）进行进度计划系统的结构分析；
（4）确定项目的工作编码；
（5）编制各层（各级）进度计划；
（6）协调各层进度计划的关系和编制总进度计划；
（7）若所编制的总进度计划不符合项目的进度目标，则设法调整；
（8）若经过多次调整，进度目标无法实现，则报告项目决策者。

51. B。横道图计划表中的进度线（横道）与时间坐标相对应，这种表达方式较直观，易看懂计划编制的意图。横道图也可将工作简要说明直接放在横道上。但是，横道图进度计划法也存在一些问题，如：
（1）工序（工作）之间的逻辑关系可以设法表达，但不易表达清楚；
（2）适用于手工编制计划；
（3）没有通过严谨的进度计划时间参数计算，不能确定计划的关键工作、关键路线与时差；
（4）计划调整只能用手工方式进行，其工作量较大；
（5）难以适应较大的进度计划系统。

52. A。业主方进度控制的任务是控制整个项目实施阶段的进度，包括控制设计准备阶段的工作进度、设计工作进度、施工进度、物资采购工作进度以及项目动用前准备阶段的工作进度。

53. D。因为工作 M 已有总时差 6 天，但还是影响总工期 2 天，所以工作 M 的实际进度是落后了 6+2=8 天。

54. D。工作 C 的总时差=min{（0+2），（1+2）}=2，工作 I 的自由时差为 0，工作 D 的总时差为 0，工作 G 的总时差=13-12=1。

55. C。通过资源需求的分析，可发现所编制的进度计划实现的可能性，若资源条件不具备，则应调整进度计划。

56. D。项目质量控制体系的建立过程如下：（1）建立系统质量控制网络；（2）制定质量控制制度；（3）分析质量控制界面；（4）编制质量控制计划。

57. A。在质量管理过程中，通过抽样检查或检验试验所得到的质量问题、偏差、缺陷、不合格等统计数据，以及造成质量问题的原因分析统计数据，均可采用排列图方法进行状况描述，具有直观、主次分明的特点。

58. A。建设项目的职业健康安全和环境管理涉及大量的露天作业，受到气候条件、工程地质等不可控因素的影响较大，导致其具有复杂性的特点。

59. C。分布居中且边界与质量标准的上下界限有较大的距离，说明质量能力偏大，不经济。

60. A。填埋是固体废物经过无害化、减量化处理的废物残渣集中到填埋场进行处置。禁止将有毒有害废弃物现场填埋，填埋场应利用天然或人工屏障。尽量使需处置的废物与环境隔离，并注意废物的稳定性和长期安全性。

61. D。合理地分配风险的好处有：（1）业主可以获得一个合理的报价，承包商报价中的不可预见风险费较少；（2）减少合同的不确定性，承包商可以准确地计划和安排工程施工；（3）可以最大限度发挥合同双方风险控制和履约的积极性；（4）整个工程的产出效益可能会更好。

62．D。项目的投资项编码（业主方）/成本项编码（施工方），并不是概算、预算定额确定的分部分项工程的编码，应综合考虑概算、预算、标底、合同价和工程款的支付等因素，建立统一的编码，以服务于项目投资目标的动态控制。

63．B。质量管理就是建立和确定质量方针、质量目标及职责，并在质量管理体系中通过质量策划、质量控制、质量保证和质量改进等手段来实施和实现全部质量管理职能的所有活动。

64．C。反馈机制中，运行状态和结果的信息反馈，是对质量控制系统的能力和运行效果进行评价，并为及时作出处置提供决策依据。

65．C。工程中常用的理化试验包括物理力学性能方面的检验和化学成分及化学性能的测定等两个方面。化学成分及化学性质的测定，如钢筋中的磷、硫含量，混凝土中粗集料中的活性氧化硅成分，以及耐酸、耐碱、抗腐蚀性等。此外，根据规定有时还需进行现场试验，例如，对桩或地基的静载试验、下水管道的通水试验、压力管道的耐压试验、防水层的蓄水或淋水试验等。

66．C。建筑施工项目经理必须对工程项目施工质量安全负全责；其质量终身责任，是指参与新建、扩建、改建的施工单位项目经理按照国家法律法规和有关规定，在工程设计使用年限内对工程质量承担相应责任。

67．A。事前质量控制即在正式施工前进行的事前主动质量控制，通过编制施工质量计划，明确质量目标，制定施工方案，设置质量管理点，落实质量责任，分析可能导致质量目标偏离的各种影响因素，针对这些影响因素制定有效的预防措施，防患于未然。

68．B。人、机、料、法、环境五者任一环节产生安全隐患，都要从五者安全匹配的角度考虑，调整匹配的方法，提高匹配的可靠性。一件单项隐患问题的整改需综合（多角度）处理。人的隐患，既要治人也要治机具及生产环境等各环节。例如某工地发生触电事故，一方面要进行人的安全用电操作教育，同时现场也要设置漏电开关，对配电箱、用电电路进行防护改造，也要严禁非专业电工乱接乱拉电线。

69．D。对于总价固定合同，更要特别引起重视，工程量估算的错误可能带来无法弥补的经济损失，因为总价合同是以总报价为基础进行结算的，如果工程量出现差异，可能对施工方极为不利。对于总价合同，如果业主在投标前对争议工程量不予更正，而且是对投标者不利的情况，投标者在投标时要附上声明：工程量表中某项工程量有错误，施工结算应按实际完成量计算。

70．A。FIDIC合同条件和我国《建设工程施工合同（示范文本）》GF—2017—0201都规定，承包人必须在发出索赔意向通知后的28天内或经过工程师（监理人）同意的其他合理时间内向工程师（监理人）提交一份详细的索赔文件和有关资料。如果干扰事件对工程的影响持续时间长，承包人则应按工程师（监理人）要求的合理间隔（一般为28天），提交中间索赔报告，并在干扰事件影响结束后的28天提交一份最终索赔报告。

二、多项选择题

71．A、B、C　　72．B、C、E　　73．A、B、C　　74．A、B、C　　75．A、B、D
76．A、B、C、E　77．A、C、D、E　78．A、B、C　　79．B、D、E　　80．B、C、E

81. A、B、C   82. B、C、D、E 83. B、C、D、E 84. A、B、D、E 85. A、C、D、E
86. B、E   87. B、C、E   88. A、B、C、D 89. A、B、D、E 90. A、B、C、D
91. B、C、D   92. A、C、D、E 93. A、B、D、E 94. B、C、D   95. A、B、D、E
96. A、B、D   97. B、C、D、E 98. B、C、D   99. B、C、D、E 100. A、C

【解析】

71．A、B、C。D、E选项的内容属于工程使用（运行）增值。

72．B、C、E。施工方的项目管理不仅应服务于施工方本身的利益，也必须服务于项目的整体利益。故A选项表述过于绝对。分包方的成本目标是该施工企业内部自行确定的。故D选项错误。

73．A、B、C。施工总承包管理模式与施工总承包模式相比在合同价方面有以下优点：
（1）合同总价不是一次确定，某一部分施工图设计完成以后，再进行该部分施工招标，确定该部分合同价，因此整个建设项目的合同总额的确定较有依据；
（2）所有分包都通过招标获得有竞争力的投标报价，对业主方节约投资有利；
（3）在施工总承包管理模式下，分包合同价对业主是透明的。

74．A、B、C。项目经理在承担工程项目施工的管理过程中，应当按照建筑施工企业与建设单位签订的工程承包合同，与本企业法定代表人签订项目承包合同，并在企业法定代表人授权范围内，行使以下管理权力：
（1）组织项目管理班子；
（2）以企业法定代表人的代表身份处理与所承担的工程项目有关的外部关系，受托签署有关合同；
（3）指挥工程项目建设的生产经营活动，调配并管理进入工程项目的人力、资金、物资、机械设备等生产要素；
（4）选择施工作业队伍；
（5）进行合理的经济分配；
（6）企业法定代表人授予的其他管理权力。

75．A、B、D。风险识别的任务是识别施工全过程存在哪些风险，其工作程序包括：
（1）收集与施工风险有关的信息；
（2）确定风险因素；
（3）编制施工风险识别报告。

76．A、B、C、E。研究合同条款，寻找索赔机会属于合同措施。

77．A、C、D、E。按照费用构成要素划分，企业管理费包括：管理人员工资；办公费；差旅交通费；固定资产使用费；工具用具使用费；劳动保险和职工福利费；劳动保护费；检验试验费；工会经费；职工教育经费；财产保险费；财务费等。社会保险费属于规费。

78．A、B、C。已完工作预算费用=已完成工作量×预算单价=9000m³×400元/m³=3600000元=360万元；计划工作预算费用=计划工作量×预算单价=8000m³×400元/m³=3200000元=320万元；已完工作实际费用=已完成工作量×实际单价=9000m³×500元/m³=4500000元=450万元。由此可知A、B、C选项正确。费用偏差=已完工作预算费用-已完工作实际费用=（360-450）万元=-90万元，项目运行超出预算费用。进度偏差=已完工作预算费用-计划工作预算费用=（360-420）万元=40万元，进度提前。由此可知D、E选项

21

错误。

79. B、D、E。总进度目标论证并不是单纯的总进度规划的编制工作，它涉及许多工程实施的条件分析和工程实施策划方面的问题。故 A 选项错误。建设工程项目的总进度目标是在项目决策阶段项目定义时确定的。故 C 选项错误。

80. B、C、E。本题中存在的错误有：图中存在两个节点编号⑦，两个工作 I。节点⑥→⑤错误，节点④→⑧有两项工作，存在⑨、⑩两个终点节点。

81. A、B、C。D 选项属于技术措施，E 选项属于管理措施。

82. B、C、D、E。工程物资的采购模式对进度也有直接的影响，对此应作比较分析。故 A 选项错误。

83. B、C、D、E。合理安排施工工期和进度计划属于风险规避策略。

84. A、B、C、D、E。质量管理标准所要求的质量管理体系文件由下列内容构成：质量方针、质量目标、质量手册、程序性文件、质量记录。

85. A、C、D、E。分项工程应由专业监理工程师组织施工单位项目专业技术负责人等进行验收。

86. B、E。因果分析图法应用时的注意事项：
（1）一个质量特性或一个质量问题使用一张图分析；
（2）通常采用 QC 小组活动的方式进行，集思广益，共同分析；
（3）必要时可以邀请小组以外的有关人员参与，广泛听取意见；
（4）分析时要充分发表意见，层层深入，排除所有可能的原因；
（5）在充分分析的基础上，由各参与人员采用投票或其他方式，从中选择 1～5 项多数人达成共识的最主要原因。

87. B、C、E。《建设工程安全生产管理条例》规定，施工单位应当对达到一定规模的危险性较大的分部分项工程编制专项施工方案，这些工程中涉及深基坑、地下暗挖工程、高大模板工程的专项施工方案，施工单位还应当组织专家进行论证、审查。

88. A、B、C、D。事故处理的原则：事故原因未查清不放过；责任人员未处理不放过；有关责任人员未受到教育不放过；整改措施未落实不放过。

89. A、B、D、E。发包人的责任与义务有许多，最主要的有：图纸的提供和交底；对化石、文物的保护；出入现场的权利；场外交通；场内交通；许可或批准；提供施工现场；提供施工条件；提供基础资料；资金来源证明及支付担保；支付合同价款；组织竣工验收；现场统一管理协议。

90. A、B、C、D。各类保险合同由于标的的差异，除外责任不尽相同，但比较一致的有以下几项：
（1）投保人故意行为所造成的损失；
（2）因被保险人不忠实履行约定义务所造成的损失；
（3）战争或军事行为所造成的损失；
（4）保险责任范围以外，其他原因所造成的损失。

91. B、C、D。A 选项为预付款担保的含义。所谓履约担保，是指招标人在招标文件中规定的要求中标的投标人提交的保证履行合同义务和责任的担保。故 A 选项错误。由担保公司或者保险公司开具履约担保书。故 E 选项错误。

92. A、C、D、E。其他项目费由暂列金额、暂估价、计日工、总承包服务费等内容构成。暂列金额和暂估价由招标人按估算金额确定。

93. A、B、D、E。大型建设工程项目总进度目标论证的核心工作是通过编制总进度纲要论证总进度目标实现的可能性。总进度纲要的主要内容包括：
（1）项目实施的总体部署；
（2）总进度规划；
（3）各子系统进度规划；
（4）确定里程碑事件的计划进度目标；
（5）总进度目标实现的条件和应采取的措施等。

94. B、C、D。由不同深度的进度计划构成的计划系统，包括：（1）总进度规划（计划）；（2）项目子系统进度规划（计划）；（3）项目子系统中的单项工程进度计划等。

由不同功能的进度计划构成的计划系统，包括：（1）控制性进度规划（计划）；（2）指导性进度规划（计划）；（3）实施性（操作性）进度计划等。

由不同项目参与方的进度计划构成的计划系统，包括：（1）业主方编制的整个项目实施的进度计划；（2）设计进度计划；（3）施工和设备安装进度计划；（4）采购和供货进度计划等。

由不同周期的进度计划构成的计划系统，包括：（1）5年建设进度计划；（2）年度、季度、月度和旬计划等。

95. A、B、D、E。总进度目标论证并不是单纯的总进度规划的编制工作，涉及许多工程实施的条件分析和工程实施策划方面的问题。

96. A、B、D。A选项正确，时标网络计划中，无波形线的线路即为关键线路，本题中的关键线路是①→②→③→⑥→⑦→⑩→⑪（C→E→I→L），关键工作包括工作C、E、I、L。B选项正确，工作H的总时差=min{（1+2），（0+2），（2+0）}天=2天。C选项错误，工作A为非关键工作。D选项正确，工作D的总时差= min{（1+2），（1+0），（0+2）}天=1天。E选项错误，工作G的总时差=2天，工作G的自由时差=0天。

97. B、C、D、E。施工质量计划的基本内容一般应包括：
（1）工程特点及施工条件（合同条件、法规条件和现场条件等）分析。
（2）质量总目标及其分解目标。
（3）质量管理组织机构和职责，人员及资源配置计划。
（4）确定施工工艺与操作方法的技术方案和施工组织方案。
（5）施工材料、设备等物资的质量管理及控制措施。
（6）施工质量检验、检测、试验工作的计划安排及其实施方法与检测标准。
（7）施工质量控制点及其跟踪控制的方式与要求。
（8）质量记录的要求等。

98. A、B、C、D。成本加酬金合同的形式有：成本加固定费用合同；成本加固定比例费用合同；成本加奖金合同；最大成本加费用合同。

99. B、C、D、E。项目管理目标责任书的编制依据有：（1）项目合同文件；（2）组织管理制度；（3）项目管理规划大纲；（4）组织经营方针和目标；（5）项目特点和实施条件与环境。

100. A、C。采用固定总价合同，双方结算比较简单，但是由于承包商承担了较大的风险，因此报价中不可避免地要增加一笔较高的不可预见的风险费。承包商的风险主要有两个方面：一是价格风险，二是工作量风险。

《建设工程项目管理》
考前第 3 套卷及解析

扫码关注领取

本试卷配套解析课

《建设工程项目管理》考前第3套卷

一、单选选择题（共70题，每题1分。每题的备选项中，只有1个最符合题意）

1. 下列建设工程项目目标动态控制的工作中，属于准备工作的是（　　）。
   A．收集项目目标的实际值　　　　　　B．对项目目标进行分解
   C．将项目目标的实际值和计划值相比较　D．对产生的偏差采取纠偏措施

2. 关于施工总承包模式特点的说法中，正确的是（　　）。
   A．有利于缩短建设周期是施工总承包模式的最大优点
   B．建设工程项目质量的好坏在很大程度上取决于施工总承包单位的管理水平和技术水平
   C．招标及合同管理工作量将会增加
   D．组织与协调的工作量比平行发包会加大

3. 建设工程管理工作是一种增值服务工作，其核心任务是（　　）。
   A．为工程的建设和使用增值　　　　　B．提高建设项目生命周期价值
   C．项目目标控制　　　　　　　　　　D．实现工程项目实施阶段的建设目标

4. 把施工所需的各种资源、生产、生活活动场地及各种临时设施合理地布置在施工现场，使整个现场能有组织地进行文明施工，属于施工组织设计中（　　）的内容。
   A．施工部署　　　　　　　　　　　　B．施工方案
   C．安全施工专项方案　　　　　　　　D．施工平面图

5. 关于项目经理的相关说法中，符合《建设工程施工合同（示范文本）》GF—2017—0201规定的是（　　）。
   A．承包人无正当理由拒绝更换项目经理的，应按照专用合同条款的约定承担违约责任
   B．承包人应在接到更换通知后14天内向发包人提出书面或口头的改进报告
   C．发包人收到改进报告后仍要求更换的，承包人应在接到第二次更换通知的42天内进行更换
   D．未经发包人书面同意，承包人可自行决定是否更换项目经理

6. 项目部针对施工进度滞后问题，提出了落实管理人员责任、优化工作流程、改进施工方法、强化合同管理等措施，其中属于项目目标动态控制技术措施的是（　　）。
   A．落实管理人员责任　　　　　　　　B．优化工作流程
   C．改进施工方法　　　　　　　　　　D．强化合同管理

7. 关于沟通障碍的说法中，错误的是（　　）。
   A．沟通障碍来自发送者的障碍、接受者的障碍和沟通通道的障碍
   B．几种媒介相互冲突属于沟通通道的障碍
   C．沟通障碍的形式包括组织的沟通障碍和个人的沟通障碍
   D．外部干扰属于发送者的障碍

8. 工程监理人员实施监理过程中，发现工程设计不符合工程质量标准或合同约定的质量要求时，应当采取的措施是（　　）。
   A．要求施工单位报告设计单位改正　　B．报告建设单位要求设计单位改正

C．直接与设计单位确认修改工程计划　　D．要求施工单位改正并报告设计单位

9. 根据《建设工程监理规范》GB/T 50319—2013，工程建设监理实施细则应在工程施工开始前编制完成，并必须经（　　）批准。
   A．监理单位法定代表人　　B．专业监理工程师
   C．总监理工程师　　D．发包人代表

10. 项目风险管理的过程包括：①项目风险应对；②项目风险评估；③项目风险识别；④项目风险监控。其正确的管理流程是（　　）。
    A．③—②—①—④　　B．③—②—④—①
    C．②—③—④—①　　D．①—③—②—④

11. 关于施工总承包管理模式特点的说法，错误的是（　　）。
    A．有利于缩短建设周期
    B．不需要等待施工图设计完成后再进行施工总承包管理的招标
    C．所有分包合同的招标投标、合同谈判以及签约工作均由总承包方负责
    D．各分包之间的关系可由施工总承包管理单位负责，可减轻业主方管理的工作量

12. 关于成本核算的说法，正确的是（　　）。
    A．施工成本核算一般以分项工程为对象
    B．对竣工工程的成本核算，应区分为竣工工程现场成本和竣工工程完全成本，分别由项目经理部和企业技术部门进行核算分析
    C．对竣工工程进行现场成本、完全成本核算的目的是分别考核企业经营效益、企业社会效益
    D．施工成本核算需要按照规定的成本开支范围对施工费用进行归集和分配，计算出施工费用的实际发生额

13. 成本计划的编制以成本预测为基础，关键是确定（　　）。
    A．预算成本　　B．计划成本
    C．实际成本　　D．目标成本

14. 关于施工图预算和施工预算的说法，正确的是（　　）。
    A．"两算"对比的方法有实物对比法和金额对比法
    B．施工预算的人工数量及人工费比施工图预算一般要低10%左右
    C．施工定额的用工量一般都比预算定额高
    D．施工预算的材料消耗量及材料费一般高于施工图预算

15. 关于成本控制程序的说法，正确的是（　　）。
    A．目标考核、定期检查属于指标控制程序的内容
    B．管理行为控制程序与指标控制程序既相对独立又相互联系
    C．管理行为控制程序是对成本全过程控制的重点
    D．指标控制程序是成本进行过程控制的基础

16. 关于施工过程中材料费控制的说法，正确的是（　　）。
    A．有消耗定额的材料采用限额领料
    B．没有消耗定额的材料必须包干使用
    C．零星材料应实行计划管理并按指标控制
    D．有消耗定额的材料均不能超过领料限额

17. 某工程项目截至 8 月末的有关费用数据为：BCWP 为 980 万元，BCWS 为 820 万元，ACWP 为 1050 万元，则其 SV 为（　　）万元。
   A．-160　　　　　　　　　　　　B．160
   C．70　　　　　　　　　　　　　D．-70

18. 关于施工成本分析依据的说法，正确的是（　　）。
   A．统计核算和业务核算一般是对已经发生的经济活动进行核算
   B．会计核算可以对尚未发生或正在发生的经济活动进行核算
   C．业务核算的目的在于迅速取得资料，以便在经济活动中及时采取措施进行调整
   D．会计核算的计量尺度比统计核算宽

19. 某土方工程，月计划工程量 2800m^3，预算单价 25 元/m^3；到月末时已完成工程量 3000m^3，实际单价 26 元/m^3。对该项工作采用赢得值法进行偏差分析的说法，正确的是（　　）。
   A．已完成工作实际费用为 75000 元
   B．费用绩效指标>1，表明项目运行超出预算费用
   C．进度绩效指标<1，表明实际进度比计划进度拖后
   D．费用偏差为-3000 元，表明项目运行超出预算费用

20. 某分部工程商品混凝土消耗情况见下表，则由于混凝土量增加导致的成本增加额为（　　）元。

项目	单位	计划	实际
消耗量	m^3	300	320
单价	元/m^3	430	460

   A．9200　　　　　　　　　　　　B．9600
   C．8600　　　　　　　　　　　　D．18200

21. 关于分部分项工程成本分析的说法，正确的是（　　）。
   A．施工项目成本分析是分部分项工程成本分析的基础
   B．分部分项工程成本分析的对象是已完成分部分项工程
   C．分部分项工程成本分析的资料来源是施工预算
   D．分部分项工程成本分析的方法是进行预算成本与实际成本的"两算"对比

22. 关于项目进度控制目的的说法，错误的是（　　）。
   A．进度控制的目的是通过控制以实现工程的进度目标
   B．进度控制的过程也就是随着项目的进展，进度计划不断调整的过程
   C．盲目赶工，会导致施工质量问题和施工安全问题的出现，但会缩短工期，节约成本
   D．工程施工实践中，必须在确保工程质量的前提下，控制工程的进度

23. 根据建设工程项目总进度目标论证的工作步骤，编制各层（各级）进度计划的紧前工作是（　　）。
   A．调查研究和资料收集　　　　　B．进行项目结构分析
   C．进行进度计划系统的结构分析　　D．项目的工作编码

24. 根据下表逻辑关系绘制的双代号网络图如下，存在的绘图错误是（　　）。

工作名称	A	B	C	D	E	G	H
紧前工作	—	—	A	A	A、B	C	E

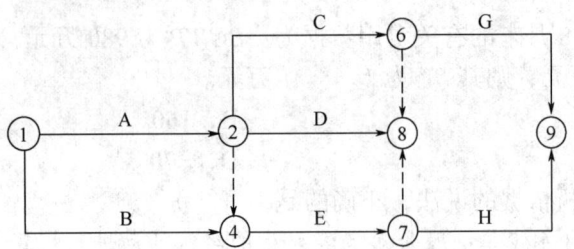

A．节点编号不对　　　　　　　　　B．逻辑关系不对
C．有多个起点节点　　　　　　　　D．有多个终点节点

25. 关于双代号网络计划的工作最迟开始时间的说法，正确的是（　　）。
   A．最迟开始时间等于各紧后工作最迟开始时间的最大值
   B．最迟开始时间等于各紧后工作最迟开始时间的最小值
   C．最迟开始时间等于各紧后工作最迟开始时间的最大值减去持续时间
   D．最迟开始时间等于各紧后工作最迟开始时间的最小值减去持续时间

26. 某网络计划中，工作Q有两项紧前工作M、N，M、N工作的持续时间分别为4天和5天，M、N工作的最早开始时间分别是第9天和第11天，则工作Q的最早开始时间为第（　　）天。
   A．9　　　　　　　　　　　　　　B．16
   C．15　　　　　　　　　　　　　D．13

27. 某建设工程网络计划如下图所示（时间单位：天），工作C的自由时差是（　　）天。

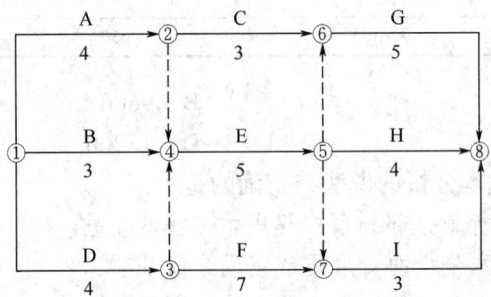

   A．0　　　　　　　　　　　　　　B．1
   C．2　　　　　　　　　　　　　　D．3

28. 某单代号网络计划如下图所示（时间单位：天），其计算工期是（　　）天。

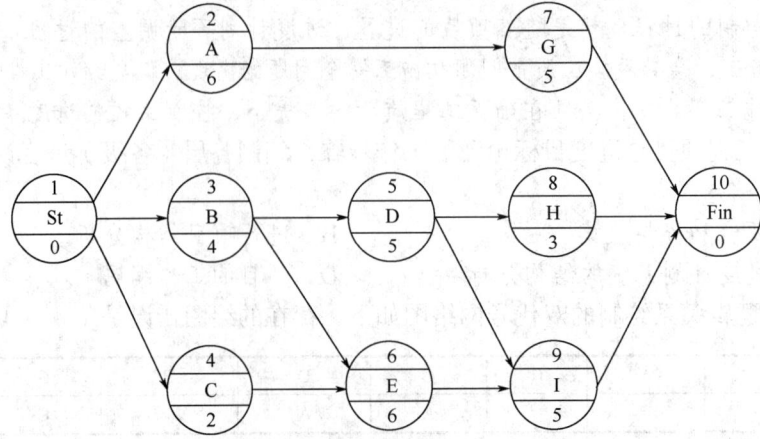

A. 15 B. 12
C. 11 D. 10

29. 某单代号网络计划中，工作F有且仅有两项并行的紧后工作G和H，G工作的最迟开始时间为第12天，最早开始时间为第8天；H工作的最迟完成时间为第14天，最早完成时间为第12天；工作F与G、H的时间间隔分别为4天和5天，则F工作的总时差为（　　）天。

A. 4 B. 5
C. 7 D. 8

30. 关于网络计划关键线路的说法，正确的有（　　）。
A. 总持续时间最长的线路
B. 双代号网络计划中由关键节点连成的线路
C. 单代号网络计划中由关键工作组成的线路
D. 双代号网络计划中无虚箭线的线路

31. 为确保建设工程项目进度目标的实现，编制与施工进度计划相适应的资源需求计划，以反映工程实施各阶段所需要的资源。这属于进度控制的（　　）措施。
A. 组织 B. 管理
C. 经济 D. 技术

32. 关于质量风险应对策略的说法，正确的是（　　）。
A. 正确进行项目的规划选址属于风险减轻的策略
B. 制定和落实有效的施工质量保证措施和质量事故应急预案属于风险减轻的策略
C. 承包商设立质量缺陷风险基金是承包商的质量风险转移策略
D. 承包单位依法实行联合体承包是承包商的风险自留策略

33. 下列质量管理的内容中，属于施工质量计划基本内容的是（　　）。
A. 项目部的组织机构设置 B. 质量控制点的控制要求
C. 质量手册的编制 D. 施工质量体系的认证

34. 对于通过返工可以解决的一般工程缺陷的检验批，应（　　）。
A. 按验收程序重新进行验收
B. 按技术处理方案和协商文件进行验收
C. 经检测单位检测鉴定后予以验收
D. 经设计单位复核后予以验收

35. 某工程混凝土浇筑过程中发生脚手架倒塌，造成11名施工人员当场死亡，此次工程质量事故等级应认定为（　　）。
A. 一般事故 B. 较大事故
C. 重大事故 D. 特别重大事故

36. 工程质量监督申报手续应在工程项目（　　）到工程质量监督机构办理。
A. 开工前，由施工单位 B. 竣工验收前，由建设单位
C. 竣工验收前，由施工单位 D. 开工前，由建设单位

37. 对建设工程来说，新员工上岗前的三级安全教育具体应由（　　）负责实施。
A. 公司、项目、班组 B. 企业、工区、施工队
C. 企业、公司、工程处 D. 工区、施工队、班组

38. 关于建设工程安全生产管理预警级别的说法，不正确的是（　　）。
    A．Ⅰ级预警表示安全状况特别严重，用红色表示
    B．Ⅱ级预警表示受到事故的严重威胁，用橙色表示
    C．Ⅲ级预警表示处于事故的上升阶段，用黄色表示
    D．Ⅳ级预警表示生产活动处于正常状态，用绿色表示

39. 根据《建设工程施工合同（示范文本）》GF—2017—0201通用条款规定的文件解释优先顺序，下列文件中具有最优先解释权的是（　　）。
    A．专用合同条款及其附件　　　　B．投标函及其附录
    C．通用合同条款　　　　　　　　D．已标价工程量清单或预算书

40. 根据《建设项目工程总承包合同（示范文本）》GF—2020—0216，发包人的义务是（　　）。
    A．自费修复因承包人原因引起的设计、施工中存在的缺陷
    B．提供设计审查所需的资料
    C．负责办理项目的审批、核准或备案手续
    D．以书面或口头形式发出暂停通知

41. 下列不属于CIP保险的优点是（　　）。
    A．以最优的价格提供最佳的保障范围　　B．能实施有效的风险管理
    C．避免诉讼，便于索赔　　　　　　　　D．赔付率高，进而提高保险费率

42. 施工合同的实施中，（　　）应将各种任务或事件的责任分解，落实到具体的工作小组、人员或分包单位。
    A．项目经理或合同管理人员　　　B．总监理工程师
    C．项目技术负责人　　　　　　　D．施工企业负责人

43. 当发生索赔事件时，对于承包商自有的施工机械，其费用索赔通常按照（　　）进行计算。
    A．台班折旧费　　　　　　　　　B．台班费
    C．设备使用费　　　　　　　　　D．进出场费用

44. 在FIDIC系列合同条件中，《EPC交钥匙项目合同条件》的合同计价采用（　　）方式。
    A．固定单价　　　　　　　　　　B．变动单价
    C．固定总价　　　　　　　　　　D．变动总价

45. 建设工程项目信息管理的目的是通过有效的项目信息传输的组织和控制（　　）。
    A．改变传统的施工模式　　　　　B．提高工程质量
    C．降低施工成本　　　　　　　　D．为项目建设的增值服务

46. 项目总进度目标论证的主要工作有：①确定项目的工作编码；②编制总进度计划；③编制各层进度计划；④进行进度计划系统的结构分析。这些工作的正确顺序是（　　）。
    A．④—①—③—②　　　　　　　B．②—④—③—①
    C．①—④—③—②　　　　　　　D．③—②—①—④

47. 双代号网络计划中，某项工作的最早开始时间是第4天，持续时间为2天，其两项紧后工作的最迟开始时间分别是第9天和第11天。该项工作的最迟开始时间是第（　　）天。
    A．7　　　　　　　　　　　　　B．6
    C．8　　　　　　　　　　　　　D．9

48. 某双代号网络计划中，工作A有两项紧后工作B和C，工作B和工作C的最早开始时间分别为第13天和第15天，最迟开始时间分别为第19天和第21天；工作A与工作B、工作C的间隔时间分别为0天和2天。如果工作A实际进度拖延7天，则(   )。
    A．对工期没有影响   B．总工期延长2天
    C．总工期延长3天   D．总工期延长1天

49. 直方图的分布形状及分布区间宽窄，取决于质量特征统计数据的(   )。
    A．样本数量和分布情况   B．控制标准和分布状态
    C．平均值和标准偏差   D．分布位置和控制标准上下限

50. 关于施工总承包单位安全责任的说法，正确的是(   )。
    A．总承包单位对施工现场的安全生产负总责
    B．总承包单位的项目经理是施工企业第一负责人
    C．业主指定的分包单位可以不服从总承包单位的安全生产管理
    D．分包单位不服从管理导致安全生产事故的，总承包单位不承担责任

51. 在最大成本加费用合同的实施过程中，如果节约了成本，则节约的部分(   )。
    A．只能归业主所有
    B．只能归承包商所有
    C．只能由业主和承包商共同享有
    D．可以由业主与承包商按照确定的节约分成比例分享

52. 建设工程合同分析的作用不包括(   )。
    A．分析合同中的漏洞，解释有争议的内容
    B．总结合同执行情况，完善竣工验收报告
    C．分析合同风险，制定风险对策
    D．合同任务分解、落实

53. 对工程质量状况的调查和质量问题的分析，必须分门别类地进行，以便准确有效地找出问题及其原因所在，这就是数理统计方法中(   )的基本思想。
    A．分层法   B．因果分析法
    C．直方图法   D．排列图法

54. 在当今时代，应重视利用信息技术的手段进行建设工程项目信息管理，其核心手段是(   )。
    A．建立基于网络的信息处理平台   B．制定统一的信息管理流程
    C．建立基于网络的信息沟通制度   D．编制统一的信息管理手册

55. 在施工质量管理中，以控制人的因素为基本出发点而建立的管理制度是(   )。
    A．见证取样制度   B．专项施工方案论证制度
    C．执业资格注册制度   D．建设工程质量监督管理制度

56. 下列影响施工质量的环境因素中，属于管理环境因素的是(   )。
    A．施工现场平面布置和空间环境   B．施工现场道路交通状况
    C．施工现场安全防护设施   D．施工参建单位之间的协调

57. 编制安全技术措施计划时，处于危险源识别和风险评价之间的工作是(   )。
    A．安全技术措施计划的充分性评价 B．工作活动分类
    C．制定安全技术措施计划   D．风险确定

58. 在工程总成本一开始估计不准，可能变化不大的情况下，可采用的成本加酬金合同形式是（　　）。
    A．成本加固定费用合同　　　　　　　B．成本加固定比例费用合同
    C．成本加奖金合同　　　　　　　　　D．最大成本加费用合同

59. 施工企业实施和保持质量管理体系应遵循的纲领性文件是（　　）。
    A．质量计划　　　　　　　　　　　　B．质量记录
    C．质量手册　　　　　　　　　　　　D．程序文件

60. 建设工程现场文明施工的措施中，沿工地四周连续设置围挡，市区主要路段和其他涉及市容景观路段的工地围挡的高度不低于2.5m，其他工地的围挡高度不低于（　　）m。
    A．1.0　　　　　　　　　　　　　　B．1.2
    C．1.5　　　　　　　　　　　　　　D．1.8

61. 施工单价合同"单价优先"原则在结算中应按（　　）进行计算。
    A．实际完成工程量乘以合同单价
    B．清单工程量乘以合同单价
    C．清单工程量乘以结算时市场单价
    D．实际完成工程量乘以结算时市场单价

62. 施工现场混凝土坍落度试验属于现场质量检验方法中的（　　）。
    A．目测法　　　　　　　　　　　　　B．实测法
    C．理化试验法　　　　　　　　　　　D．无损检测法

63. 施工企业在安全生产许可证有效期内严格遵守有关安全生产的法律法规，未发生死亡事故的，安全生产许可证期满时，经原安全生产许可证的颁发管理机关同意，可不经审查延长有效期（　　）年。
    A．1　　　　　　　　　　　　　　　B．2
    C．5　　　　　　　　　　　　　　　D．3

64. 生产规模小、危险因素少的施工单位，其生产安全事故应急预案体系可以（　　）。
    A．只编写综合应急预案
    B．只编写现场处置方案
    C．将专项应急方案与现场处置方案合并编写
    D．将综合应急预案与专项应急预案合并编写

65. 施工质量检查中工序交接检查的"三检"制度是指（　　）。
    A．质量员检查、技术负责人检查、项目经理检查
    B．施工单位检查、监理单位检查、建设单位检查
    C．施工单位内部检查、监理单位检查、质量监督机构检查
    D．自检、互检、专检

66. 根据建设工程文明工地标准，施工现场必须设置"五牌一图"，其中"一图"是指（　　）。
    A．施工进度横道图　　　　　　　　　B．大型机械布置位置图
    C．施工现场交通组织图　　　　　　　D．施工现场总平面图

67. 确定预警级别和预警信号标准，属于安全生产管理预警分析中（　　）的工作内容。
    A．预警监测　　　　　　　　　　　　B．预警评价
    C．预警信息管理　　　　　　　　　　D．预警评价指标体系的构建

68. 根据《建设工程施工专业分包合同（示范文本）》GF—2003—0213，不属于承包人责任和义务的是（   ）。
    A．组织分包人参加发包人组织的图纸会审，向分包人进行设计图纸交底
    B．负责整个施工场地的管理工作，协调分包人与同一施工场地的其他分包人之间的交叉配合
    C．负责提供专业分包合同专用条款中约定的保修与试车，并承担由此发生的费用
    D．随时为分包人提供确保分包工程施工所要求的施工场地和通道，满足施工运输需要

69. 施工合同履行过程中发生了下列情形，其中应视为发包方违约的是（   ）。
    A．施工组织设计不合理导致工期延误
    B．监理人无正当理由未在规定时间内发出复工指示而影响复工
    C．施工方租赁的机械未及时到场影响开工
    D．承包人根据发包人提供的地质勘察资料作出错误推断而影响施工

70. 某土石方工程实行混合计价，其中土方工程实行总价包干，包干价18万元；石方工程实行单价合同。该工程有关工程量和价格资料见下表，则该工程结算价款为（   ）万元。

项目	估计工程量（m³）	实际工程量（m³）	合同单价（元/m³）
土方工程	3000	3200	—
石方工程	2500	2800	260

    A．156   B．78
    C．83   D．90.8

二、多项选择题（共30题，每题2分。每题的备选项中，有2个或2个以上符合题意，至少有1个错项。错选，本题不得分；少选，所选的每个选项得0.5分）

71. 关于业主方项目管理目标和任务的说法，正确的有（   ）。
    A．在建设工程项目管理的基本概念中，"进度目标"对业主而言是项目动用的时间目标
    B．投资目标指的是项目的总投资目标
    C．健身房可以开业的时间目标属于质量目标
    D．项目的质量目标不仅涉及施工的质量，还包括设计质量、材料质量、设备质量和影响项目运行或运营的环境质量等
    E．业主方的项目管理工作涉及项目实施阶段的全过程

72. 下列建设工程项目策划工作中，属于项目实施管理策划的有（   ）。
    A．项目实施各阶段项目管理的工作内容   B．项目管理工作流程
    C．任务分工和管理职能分工   D．项目风险管理与工程保险方案
    E．业主方项目管理的组织结构

73. 下列施工组织设计的内容中，属于施工部署与施工方案内容的有（   ）。
    A．安排施工顺序   B．比选施工方案
    C．计算主要技术经济指标   D．编制施工准备计划
    E．编制资源需求计划

74. 建设工程项目的风险中，经济与管理风险包括（   ）。
    A．合同风险   B．事故防范措施和计划

C．引起火灾和爆炸的因素　　　　D．人身安全控制计划
E．工程机械

75．工程建设监理实施细则应包括的内容有（　　）。
A．专业工程的特点　　　　　　　B．监理工作的控制要点及目标值
C．监理工作的依据　　　　　　　D．监理工作的流程
E．监理工作的方法和措施

76．下列施工成本管理的措施中，属于技术措施的是（　　）。
A．对成本管理目标进行风险分析，并制定防范性对策
B．加强施工调度
C．确定最佳的施工方案
D．确定最合适的施工机械、设备使用方案
E．降低材料的库存成本和运输成本

77．下列施工机械使用费的控制方法中，属于台班单价控制方法的有（　　）。
A．加强设备租赁计划管理，减少不必要的设备闲置和浪费
B．加强机械操作人员的培训工作
C．加强配件的管理
D．降低材料成本
E．尽量避免停工、窝工

78．单位工程竣工成本分析的内容包括（　　）。
A．主要技术节约措施分析　　　　B．经济效果分析
C．主要资源节超对比分析　　　　D．成本指标对比分析
E．竣工成本分析

79．某工程施工进度计划如下图所示，下列说法中，正确的有（　　）。

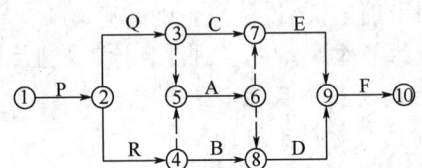

A．R的紧后工作有A、B　　　　B．E的紧前工作只有C
C．D的紧后工作只有F　　　　　D．P没有紧前工作
E．A、B的紧后工作都有D

80．某建设工程网络计划如下图所示（时间单位：月），该网络计划的关键线路有（　　）。

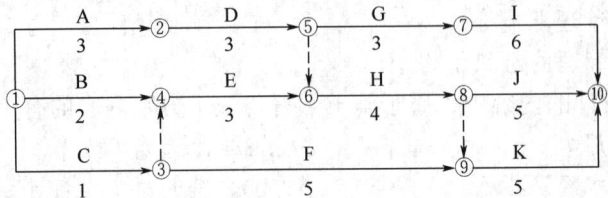

A．①—②—⑤—⑦—⑩　　　　B．①—④—⑥—⑧—⑩
C．①—②—⑤—⑥—⑧—⑩　　　D．①—②—⑤—⑥—⑧—⑨—⑩
E．①—④—⑥—⑧—⑨—⑩

81. 下列建设工程项目进度控制的措施中，属于管理措施的有（　　）。
    A．重视信息技术在进度控制中的应用
    B．注意分析影响工程进度的风险
    C．选择合理的合同结构
    D．确定物资采购模式
    E．编制与进度计划相适应的资源需求计划

82. 进度控制工作包含了大量的组织和协调工作，而会议是组织和协调的重要手段，应进行有关进度控制会议的组织设计，以明确（　　）。
    A．会议的类型   B．各类会议的主持人
    C．各类会议的召开时间   D．会议的具体议程
    E．各类会议文件的整理、分发和确认

83. 关于质量管理体系的原则包括（　　）。
    A．以产品为关注焦点   B．领导作用
    C．过程方法   D．全员积极参与
    E．关系管理

84. 落实质量体系的内部审核程序，有组织有计划开展内部质量审核活动，其主要目的是（　　）。
    A．揭露过程中存在的问题，为质量改进提供依据
    B．检查质量体系运行的信息
    C．评价质量管理程序的完整性
    D．向外部审核单位提供体系有效的证据
    E．评价质量管理程序的执行情况及适用性

85. 按事故责任分类，工程质量事故可分为（　　）。
    A．指导责任事故   B．管理责任事故
    C．技术责任事故   D．操作责任事故
    E．自然灾害事故

86. 安全事故隐患治理原则有（　　）。
    A．单项隐患综合治理原则   B．预防与减灾并重治理原则
    C．重点治理原则   D．静态治理原则
    E．事故直接隐患与间接隐患并治原则

87. 关于建设工程现场文明施工的措施，表述正确的是（　　）。
    A．市区主要路段和其他涉及市容景观路段的工地设置围挡的高度不低于2.0m
    B．严禁泥浆、污水、废水外流或堵塞下水道和排水河道
    C．施工现场必须设有"五牌一图"，即工程概况牌、管理人员名单及监督电话牌、消防保卫（防火责任）牌、安全生产牌、文明施工牌和施工现场总平面图
    D．定期对有关人员进行消防教育，落实消防措施
    E．项目经理为文明施工的第一责任人

88. 下列情况中，监理人应及时更换监理人员的是（　　）。
    A．专用条件约定的其他情形   B．涉嫌犯罪的
    C．严重过失行为的   D．违反职业道德的
    E．有违法行为不能履行职责的

89. 预付款担保的主要作用是（　　）。
   A．确保投标人在中标后保证与业主签订合同
   B．确保投标人在投标有效期内不要撤回投标书
   C．保证承包人能够按合同规定进行施工，偿还发包人已支付的全部预付金额
   D．确保投标人提交业主所要求的履约担保
   E．如果承包人中途毁约，中止工程，使发包人不能在规定期限内从应付工程款中扣除全部预付款，则发包人作为保函的受益人有权凭预付款担保向银行索赔该保函的担保金额作为补偿

90. 在国际工程承包合同中，采用DAB（争端裁决委员会）方式解决争端的优点有（　　）。
   A．DAB委员可以在项目开始时就介入，了解项目管理情况及存在的问题
   B．DAB的费用较低
   C．DAB委员由行政主管部门指派，裁决具有公正性、中立性
   D．合同双方或一方对裁决不满意，仍然可以提请仲裁或诉讼
   E．DAB解决纠纷的周期较短

91. 关于安全生产事故应急预案的说法，正确的有（　　）。
   A．应急预案编制应结合本地区、本部门、本单位的危险性分析情况
   B．应急组织和人员的职责分工明确，并有具体的落实措施
   C．应急预案的管理不包括应急预案的奖惩
   D．应急预案基本要素齐全、完整，预案附件提供的信息准确
   E．生产经营单位应每一年组织一次现场处置方案演练

92. 与网络计划相比，采用横道图法编制的进度计划的特点有（　　）。
   A．计划调整的工作量大
   B．可以清楚明确地表达工作之间的逻辑关系
   C．适用于手工编制计划
   D．无法确定计划的关键工作、关键线路
   E．适用于大型项目的进度计划系统

93. 某工程双代号时标网络计划如下图所示（单位：天），关于时间参数的说法正确的有（　　）。

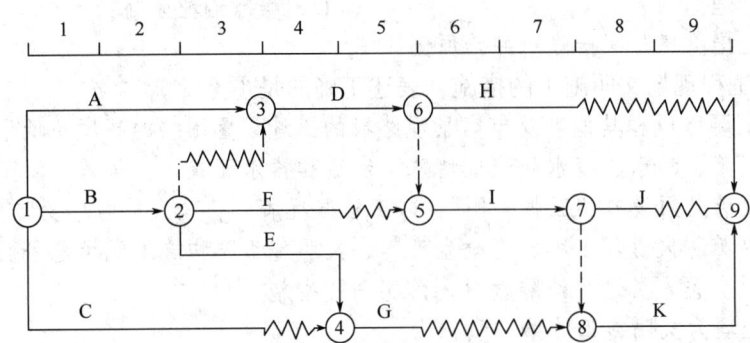

   A．工作B总时差为0
   B．工作E最早开始时间为第4天
   C．工作D总时差为0
   D．工作I自由时差为1天
   E．工作G总时差为2天

94. 关于施工安全技术措施的说法，正确的是（　　）。
    A．施工安全技术措施要有针对性
    B．施工安全技术措施必须包括固体废弃物的处理
    C．施工安全技术措施可以不包括针对自然灾害的应急预案
    D．施工安全技术措施可在工程开工后制定
    E．施工安全技术措施必须包括应急预案

95. 下列合同实施偏差处理措施中，属于技术措施的有（　　）。
    A．增加投入
    B．变更技术方案
    C．采取经济激励措施
    D．采用新的高效率的施工方案
    E．增加人员投入

96. 建设工程安全事故处理的原则有（　　）。
    A．事故原因未查清不放过
    B．事故单位未受到处理不放过
    C．责任人员未处理不放过
    D．整改措施未落实不放过
    E．有关责任人员未受到教育不放过

97. 根据《建设工程项目管理规范》GB/T 50326—2017，项目经理应履行的职责有（　　）。
    A．主持编制项目管理实施规划
    B．建立各种专业管理体系
    C．对资源进行动态管理
    D．进行授权范围内的利益分配
    E．组织与项目经理部之间的责任、权限和利益分配

98. 关于分部分项工程成本分析的表述，说法正确的有（　　）。
    A．分部分项工程成本分析是施工项目成本分析的基础
    B．成本分析的对象为已完成分部分项工程
    C．需对施工项目中的所有分部分项工程进行成本分析
    D．要进行估算成本与目标成本的比较
    E．要进行预算成本、目标成本和实际成本的"三算"对比，分别计算实际偏差和目标偏差

99. 建设工程项目事后质量控制内容包括（　　）。
    A．对工序质量偏差的纠正
    B．质量活动主体的自我控制和他人监控
    C．对不合格产品进行整改和处理
    D．设置质量管理点，落实质量责任
    E．对质量活动结果的评价、认定

100. 应用建设工程项目管理信息系统的主要意义包括（　　）。
    A．实现项目管理数据的分散存储
    B．提高项目管理数据处理的效率
    C．可方便地形成各种项目管理需要的报表
    D．有利于项目管理数据的检索和查询
    E．确保项目管理数据处理的先进性

考前第3套卷参考答案及解析

一、单项选择题

1. B	2. B	3. A	4. D	5. A
6. C	7. D	8. B	9. C	10. A
11. C	12. D	13. D	14. A	15. B
16. A	17. B	18. C	19. D	20. C
21. B	22. C	23. D	24. C	25. D
26. B	27. C	28. C	29. C	30. A
31. C	32. B	33. D	34. A	35. C
36. D	37. A	38. D	39. C	40. C
41. D	42. A	43. A	44. C	45. C
46. A	47. A	48. C	49. C	50. A
51. D	52. B	53. A	54. A	55. C
56. D	57. C	58. C	59. C	60. C
61. A	62. B	63. D	64. D	65. D
66. D	67. B	68. C	69. B	70. D

【解析】

1. B。项目目标动态控制的准备工作：将项目的目标进行分解，以确定用于目标控制的计划值。

2. B。开工日期不可能太早，建设周期会较长是施工总承包模式的最大缺点。故 A 选项错误。C 选项的正确表述应为：招标及合同管理工作量将会减小。组织与协调的工作量比平行发包会大大减少，这对业主有利。故 D 选项错误。

3. A。建设工程管理工作是一种增值服务工作，其核心任务是为工程的建设和使用增值。

4. D。施工平面图是施工方案及施工进度计划在空间上的全面安排。它把投入的各种资源、材料、构件、机械、道路、水电供应网络、生产和生活活动场地及各种临时工程设施合理地布置在施工现场，使整个现场能有组织地进行文明施工。

5. A。承包人应在接到更换通知后 14 天内向发包人提出书面的改进报告。B 选项错在口头提出。C 选项的正确时限应为：在接到第二次更换通知的 28 天内。未经发包人书面同意，承包人不得擅自更换项目经理。

6. C。技术措施：分析由于技术（包括设计和施工的技术）的原因而影响项目目标实现的问题，并采取相应的措施，如调整设计、改进施工方法和改变施工机具等。A、B 选项属于组织措施，D 选项属于管理措施。

7. D。外部干扰属于沟通通道的障碍。故 D 选项错误。

8. B。工程监理人员认为工程施工不符合工程设计要求、施工技术标准和合同约定的，有权要求建筑施工企业改正。工程监理人员发现工程设计不符合建筑工程质量标准或者合同约定的质量要求的，应当报告建设单位要求设计单位改正。

9. C。工程建设监理实施细则应在工程施工开始前编制完成，并必须经总监理工程师批准。

10. A。项目风险管理的工作流程为：项目风险识别→项目风险评估→项目风险应对→项目风险监控。

11. C。C 选项的正确表述应为：所有分包合同的招标投标、合同谈判以及签约工作均由业主负责。

12. D。施工成本核算一般以单位工程为对象。故 A 选项错误。对竣工工程的成本核算，应区分为竣工工程现场成本和竣工工程完全成本，分别由项目经理部和企业财务部门进行核算分析。故 B 选项错误。对竣工工程进行现场成本、完全成本核算的目的是分别考核项目管理绩效和企业经营效益。故 C 选项错误。

13. D。成本计划的编制以成本预测为基础，关键是确定目标成本。

14. A。施工预算的人工数量及人工费比施工图预算一般要低 6%左右。故 B 选项错误。施工定额的用工量一般都比预算定额低。故 C 选项错误。施工预算的材料消耗量及材料费一般低于施工图预算。故 D 选项错误。

15. B。目标考核、定期检查属于管理行为控制程序的内容。故 A 选项错误。管理行为控制程序是对成本全过程控制的基础。故 C 选项错误。指标控制程序是成本进行过程控制的重点。故 D 选项错误。

16. A。对于没有消耗定额的材料，则实行计划管理和按指标控制的办法。故 B 选项错误。根据以往项目的实际耗用情况，结合具体施工项目的内容和要求，制定领用材料指标，以控制发料。超过指标的材料，必须经过一定的审批手续方可领用。故 A 选项正确、D 选项错误。在材料使用过程中，对部分小型及零星材料（如钢钉、钢丝等）根据工程量计算出所需材料量，将其折算成费用，由作业者包干控制。故 C 选项错误。

17. B。$SV=BCWP-BCWS=$已完工作预算费用-计划工作预算费用 980-820=160。

18. C。会计和统计核算一般是对已经发生的经济活动进行核算，而业务核算不但可以核算已经完成的项目是否达到原定的目的、取得预期的效果，而且可以对尚未发生或正在发生的经济活动进行核算。故 A、B 选项错误。统计核算的计量尺度比会计核算宽，可以用货币计算。故 D 选项错误。

19. D。已完成工作实际费用=已完成工作量×实际单价=3000m^3×26 元/m^3=78000 元，已完工作预算费用=已完成工作量×预算单价=3000m^3×25 元/m^3=75000 元，计划工作预算费用=计划工作量×预算单价=2800m^3×25 元/m^3=70000 元；费用偏差=已完工作预算费用-已完工作实际费用=（75000-78000）元=-3000 元，表示项目运行超出预算费用。费用绩效指数=已完工作预算费/已完工作实际费用=75000 元/78000 元=0.96<1，表示超支，即实际费用高于预算费用；进度绩效指数=已完工作预算费用/计划工作预算费用=75000 元/70000 元=1.07>1，表示进度提前，即实际进度比计划进度快。

20. C。本题中计划成本=300m^3×430 元/m^3=129000 元；用实际消耗量 320m^3替代计划成本中的计划消耗量 300m^3得：320m^3×430 元/m^3=137600 元；由于混凝土量增加导致的成本增加额=（137600-129000）元=8600 元。

21. B。分部分项工程成本分析是施工项目成本分析的基础。分部分项工程成本分析的对象为已完成分部分项工程。分析的方法是：进行预算成本、目标成本和实际成本的"三算"对比，分别计算实际偏差和目标偏差，分析偏差产生的原因，为今后的分部分项工程成本寻求节约途径。分部分项工程成本分析的资料来源是：预算成本来自投标报价成本，目标成本来自施工预算，实际成本来自施工任务单的实际工程量、实耗人工和限额领料单的实耗材料。

22. C。盲目赶工，会导致施工质量问题和施工安全问题的出现，并且会引起施工成本的增加。故 C 选项错误。

23. D。A、B、C、D 选项均属于建设工程项目总进度目标论证工作中编制各层（各级）进度计划前需要进行的工作，但是只有 D 选项属于紧前工作。

24. D。双代号网络图必须正确表达已定的逻辑关系。本题中的逻辑关系均正确。双代号网络图中应只有一个起点节点和一个终点节点。本题中存在⑧、⑨两个终点节点。

25. D。最迟开始时间等于最迟完成时间减去其持续时间。B 选项的正确说法是"最迟完成时间等于各紧后工作最迟开始时间的最小值"。

26. B。最早开始时间等于各紧前工作的最早完成时间 EF_{h-i} 的最大值。工作 M 的最早完成时间=4+9=13 天，工作 N 的最早完成时间=5+11=16 天，工作 Q 的最早开始时间=max{13，16}=16 天。

27. C。根据网络图计算网络计划的时间参数是历年考试的重点。掌握了计算公式计算起来也是很简单的。下面我们看下这道题的解题过程：计算工作 C 的自由时差要先求得工作 G 的最早开始时间及工作 C 的最早开始时间。工作 C 的最早开始时间为第 5 天，工作 G 的最早开始时间为第 10 天，则工作 C 的自由时差=10-5-3=2 天。

28. A。工作的最早完成时间应等于本工作的最早开始时间与其持续时间之和，即 $EF_i=ES_i+D_i$。所以 $EF_A=0+6=6$ 天，$EF_B=0+4=4$ 天，$EF_C=0+2=2$ 天，$EF_D=4+5=9$ 天，$ES_E=\max\{4,2\}=4$ 天；$EF_E=4+6=10$ 天，$EF_H=9+3=12$ 天，$ES_I=\max\{9,10\}=10$ 天，$EF_I=10+5=15$ 天，$EF_G=6+5=11$ 天，$EF_{FIN}=15+0=15$ 天，即工期为 15 天。

29. C。单代号网络计划中，有紧后工作时，其总时差等于该工作的各个紧后工作的总时差加该工作与其紧后工作之间的时间间隔之和的最小值。总时差等于其最迟开始时间减去最早开始时间，或等于最迟完成时间减去最早完成时间。则 F 工作的总时差=min{（12-8）+4，（14-12）+5}=7 天。

30. A。自始至终全部由关键工作组成的线路为关键线路，或线路上总的工作持续时间最长的线路为关键线路。在单代号网络计划中，从起点节点到终点节点均为关键工作，且所有工作的时间间隔为零的线路为关键线路。关键节点必然处在关键线路上，但由关键节点组成的线路不一定是关键线路。

31. C。建设工程项目进度控制的经济措施涉及资金需求计划、资金供应的条件和经济激励措施等。为确保进度目标的实现，应编制与进度计划相适应的资源需求计划（资源进度计划）。

32. B。正确进行项目的规划选址属于风险规避的策略。故 A 选项错误。承包商设立质量缺陷风险基金是承包商的质量风险自留策略。故 C 选项错误。承包单位依法实行联合体承包是承包商的风险转移策略。故 D 选项错误。

33. B。施工质量计划的基本内容一般应包括：
（1）工程特点及施工条件（合同条件、法规条件和现场条件等）分析；

（2）质量总目标及其分解目标；

（3）质量管理组织机构和职责，人员及资源配置计划；

（4）确定施工工艺与操作方法的技术方案和施工组织方案；

（5）施工材料、设备等物资的质量管理及控制措施；

（6）施工质量检验、检测、试验工作的计划安排及其实施方法与检测标准；

（7）施工质量控制点及其跟踪控制的方式与要求；

（8）质量记录的要求等。

34. A。在检验批验收时，发现存在严重缺陷的应推倒重做，有一般的缺陷可通过返修或更换器具、设备消除缺陷，返工或返修后应重新进行验收。

35. C。按事故造成损失的程度分级：

（1）特别重大事故，是指造成30人以上死亡，或者100人以上重伤，或者1亿元以上直接经济损失的事故。

（2）重大事故，是指造成10人以上30人以下死亡，或者50人以上100人以下重伤，或者5000万元以上1亿元以下直接经济损失的事故。

（3）较大事故，是指造成3人以上10人以下死亡，或者10人以上50人以下重伤，或者1000万元以上5000万元以下直接经济损失的事故。

（4）一般事故，是指造成3人以下死亡，或者10人以下重伤，或者100万元以上1000万元以下直接经济损失的事故。

36. D。在工程项目开工前，监督机构接受建设单位有关建设工程质量监督的申报手续，并对建设单位提供的有关文件进行审查，审查合格签发有关质量监督文件。

37. A。三级安全教育通常是指进厂、进车间、进班组三级，对建设工程来说，具体指企业（公司）、项目（或工区、工程处、施工队）、班组三级。

38. D。预警信号一般采用国际通用的颜色表示不同的安全状况，如：

Ⅰ级预警，表示安全状况特别严重，用红色表示。

Ⅱ级预警，表示受到事故的严重威胁，用橙色表示。

Ⅲ级预警，表示处于事故的上升阶段，用黄色表示。

Ⅳ级预警，表示生产活动处于正常状态，用蓝色表示。

39. B。《建设工程施工合同（示范文本）》GF—2017—0201通用条款规定的优先顺序：

（1）合同协议书；

（2）中标通知书（如果有）；

（3）投标函及其附录（如果有）；

（4）专用合同条款及其附件；

（5）通用合同条款；

（6）技术标准和要求；

（7）图纸；

（8）已标价工程量清单或预算书；

（9）其他合同文件。

40. C。按照《建设项目工程总承包合同（示范文本）》GF—2020—0216，发包人的主要义务和权利如下：

（1）遵守法律。发包人在履行合同过程中应遵守法律，并承担因发包人违反法律给承包人造成的任何费用和损失。

（2）提供施工现场和工作条件。发包人应按专用合同条件约定向承包人移交施工现场，给承包人进入和占用施工现场各部分的权利，并明确与承包人的交接界面，上述进入和占用权可不为承包人独享。发包人应按专用合同条件约定向承包人提供工作条件。

（3）提供基础资料。向承包人提供施工现场及工程实施所必需的毗邻区域内的供水、排水、供电、供气、供热、通信、广播电视等地上、地下管线和设施资料，气象和水文观测资料，地质勘察资料，相邻建筑物、构筑物和地下工程等有关基础资料，并承担基础资料错误造成的责任。

（4）办理许可和批准。办理法律规定或合同约定由其办理的许可、批准或备案，包括但不限于建设用地规划许可证、建设工程规划许可证、建设工程施工许可证等许可和批准。对于法律规定或合同约定由承包人负责的有关设计、施工证件、批件或备案，发包人应给予必要的协助。

（5）向承包人提供支付担保，支付合同价款。

（6）现场管理配合。

41. D。CIP保险的优点是：
（1）以最优的价格提供最佳的保障范围；
（2）能实施有效的风险管理；
（3）降低赔付率，进而降低保险费率；
（4）避免诉讼，便于索赔。

42. A。项目经理或合同管理人员应将各种任务或事件的责任分解，落实到具体的工作小组、人员或分包单位。

43. A。施工机械使用费的索赔包括：窝工费的计算，如是租赁设备，一般按实际租金和调进调出费的分摊计算；如是承包商自有设备，一般按台班折旧费计算，而不能按台班费计算，因台班费中包括了设备使用费。

44. C。《EPC交钥匙项目合同条件》适用于在交钥匙的基础上进行的工程项目的设计和施工，承包商要负责所有的设计、采购和建造工作，在交钥匙时，要提供一个设施配备完整、可以投产运行的项目。合同计价采用固定总价方式，只有在某些特定风险出现时才调整价格。

45. D。项目的信息管理的目的旨在通过有效的项目信息传输的组织和控制为项目建设的增值服务。

46. A。建设工程项目总进度目标论证的工作步骤如下：
（1）调查研究和收集资料；
（2）进行项目结构分析；
（3）进行进度计划系统的结构分析；
（4）确定项目的工作编码；
（5）编制各层（各级）进度计划；
（6）协调各层进度计划的关系和编制总进度计划；
（7）若所编制的总进度计划不符合项目的进度目标，则设法调整；
（8）若经过多次调整，进度目标无法实现，则报告项目决策者。

47. A。紧前工作的最迟完成时间=紧后工作的最迟开始时间的最小值=min{9, 11}=9天，本工作最迟开始时间=本工作最迟完成时间-本工作持续时间=9-2=7天。

48. D。工作的总时差等于该工作最迟完成时间与最早完成时间之差，或该工作最迟开始时间与最早开始时间之差。即，工作B的总时差=19-13=6天。工作C的总时差=21-15=6天。除以终点节点为完成节点的工作外，其他工作的总时差等于其紧后工作的总时差加本工作与该紧后工作之间的时间间隔所得之和的最小值。即，工作A的总时差=min{6+0，6+2}=6天。若工作A实际进度拖延7天，则超过总时差1天将使总工期延长1天。

49. C。直方图的分布形状及分布区间宽窄是由质量特性统计数据的平均值和标准偏差决定的。

50. A。建设工程实行总承包的，由总承包单位对施工现场的安全生产负总责并自行完成工程主体结构的施工。分包单位应当接受总承包单位的安全生产管理，分包合同中应当明确各自的安全生产方面的权利、义务。分包单位不服从管理导致生产安全事故的，由分包单位承担主要责任，总承包单位和分包单位对分包工程的安全生产承担连带责任。企业的法定代表人是安全生产的第一负责人，项目经理是施工项目生产的主要负责人。

51. D。在工程成本总价合同基础上加固定酬金费用的方式，即当设计深度达到可以报总价的深度，投标人报一个工程成本总价和一个固定的酬金。若实施过程中节约了成本，节约的部分归业主，或者由业主与承包商分享，在合同中要确定节约分成比例。

52. B。合同分析的目的和作用体现在以下几个方面：（1）分析合同中的漏洞，解释有争议的内容；（2）分析合同风险，制定风险对策；（3）合同任务分解、落实。

53. A。对工程质量状况的调查和质量问题的分析，必须分门别类地进行，以便准确有效地找出问题及其原因所在，这就是分层法的基本思想。

54. A。由于建设工程项目大量数据处理的需要，在当今的时代应重视利用信息技术的手段进行信息管理。其核心的手段是建立基于互联网的信息处理平台。

55. C。我国实行建筑业企业经营资质管理制度、市场准入制度、执业资格注册制度、作业及管理人员持证上岗制度等，从本质上说，都是对从事建设工程活动的人的素质和能力进行必要的控制。

56. D。管理环境因素主要是指项目参建单位的质量管理体系、质量管理制度和各参建单位之间的协调等因素。比如，参建单位的质量管理体系是否健全，运行是否有效，决定了该单位的质量管理能力；在项目施工中根据承发包的合同结构，理顺管理关系，建立统一的现场施工组织系统和质量管理的综合运行机制，确保工程项目质量保证体系处于良好的状态，创造良好的质量管理环境和氛围，则是施工顺利进行，提高施工质量的保证。

57. D。编制安全技术措施计划可以按照下列步骤进行：（1）工作活动分类；（2）危险源识别；（3）风险确定；（4）风险评价；（5）制定安全技术措施计划；（6）评价安全技术措施计划的充分性。

58. A。在工程总成本一开始估计不准，可能变化不大的情况下，可采用成本加固定费用合同，有时可分几个阶段谈判付给固定报酬。

59. C。质量手册是质量管理体系的规范，是阐明一个企业的质量政策、质量体系和质量实践的文件，是实施和保持质量体系过程中长期遵循的纲领性文件。质量手册的主要内容包括：企业的质量方针、质量目标；组织机构和质量职责；各项质量活动的基本控制程序或体系要素；质量评审、修改和控制管理办法。

60. D。施工现场必须实行封闭管理，设置进出口大门，制定门卫制度，严格执行外来人员进场登记制度。沿工地四周连续设置围挡，市区主要路段和其他涉及市容景观路段的工地设置围挡的高度不低于 2.5m，其他工地的围挡高度不低于 1.8m，围挡材料要求坚固、稳定、统一、整洁、美观。

61．A。单价合同的特点是单价优先，业主给出的工程量清单表中的数字是参考数字，而实际工程款则按实际完成的工程量和合同中确定的单价计算。

62．B。实测法就是通过实测，将实测数据与施工规范、质量标准的要求及允许偏差值进行对照，以此判断质量是否符合要求。其手段可概括为"靠、量、吊、套"四个字。所谓靠，就是用直尺、塞尺检查诸如墙面、地面、路面等的平整度；量，就是指用测量工具和计量仪表等检查断面尺寸、轴线、标高、湿度、温度等的偏差，例如，大理石板拼缝尺寸与超差数量、摊铺沥青拌合料的温度、混凝土坍落度的检测等；吊，就是利用托线板以及线锤吊线检查垂直度，例如，砌体、门窗安装的垂直度检查等；套，是以方尺套方，辅以塞尺检查。例如，对阴阳角的方正、踢脚线的垂直度、预制构件的方正、门窗口及构件的对角线检查等。

63．D。企业在安全生产许可证有效期内，严格遵守有关安全生产的法律法规，未发生死亡事故的，安全生产许可证有效期届满时，经原安全生产许可证颁发管理机关同意，不再审查，安全生产许可证有效期延期 3 年。

64．D。生产安全事故应急预案应形成体系，针对各级各类可能发生的事故和所有危险源制订专项应急预案和现场应急处置方案，并明确事前、事中、事后的各个过程中相关部门和有关人员的职责。生产规模小、危险因素少的施工单位，综合应急预案和专项应急预案可以合并编写。

65．D。对于重要的工序或对工程质量有重大影响的工序，应严格执行"三检"制度，即自检、互检、专检。未经监理工程师（或建设单位项目技术负责人）检查认可，不得进行下道工序施工。

66．D。按照文明工地标准，严格按照相关文件规定的尺寸和规格制作各类工程标志牌。"五牌一图"，即工程概况牌、管理人员名单及监督电话牌、消防保卫（防火责任）牌、安全生产牌、文明施工牌和施工现场总平面图。

67．B。预警评价包括确定评价的对象、内容和方法，建立相应的预测系统，确定预警级别和预警信号标准等工作。

68．C。承包人的工作：

（1）向分包人提供与分包工程相关的各种证件、批件和各种相关资料，向分包人提供具备施工条件的施工场地。

（2）组织分包人参加发包人组织的图纸会审，向分包人进行设计图纸交底。

（3）提供本合同专用条款中约定的设备和设施，并承担因此发生的费用。

（4）随时为分包人提供确保分包工程的施工所要求的施工场地和通道等，满足施工运输的需要，保证施工期间的畅通。

（5）负责整个施工场地的管理工作，协调分包人与同一施工场地的其他分包人之间的交叉配合，确保分包人按照经批准的施工组织设计进行施工。

69．B。在履行合同过程中发生的下列情形，属发包人违约：

（1）发包人未能按合同约定支付预付款或合同价款，或拖延、拒绝批准付款申请和支付凭证，导致付款延误的。

（2）发包人原因造成停工的。

（3）监理人无正当理由没有在约定期限内发出复工指示，导致承包人无法复工的。

（4）发包人无法继续履行或明确表示不履行或实质上已停止履行合同的。

（5）发包人不履行合同约定其他义务的。

70．D。本题中土方工程实行总价包干，该部分的工程计算价款即为合同包干价为18万元；石方工程实行单价合同，工程的结算价款=实际工程量×合同单价=2800×260=72.8万元；该工程的结算价款=18+72.8=90.8万元。

二、多项选择题

71. A、B、D、E	72. A、D	73. A、B	74. A、B、D	75. A、B、D、E
76. C、D、E	77. B、D	78. A、B、C、E	79. A、C、E	80. A、C、D
81. A、B、C、D	82. A、B、C、E	83. B、C、D、E	84. A、B、C、E	85. A、D、E
86. B、C、E	87. A、C、D	88. B、C、E	89. C、E	90. A、B、D、E
91. A、B、D	92. A、C、D	93. C、E	94. A、E	95. B、D
96. A、C、D、E	97. A、B、C、D	98. A、B、E	99. A、C、E	100. B、C、D

【解析】

71．A、B、D、E。健身房可以开业的时间目标属于进度目标。

72．A、D。B、C、E选项的内容均属于项目实施组织策划的内容。

73．A、B。施工部署及施工方案的内容包括：

（1）根据工程情况，结合人力、材料、机械设备、资金、施工方法等条件，全面部署施工任务，合理安排施工顺序，确定主要工程的施工方案。

（2）对拟建工程可能采用的几个施工方案进行定性、定量的分析，通过技术经济评价，选择最佳方案。

74．A、B、D。建设工程项目的经济与管理风险包括：

（1）宏观和微观经济情况；

（2）工程资金供应的条件；

（3）合同风险；

（4）现场与公用防火设施的可用性及其数量；

（5）事故防范措施和计划；

（6）人身安全控制计划；

（7）信息安全控制计划等。

75．A、B、D、E。工程建设监理实施细则应包括下列内容：

（1）专业工程的特点；

（2）监理工作的流程；

（3）监理工作的控制要点及目标值；

（4）监理工作的方法和措施。

76．C、D、E。施工过程中降低成本的技术措施包括：进行技术经济分析，确定最佳的施工方案；结合施工方法，进行材料使用的比选，在满足功能要求的前提下，通过代用、改变配合比、使用外加剂等方法降低材料消耗的费用；确定最合适的施工机械、设备使方案；结合项目的施工组织设计及自然地理条件，降低材料的库存成本和运输成本；应用先进的施工技术，运用新材料，使用先进的机械设备等。A 选项属于经济措施，B 选项属于组织措施。

77. B、C、D。台班单价控制的方法：（1）加强现场设备的维修、保养工作；（2）加强机械操作人员的培训工作；（3）加强配件的管理；（4）降低材料成本；（5）成立设备管理领导小组，负责设备调度、检查、维修、评估等具体事宜。A、E 选项属于台班数量控制的方法。

78. A、B、C、E。单位工程竣工成本分析，应包括以下三方面内容：
（1）竣工成本分析；
（2）主要资源节超对比分析；
（3）主要技术节约措施及经济效果分析。

79. A、C、D、E。R 的紧后工作有 A、B；E 的紧前工作有 A、C；D 的紧后工作只有 F；P 没有紧前工作；A、B 的紧后工作都有 D。

80. A、C、D。线路上总的工作持续时间最长的线路为关键线路。
线路 1：①—②—⑤—⑦—⑩的持续时间=3+3+3+6=15 月。
线路 2：①—②—⑤—⑥—⑧—⑩的持续时间=3+3+4+5=15 月。
线路 3：①—②—⑤—⑥—⑧—⑨—⑩的持续时间=3+3+4+5=15 月。
线路 4：①—④—⑥—⑧—⑩的持续时间=1+3+4+5=13 月。
线路 5：①—④—⑥—⑧—⑨—⑩的持续时间=1+3+4+5=13 月。
所以 A、C、D 选项正确。

81. A、B、C、D。编制与进度计划相适应的资源需求计划属于建设工程项目进度控制的经济措施。

82. A、B、C、E。进度控制工作包含了大量的组织和协调工作，而会议是组织和协调的重要手段，应进行有关进度控制会议的组织设计，以明确：
（1）会议的类型；
（2）各类会议的主持人及参加单位和人员；
（3）各类会议的召开时间；
（4）各类会议文件的整理、分发和确认等。

83. B、C、D、E。施工企业质量管理体系的质量管理原则包括：以顾客为关注焦点；领导作用；全员积极参与；过程方法；改进；循证决策；关系管理。

84. A、B、D、E。落实质量体系的内部审核程序，有组织有计划开展内部质量审核活动，其主要目的是：
（1）评价质量管理程序的执行情况及适用性；
（2）揭露过程中存在的问题，为质量改进提供依据；
（3）检查质量体系运行的信息；
（4）向外部审核单位提供体系有效的证据。

85. A、D、E。按事故责任分类，工程质量事故可分为：指导责任事故；操作责任事故；自然灾害事故。

86. A、B、C、E。安全事故隐患治理原则包括：
（1）冗余安全度治理原则；

（2）单项隐患综合治理原则；
（3）事故直接隐患与间接隐患并治原则；
（4）预防与减灾并重治理原则；
（5）重点治理原则；
（6）动态治理原则。

87. B、C、D、E。施工现场必须实行封闭管理，设置进出口大门，制定门卫制度，严格执行外来人员进场登记制度。沿工地四周连续设置围挡，市区主要路段和其他涉及市容景观路段的工地设置围挡的高度不低于 2.5m，其他工地的围挡高度不低于 1.8m，围挡材料要求坚固、稳定、统一、整洁、美观。

88. A、B、C、E。监理人应及时更换有下列情形之一的监理人员：
（1）严重过失行为的；
（2）有违法行为不能履行职责的；
（3）涉嫌犯罪的；
（4）不能胜任岗位职责的；
（5）严重违反职业道德的；
（6）专用条件约定的其他情形。

89. C、E。预付款担保的主要作用在于保证承包人能够按合同规定进行施工，偿还发包人已支付的全部预付金额。如果承包人中途毁约，中止工程，使发包人不能在规定期限内从应付工程款中扣除全部预付款，则发包人作为保函的受益人有权凭预付款担保向银行索赔该保函的担保金额作为补偿。

90. A、B、D、E。采用DAB方式解决争端的优点在于以下几个方面：
（1）DAB 委员可以在项目开始时就介入项目，了解项目管理情况及其存在的问题。
（2）DAB 委员公正性、中立性的规定通常情况下可以保证他们的决定不带有任何主观倾向或偏见。DAB 的委员有较高的业务素质和实践经验，特别是具有项目施工方面的丰富经验。
（3）周期短，可以及时解决争议。
（4）DAB 的费用较低。
（5）DAB 委员是发包人和承包人自己选择的，其裁决意见容易为他们所接受。
（6）由于 DAB 提出的裁决不是强制性的，不具有终局性，合同双方或一方对裁决不满意，仍然可以提请仲裁或诉讼。

91. A、B、D。生产安全事故应急预案的编制应满足的要求：（1）结合本地区、本部门、本单位的危险性分析情况；（2）应急组织和人员的职责分工明确，并有具体的落实措施；（3）预案基本要素齐全、完整，预案附件提供的信息准确。故 A、B、D 选项说法正确。建设工程生产安全事故应急预案的管理包括应急预案的评审、备案、实施和奖惩。故 C 选项说法错误。生产经营单位应当每年至少组织一次综合应急预案演练或者专项应急预案演练，每半年至少组织一次现场处置方案演练。故 E 选项说法错误。

92. A、C、D。横道图计划表中的进度线（横道）与时间坐标相对应，这种表达方式较直观，易看懂计划编制的意图。但是，横道图进度计划法也存在一些问题，如：
（1）工序（工作）之间的逻辑关系可以设法表达，但不易表达清楚；
（2）适用于手工编制计划；

（3）没有通过严谨的进度计划时间参数计算，不能确定计划的关键工作、关键路线与时差；

（4）计划调整只能用手工方式进行，其工作量较大；

（5）难以适应较大的进度计划系统。

93. C、E。工作的总时差等于其紧后工作的总时差加本工作与该紧后工作之间的时间间隔所得之和的最小值，即工作 B 的总时差=min{（0+1），（1+0），（2+0）}=1 天。故 A 选项错误。工作 E 的紧前工作只有工作 B，则其最早开始时间为第 3 天。故 B 选项错误。工作 D 为关键工作，总时差为 0。故 C 选项正确。工作的自由时差就是该工作箭线中波形线的水平投影长度。工作 I 的自由时差=0。故 D 选项错误。工作 G 的总时差=2 天。故 E 选项正确。

94. A、E。施工安全技术措施必须在工程开工前制定。故 D 选项说法错误。施工安全技术措施要有针对性。故 A 选项说法正确。施工技术措施计划必须包括面对突发事件或紧急状态（如自然灾害）的各种应急设施、人员逃生和救援预案，以便在紧急情况下，能及时启动应急预案，减少损失，保护人员安全。故 C 选项说法错误。施工安全技术措施必须包含施工总平面图。故 B 选项说法错误。

95. B、D。技术措施包括变更技术方案，采用新的高效率的施工方案等。

96. A、C、D、E。建设工程的安全事故应遵循"四不放过"的处理原则，即：（1）事故原因未查清不放过；（2）责任人员未处理不放过；（3）有关责任人员未受到教育不放过；（4）整改措施未落实不放过。

97. A、B、C、D。项目经理应履行下列职责：（1）项目管理目标责任书规定的职责；（2）主持编制项目管理实施规划，并对项目目标进行系统管理；（3）对资源进行动态管理；（4）建立各种专业管理体系，并组织实施；（5）进行授权范围内的利益分配；（6）收集工程资料，准备结算资料，参与工程竣工验收；（7）协助组织进行项目的检查、鉴定和评奖申报工作。

98. A、B、E。分部分项工程成本分析是施工项目成本分析的基础。分部分项工程成本分析的对象为已完成分部分项工程，分析的方法是：进行预算成本、目标成本和实际成本的"三算"对比，分别计算实际偏差和目标偏差，分析偏差产生的原因，为今后的分部分项工程成本寻求节约途径。

99. A、C、E。事后控制包括对质量活动结果的评价、认定；对工序质量偏差的纠正；对不合格产品进行整改和处理。控制的重点是发现施工质量方面的缺陷，并通过分析提出施工质量改进的措施，保持质量处于受控状态。

100. B、C、D。应用工程项目管理信息系统的主要意义体现在：（1）实现项目管理数据的集中存储；（2）有利于项目管理数据的检索和查询；（3）提高项目管理数据处理的效率；（4）确保项目管理数据处理的准确性；（5）可方便地形成各种项目管理需要的报表。

《建设工程法规及相关知识》
考前第 1 套卷及解析

扫码关注领取

本试卷配套解析课

《建设工程法规及相关知识》考前第1套卷

一、单项选择题（共70题，每题1分。每题的备选项中，只有1个最符合题意）

1. 关于法的效力层级的说法，正确的是（   ）。
   A．行政法规的法律地位仅次于宪法
   B．地方性法规的效力高于本级地方政府规章
   C．新法、旧法对同一事项有不同规定时，优先适用旧法
   D．当一般规定与特别规定不一致时，优先适用一般规定

2. 从法的形式来看，《房屋建筑和市政基础设施工程竣工验收备案管理办法》属于（   ）。
   A．法律   B．行政法规
   C．地方性法规   D．规章

3. 项目经理部是施工企业根据建设工程施工项目而组建的非常设的下属机构，项目经理根据（   ）的授权，组织和领导本项目经理部的全面工作。
   A．县级以上人民政府   B．企业法人
   C．设计单位   D．监理单位

4. 关于表见代理的说法，正确的是（   ）。
   A．表见代理对本人不产生有权代理的效力，即在相对人与本人之间无民事法律关系
   B．本人承担表见代理产生的责任后，可以向无权代理人追偿因代理行为而遭受的损失
   C．表见代理中，由行为人和本人承担连带责任
   D．第三人明知行为人无代理权仍与之实施民事行为，构成表见代理

5. 关于委托代理终止情形的说法，正确的是（   ）。
   A．被代理人恢复了民事行为能力   B．被代理人取得了民事行为能力
   C．指定单位取消指定   D．代理期间届满

6. 根据《民法典》，建设用地使用权自（   ）之日起设立。
   A．土地交付   B．转让
   C．登记   D．支付出让金

7. 下列关于建设用地使用权的说法，正确的有（   ）。
   A．建设用地使用权只可以在地上设立
   B．建设用地使用权人将建设用地使用权转让，可以采用口头约定的形式
   C．建设用地使用权可以与附着于土地上的建筑物、构筑物及其附属设施分别处分
   D．住宅建设用地使用权期满自动续期

8. 债权人只能向特定的人主张自己的权利，债务人也只需向享有该项权利的特定人履行义务，即债的（   ）。
   A．固定性   B．排他性
   C．相对性   D．有偿性

9. 下列债中，属于当事人之间按照约定产生的债是（   ）。
   A．侵权之债   B．不当得利之债
   C．无因管理之债   D．合同之债

10. 下列事项中，属于《专利法》保护对象的是（   ）。
    A．施工企业的名称或标志　　　　　B．施工企业编制的投标文件
    C．施工企业发明的新技术　　　　　D．监理企业编制的监理大纲

11. 根据《商标法》，注册商标有效期限为 10 年，自（   ）之日起计算。
    A．注册商标申请人寄出申请书　　　B．核准注册
    C．公告发布　　　　　　　　　　　D．商标局收到申请书

12. 在下列担保方式中，不转移对担保财产占有的是（   ）。
    A．定金　　　　　　　　　　　　　B．质押
    C．抵押　　　　　　　　　　　　　D．留置

13. 关于定金的说法，正确的是（   ）。
    A．债务人履行债务后，定金不可抵作价款
    B．当事人既约定违约金，又约定定金的，一方违约时，对方必须选择适用定金条款
    C．定金超过合同金额的 20%，则定金无效
    D．定金的法律性质是担保

14. 施工企业以自有的房产作抵押，向银行借款 100 万元，后来施工企业无力还贷，经诉讼后其抵押房产被拍卖，拍得的价款为 150 万元，贷款的利息及违约金为 20 万元，实现抵押权的费用为 10 万元，则拍卖后应返还施工企业的款项为（   ）万元。
    A．10　　　　　　　　　　　　　　B．20
    C．30　　　　　　　　　　　　　　D．50

15. 某建设单位与某施工企业签订的施工合同约定开工日期为 2020 年 5 月 1 日。同年 2 月 10 日，该建设单位与保险公司签订了建筑工程一切险保险合同。施工企业为保证工期，于同年 4 月 20 日将建筑材料运至工地。后因设备原因，工程实际开工日为同年 6 月 10 日，该建筑工程一切险保险责任的生效日期为（   ）。
    A．2020 年 2 月 10 日　　　　　　　B．2020 年 4 月 20 日
    C．2020 年 5 月 1 日　　　　　　　D．2020 年 6 月 10 日

16. 下列损失，属于建筑工程一切险保险责任范围的是（   ）。
    A．水灾引起的损失
    B．设计错误引起的损失
    C．盘点时发现的短缺
    D．非外力引起的机械装置本身的损失

17. 在安装工程一切险中，保险人应当赔偿损失的情形是（   ）。
    A．自然磨损、内在或潜在缺陷　　　B．维修保养
    C．自然事件　　　　　　　　　　　D．盘点时发现的短缺

18. 关于车辆购置税的说法中，错误的是（   ）。
    A．车辆购置税实行一次性征收
    B．购置已征车辆购置税的车辆，不再征收车辆购置税
    C．辆购置税的税率为 12%
    D．设有固定装置的非运输专用作业车辆免征车辆购置税

19. 项目经理强令作业人员违章冒险作业，因而发生重大伤亡事故或造成其他严重后果的，其行为构成（   ）。

A．重大劳动安全事故罪 B．重大责任事故罪
C．工程重大安全事故罪 D．危害公共安全罪

20.《建筑工程施工许可管理办法》规定，工程投资额在（　　）万元以下或者建筑面积在300m²以下的建筑工程，可以不申请办理施工许可证。
A．30 B．40
C．50 D．80

21. 某建设工程项目公开招标，甲公司借用乙公司资质证书承揽工程，获得中标，但甲承揽工程不符合质量标准给建设单位造成了损失。关于该合同关系的说法，正确的是（　　）。
A．甲、乙应承担连带赔偿责任
B．甲与乙属于联合体投标
C．实际施工并造成损失的是甲，与乙无关
D．投标人是乙，只能由乙承担赔偿责任

22. 担任施工项目负责人的注册建造师，在所负责的工程项目竣工验收手续办结前，不得变更注册到另一施工企业，除非（　　）。
A．施工企业同意更换项目负责人
B．建设单位与施工企业产生了合同纠纷
C．发包方与注册建造师受聘企业已解除承包合同的
D．因不可抗力导致暂停施工

23. 建造师初始注册者，自资格证书签发之日起提出注册申请的最长期限为（　　），逾期未申请者，须符合本专业继续教育的要求后方可申请初始注册。
A．3年 B．6个月
C．1年 D．2年

24. 关于建设项目招标的说法，正确的是（　　）。
A．施工单项合同估算价在300万元人民币以上的项目必须进行招标
B．使用国际组织或者外国政府贷款、援助资金的项目可以不进行招标
C．采用不可替代的专利或专有技术的项目必须进行招标
D．大型基础设施、公用事业等关系社会公共利益、公众安全的项目必须进行招标

25. 投标有效期的起始时间是（　　）。
A．投标截止时 B．发售招标文件时
C．评标结束时 D．发出中标通知书时

26. 下列关于开标的说法，正确的是（　　）。
A．开标应当在招标文件确定的提交投标文件截止时间之后3日内进行
B．开标的主持者是招标代理机构
C．开标时由行政监督部门检查投标文件的密封情况
D．招标人在招标文件要求提交投标文件的截止时间前收到的所有投标文件，开标时都应当众予以拆封、宣读

27. 下列关于中标和签订合同的说法，正确的是（　　）。
A．合同的主要条款应当与招标文件和中标人投标文件的内容一致
B．经招标人授权的招标代理机构可以确定中标人
C．招标人和中标人应自中标通知书收到之日起3日内订立书面合同
D．对备案的中标合同不得进行协商变更

28. 某施工总承包单位与分包单位在分包合同中约定,分包施工中出现任何安全事故,均由分包单位承担,该约定（   ）。
   A．因显失公平而无效
   B．由于分包单位自愿签署而有效
   C．仅对总承包单位和分包单位有效
   D．因违反法律、法规强制性规定而无效

29. 根据《建设工程质量管理条例》,下列建设工程分包的行为中,属于承包人合法分包的是（   ）。
   A．专业分包企业将其承包的专业工程中的劳务作业分包
   B．将专业工程分包给不具备资质的承包人
   C．未经建设单位许可将承包工程中的专业工程分包给他人
   D．将建设工程主体结构的施工分包给其他单位的

30. 下列关于建筑市场诚信行为的公布时限的说法,正确的是（   ）。
   A．不良行为记录信息公布期限一般为6个月至3年
   B．良好行为记录信息公布期限一般为6个月
   C．招标投标法违法行为记录公告期限为3年
   D．依法限制招标投标当事人资质公告期限为3个月

31. 下列行为中,属于建设工程施工企业承揽业务不良行为的是（   ）。
   A．转让安全生产许可证的,接受转让的,冒用或使用伪造的安全生产许可证的
   B．允许其他单位或个人以本单位名义承揽工程
   C．对建筑安全事故隐患不采取措施予以消除
   D．相互串通投标或与招标人串通投标的,以向招标人或评标委员会成员行贿的手段谋取中标的

32. 施工合同诉讼当事人对工程款付款时间没有约定或约定不明确,建设工程尚未交付,已提交竣工结算文件,则应付工程款时间为（   ）。
   A．竣工验收合格之日
   B．当事人起诉之日
   C．提交竣工结算文件之日
   D．判决生效之日

33. 基于建设单位主张,某建设工程施工合同被人民法院撤销,则合同被撤销的原因可能是（   ）。
   A．施工单位以欺诈手段订立合同,损害建设单位利益
   B．建设单位的代理人签订合同时超越了代理权
   C．该合同的履行会损害社会公共利益
   D．施工单位投标时与其他投标人恶意串通

34. 要式合同是指（   ）的合同。
   A．法律上已经确定了一定的名称及具体规则
   B．当事人双方互相承担义务
   C．当事人双方意思表示一致订立
   D．根据法律规定必须采取特定形式

35. 《劳动法》规定,劳动争议当事人对仲裁裁决不服的,可以自收到仲裁裁决书之日起（   ）日内向人民法院提起诉讼。
   A．10
   B．15
   C．20
   D．30

36. 根据《劳动合同法》，在劳务派遣用工方式中，订立劳务派遣协议的主体是（　　）。
    A．派遣单位与劳动者　　　　　　　　B．用工单位与劳动者
    C．用工单位与当地人民政府　　　　　D．派遣单位与用工单位

37. 下列关于承揽合同的说法中，正确的是（　　）。
    A．承揽人不得将承揽的主要工作交由第三人完成
    B．承揽人应当以自己的资金、技术和材料完成主要工作
    C．承揽人独立完成合同义务，不受定作人的指挥管理
    D．经定作人同意，承揽人将其承揽的主要工作交由第三人完成的，承揽人不再承担责任

38. 某施工项目材料采购合同中，当事人对价款没有约定，未达成补充协议的，也无法根据合同有关条款或交易习惯确定，则应按照（　　）的市场价格履行。
    A．材料所在地　　　　　　　　B．订立合同时履行地
    C．合同签订地　　　　　　　　D．履行义务一方所在地

39. 关于仓储合同法律特征的说法，正确的是（　　）。
    A．因仓储物包装不符合约定造成仓储物变质、损坏的，不免除保管人的损害赔偿责任
    B．仓储合同自仓储物交付时成立
    C．存货人或者仓单持有人逾期提取的，应当加收仓储费；提前提取的，减收仓储费
    D．仓储合同自成立时生效

40. 按照《建筑施工场界环境噪声排放标准》，建筑施工场界环境噪声排放限值为（　　）。
    A．昼间60dB（A），夜间50dB（A）　　B．昼间65dB（A），夜间50dB（A）
    C．昼间70dB（A），夜间55dB（A）　　D．昼间75dB（A），夜间60dB（A）

41. 在某城市市区噪声敏感建筑集中区域进行可能造成环境噪声污染的施工作业，下列说法正确的是（　　）。
    A．夜间禁止进行所有建筑施工作业
    B．禁止夜间进行产生环境噪声污染的建筑施工作业，但因特殊需要必须连续作业的除外
    C．因特殊需要必须连续作业的，必须事先告知附近居民并获得其同意
    D．因特殊需要必须连续作业的，必须有县级以上地方人民政府建设行政主管部门的证明

42. 关于用能单位加强能源计量管理的说法，错误的是（　　）。
    A．按照规定配备和使用经依法检定合格的能源计量器具
    B．建立能源消费统计和能源利用状况分析制度
    C．对各类能源消耗实行分类计量和统计
    D．对能源消费应实行包费制

43. 未经（　　）签字，墙体材料、保温材料、门窗、采暖制冷系统和照明设备不得在建筑上使用或者安装，施工单位不得进行下一道工序的施工。
    A．项目负责人　　　　　　　　B．监理工程师
    C．法定代表人　　　　　　　　D．建设单位负责人

44. 根据《水下文物保护管理条例》，下列文物中，属于国家所有的水下文物是（　　）。
    A．遗存于外国领海内的起源于外国的文物

B．遗存于中国领海以外依照中国法律由中国管辖的其他海域内的起源于外国的文物
C．遗存于中国内水的起源国不明的文物
D．遗存于外国领海以外的其他管辖海域内的起源国不明的文物

45．下列从事生产活动的企业中，不属于必须取得安全生产许可证的是（　　）。
    A．矿山企业　　　　　　　　　　　B．建筑施工企业
    C．危险化学品生产企业　　　　　　D．服装生产加工企业

46．建筑施工企业变更名称、地址、法定代表人等，应当在变更后（　　）日内，到原安全生产许可证颁发管理机关办理安全生产许可证变更手续。
    A．7　　　　　　　　　　　　　　B．10
    C．15　　　　　　　　　　　　　　D．30

47．实行施工总承包的工程项目，应由（　　）统一组织编制建设工程生产安全事故应急救援预案。
    A．建设单位　　　　　　　　　　　B．监理单位
    C．施工总承包单位　　　　　　　　D．各分包单位

48．因设计优化使得施工总承包项目现场暂时停止施工的，增加的现场防护费用由（　　）承担。
    A．建设单位　　　　　　　　　　　B．设计单位
    C．总承包单位　　　　　　　　　　D．分包单位

49．根据《消防法》，关于施工企业的消防安全职责的说法，正确的是（　　）。
    A．按照地方标准或者企业标准配置消防设施、器材
    B．重点工程施工现场无须定期组织消防安全培训和消防演练
    C．对建筑消防设施每年至少进行一次全面检查，确保完好有效
    D．重点工程的施工现场应当每周至少进行一次防火巡查，并建立巡查记录

50．某施工企业承揽拆除图书馆工程过程中，图书馆屋顶突然坍塌，压死1人，重伤15人，根据《生产安全事故报告和调查处理条例》，该事故属于（　　）。
    A．特别重大事故　　　　　　　　　B．重大事故
    C．一般事故　　　　　　　　　　　D．较大事故

51．根据《生产安全事故报告和调查处理条例》，除了交通事故、火灾事故外的其他事故造成的伤亡人数发生变化的，应当自事故发生（　　）起及时补报。
    A．7日　　　　　　　　　　　　　　B．45日
    C．40日　　　　　　　　　　　　　D．30日

52．以下各项中，属于监理单位主要安全责任的是（　　）。
    A．组织专家论证
    B．施工单位拒不整改安全隐患时，及时向有关主管部门报告
    C．确定建设工程安全作业环境及安全施工措施所需费用
    D．提出保障施工作业人员安全和预防生产安全事故的措施建议

53．根据《建设工程安全生产管理条例》，出租的机械设备和施工机具及配件，应当具有（　　）和产品合格证。
    A．生产企业资质证明　　　　　　　B．生产企业营业执照
    C．生产（制造）许可证　　　　　　D．第三方检测合格证明

54. 根据《建设工程质量管理条例》的规定，（　　）必须按照工程设计图纸和施工技术标准施工，不得擅自修改工程设计，不得偷工减料。
   A．监理单位　　　　　　　　　　　B．施工单位
   C．建设单位　　　　　　　　　　　D．设计单位

55. 某项施工中施工单位偷工减料，造成建设工程不符合规定的质量标准，给建设单位造成了损失。建设行政主管部门不能对该施工单位实施的制裁是（　　）。
   A．责令停业整顿　　　　　　　　　B．降低资质等级
   C．责令改正　　　　　　　　　　　D．罚款

56. 依据《建设工程质量管理条例》，施工企业在施工过程中发现设计文件和图纸有差错的，应当（　　）。
   A．继续按照设计文件和图纸进行施工
   B．按照通常做法施工
   C．由施工企业技术负责人按照技术标准修改设计文件和图纸
   D．及时提出意见和建议

57. 根据《房屋建筑工程和市政基础设施工程实行见证取样和送检的规定》，必须实施见证取样和送检的试块、试件或材料，不包括（　　）。
   A．用于非承重结构的钢筋连接接头试件　B．地下、屋面、厕浴间使用的防水材料
   C．用于拌制混凝土和砌筑砂浆的水泥　　D．用于承重墙的砖和混凝土小型砌块

58. 根据《建设工程质量管理条例》，设计文件应当符合国家规定的设计深度要求，注明工程合理使用年限，该年限从（　　）之日起算。
   A．工程法定最低保修期届满　　　　B．工程竣工验收合格
   C．工程缺陷责任期届满　　　　　　D．颁发施工许可证

59. 根据《建设工程质量管理条例》，应当组织建设工程竣工验收的是（　　）。
   A．施工单位　　　　　　　　　　　B．监理单位
   C．设计单位　　　　　　　　　　　D．建设单位

60. 某基础设施工程未经竣工验收，建设单位擅自提前使用，1年后发现该工程出现质量问题。关于该工程质量责任的说法，正确的是（　　）。
   A．承包人应当在建设工程的合理使用寿命内对地基基础工程和主体结构质量承担民事责任
   B．超过1年保修期后，施工企业不需要承担保修责任
   C．由于建设单位提前使用，施工企业不需要承担质量责任
   D．施工企业是否承担质量责任，取决于建设单位是否已经全额支付工程款

61. 建设工程质量保修书的提交时间是（　　）。
   A．自提交工程竣工验收报告之日起10日内
   B．工程竣工验收合格之日
   C．施工完毕之日
   D．提交工程竣工验收报告时

62. 建设工程在超过合理使用年限后需要继续使用的，产权所有人应当委托（　　）鉴定，并根据鉴定结果采取加固、维修等措施，重新界定使用期。
   A．工程监理单位　　　　　　　　　B．勘察、设计单位
   C．建筑安全监督管理机构　　　　　D．工程质量监督机构

63. 若当事人双方在合同中约定解决争议的方法只能为调解。当纠纷发生后，若一方坚决不同意调解，此时争议解决方式应为（ ）。
   A．和解 B．调解
   C．诉讼 D．仲裁

64. 某市政府工程建设项目发、承包双方围绕工程结算款经多次协商也未能达成一致意见，承包人诉诸法院，上述纠纷属于（ ）。
   A．行政纠纷 B．民事纠纷
   C．刑事纠纷 D．程序纠纷

65. 当事人不得在合同中协议选择由（ ）的人民法院管辖。
   A．合同履行地 B．仲裁机构所在地
   C．合同签订地 D．标的物所在地

66. 朱某因与某施工企业发生合同纠纷，委托律师刘某全权代理诉讼，但未作具体的授权。则刘律师在诉讼中有权实施的行为是（ ）。
   A．提起上诉 B．提出和解
   C．放弃或变更诉讼请求 D．提出管辖权异议

67. 建设单位与施工单位的合同中约定："合同在履行过程中发生的争议，由双方当事人协商解决，协商不成的，可以向有关仲裁委员会申请仲裁。"后双方发生纠纷，建设单位要求向甲仲裁委员会申请仲裁，施工单位要求向乙仲裁委员会申请仲裁，双方争执不下。关于纠纷解决方式选择的说法，正确的是（ ）。
   A．只能向不动产所在地的仲裁委员会申请仲裁
   B．只能向有管辖权的人民法院起诉
   C．应由甲仲裁委员会进行仲裁
   D．建设单位与施工单位选择的仲裁委员会谁先收到仲裁申请，就由谁进行仲裁

68. 关于仲裁开庭和审理的说法，正确的是（ ）。
   A．仲裁开庭审理必须经当事人达成一致 B．仲裁审理案件应当公开进行
   C．当事人可以协议仲裁不开庭审理 D．仲裁庭不能作出缺席裁决

69. 根据《民事诉讼法》，当事人申请司法确认调解协议，由双方当事人依法共同向（ ）基层人民法院提出。
   A．当事人一方经常居住地 B．调解协议履行地
   C．调解组织所在地 D．调解协议签订地

70. 工程项目建设过程中发生下列情形时，不能申请行政复议的是（ ）。
   A．建设行政管理部门对工作人员的奖惩决定
   B．对建设行政主管部门责令施工企业停止施工的决定不服的
   C．对规划行政主管部门撤销建设工程规划许可证的决定不服的
   D．对建设行政主管部门撤销施工企业资质证书的决定不服的

二、多项选择题（共30题，每题2分。每题的备选项中，有2个或2个以上符合题意，至少有1个错项。错选，本题不得分；少选，所选的每个选项得0.5分）

71. 关于有关机关裁决权限的说法，正确的有（ ）。
   A．法律之间对同一事项的新的一般规定与旧的特别规定不一致，不能确定如何适用时，由全国人民代表大会常务委员会裁决

B．同一机关制定的新的一般规定与旧的特别规定不一致时，由制定机关裁决

C．部门规章之间、部门规章与地方政府规章之间对同一事项的规定不一致时，由国务院裁决

D．根据授权制定的法规与法律规定不一致，不能确定如何适用时，由国务院裁决

E．行政法规之间对同一事项的新的一般规定与旧的特别规定不一致，不能确定如何适用时，由全国人民代表大会常务委员会裁决

72．下列行为构成侵权之债的有（　　）。

A．建设行政主管部门未及时颁发施工许可证

B．路人帮助把受伤工人送至医院

C．建筑物上坠落物品造成他人伤害，难以确定责任人

D．拆除屋顶广告时将住户窗户损坏

E．建设单位未将工程款及时足额支付给施工企业

73．《民法典》规定，担保方式为（　　）。

A．扣押　　　　　　　　　　B．抵押

C．质押　　　　　　　　　　D．保证

E．定金

74．下列房产中，免纳房产税的有（　　）。

A．军队自用的房产

B．个人所有营业用的房产

C．国家机关、人民团体自用的房产

D．宗教寺庙、公园、名胜古迹自用的房产

E．由国家财政部门拨付事业经费的单位自用的房产

75．下列各项个人所得，免征个人所得税的有（　　）。

A．军人的转业费、复员费、退役金　　B．按照国家统一规定发给的补贴、津贴

C．财产转让所得　　　　　　　　　　D．国债和国家发行的金融债券利息

E．偶然所得

76．行政责任的承担方式包括（　　）。

A．行政处罚　　　　　　　　B．行政复议

C．行政赔偿　　　　　　　　D．行政许可

E．行政处分

77．依据《建筑工程施工许可管理办法》，建设单位申请领取施工许可证，应当具备的条件包括（　　）。

A．依法应当办理用地批准手续的，已经办理该建筑工程用地批准手续

B．已经确定施工企业

C．施工图设计文件已按规定审查合格

D．有保证工程质量和安全的具体措施

E．已经办理了招标投标核准手续

78．应当撤销建筑业企业资质的情形是（　　）。

A．对不符合资质标准条件的申请企业准予资质许可的

B．资质许可机关工作人员滥用职权、玩忽职守准予资质许可的

C．资质许可机关违反法定程序准予资质许可的

D．资质证书有效期到期后未及时办理续期手续的

E．超越法定职权准予资质许可的

79. 关于联合体投标的说法，正确的是（　　）。

    A．多个施工单位可以组成一个联合体，以一个投标人的身份共同投标

    B．中标的联合体各方应当共同就中标项目向招标人承担连带责任

    C．联合体各方的共同投标协议属于合同关系

    D．由同一专业单位组成的联合体，按照资质等级较高的单位确定资质等级

    E．联合体中标的，应当由联合体各方共同与招标人签订合同

80. 根据《招标投标法实施条例》，下列投标人的行为中，视为投标人相互串通投标的有（　　）。

    A．使用伪造、变造的许可证件

    B．不同投标人的投标文件由同一单位或者个人编制

    C．不同投标人的投标文件相互混装

    D．不同投标人的投标文件载明的项目管理成员为同一人

    E．提供虚假的财务状况

81. 下列关于劳动合同试用期的说法，正确的有（　　）。

    A．劳动合同期限3个月以上不满1年的，试用期不得超过1个月

    B．试用期次数最多为2次

    C．劳动合同期限不满3个月的，不得约定试用期

    D．试用期不包含在劳动合同期限内

    E．劳动者在试用期的工资不得低于本单位相同岗位最低档工资或者劳动合同约定工资的80%

82. 发包人应当承担赔偿损失责任的情形有（　　）。

    A．因发包人原因致使工程中途停建、缓建造成的损失

    B．偷工减料造成的损失

    C．验收违法行为造成的损失

    D．中途变更承揽工作要求造成的损失

    E．提供图纸或者技术要求不合理且怠于答复造成的损失

83. 根据《劳动合同法》，用人单位有权实施经济性裁员的情形有（　　）。

    A．股东会意见严重分歧导致董事会主要成员交换的

    B．生产经营发生严重困难的

    C．依照《企业破产法》规定进行重整的

    D．企业转产、重大技术革新或者经营方式调整，经变更劳动合同后，仍需裁减人员的

    E．因劳动合同订立时所依据的客观经济情况发生重大变化，致使劳动合同无法履行的

84. 下列应由供应商承担标的物毁损、灭失风险的情形有（　　）。

    A．合同仅约定由供应商将货物交给承运人运输，供应商已将标的物发运，尚未到达约定的交付地点

    B．合同约定在标的物所在地交货，约定时间已过，施工企业仍未前往提货

    C．施工企业购买一批安全帽，供应商尚未交付

D．标的物已运抵交付地点，施工企业因标的物质量不合格而拒收货物
E．供应商在交付标的物时未附产品说明书，施工企业已接收

85. 根据《历史文化名城名镇名村保护条例》，属于申报历史文化名城、名镇、名村条件的有（　　）。
    A．历史建筑集中成片
    B．保存文物特别丰富
    C．保留着传统自然格局、地理和人文风貌
    D．其传统产业、历史上建设的重大工程对本地区的发展产生过重要影响
    E．历史上曾经作为政治、经济、文化、交通中心或者军事要地

86. 根据《建筑施工企业安全生产许可证管理规定》，建筑施工企业取得安全生产许可证应当具备的安全生产条件包括（　　）。
    A．管理人员和作业人员每年至少进行1次安全生产教育培训并考核合格
    B．依法参加工伤保险，依法为施工现场从事危险作业的人员办理意外伤害保险，为从业人员交纳保险费
    C．对施工现场易发生重大事故的部位、环节的预防、监控措施和应急预案
    D．有职业危害防治措施，并为作业人员配备符合行业标准或者企业标准的安全防护用具和安全防护服装
    E．主要负责人、项目负责人、专职安全生产管理人员经建设主管部门或者其他有关部门考核合格

87. 施工作业人员应当享有的安全生产权利有（　　）。
    A．救治和请求民事赔偿权
    B．依靠工会维权和被派遣劳动者的权利
    C．拒绝违章指挥权
    D．安全生产决策权
    E．紧急避险权

88. 根据《建设工程安全生产管理条例》，施工单位应在施工现场（　　）设置明显的安全警示标志。
    A．电梯井口
    B．施工现场出口处
    C．基坑边沿
    D．基坑底部
    E．桥梁口、隧道口

89. 根据《生产安全事故报告和调查处理条例》，事故分级要素包括（　　）。
    A．直接经济损失数额
    B．人员伤亡数量
    C．事故发生时间
    D．社会影响程度
    E．事故发生地点

90. 建设单位在申领施工许可证时，应当提供的有关安全施工措施的资料包括（　　）。
    A．施工现场总平面布置图
    B．建设单位安全监督人员名册、工程监理单位人员名册
    C．安全施工组织计划
    D．安全措施费用计划
    E．专项安全施工组织设计（方案、措施）

91. 下列工程建设标准中，属于强制性国家标准的有（　　）。
    A．工程建设重要的通用的信息技术标准

B．工程建设行业专用的术语、符号、代号、量与单位和制图方法
C．工程建设通用的有关安全、卫生和环境保护的标准
D．工程建设重要的通用的信息管理标准
E．工程建设重要的通用的试验、检验和评定方法等标准

92. 根据《建设工程质量管理条例》，关于施工单位质量责任和义务的说法，正确的有（   ）。
    A．对施工质量检验和返修
    B．按照工程设计图纸和施工技术标准施工
    C．对建筑材料、设备等进行检验检测
    D．审查批准高大模板工程的专项施工方案
    E．建立健全施工质量检验制度

93. 建设单位办理工程质量监督手续，应提供的文件和资料包括（   ）。
    A．营业执照原件
    B．可行性研究报告
    C．建设工程规划许可证
    D．监理单位资质等级证书，监理合同及《工程项目监理登记表》
    E．工程勘察设计文件

94. 根据《建设工程质量管理条例》，建设工程竣工验收应具备的工程技术档案和施工管理资料包括（   ）。
    A．工程项目竣工验收报告   B．竣工图
    C．分部、分项工程全体施工人员名单   D．隐蔽验收记录及施工日志
    E．图纸会审和技术交底记录

95. 根据《建设工程质量管理条例》，关于建设工程质量保修期的说法，正确的有（   ）。
    A．质量保修期的起始日是竣工验收合格之日
    B．建设工程在超过合理使用年限后一律不得继续使用
    C．质量保修期内，施工企业对工程的一切质量缺陷承担责任
    D．对于电气管线工程，建设单位与施工企业经平等协商可以约定3年的质量保修期
    E．有防水要求的卫生间质量保修期最低为5年

96. 民事诉讼的基本特征有（   ）。
    A．快捷性   B．保密性
    C．程序性   D．强制性
    E．公权性

97. 当事人对法院管辖权有异议的，应当在（   ）提出。
    A．第一次开庭时   B．提交答辩状期间
    C．被告收到起诉状副本之日起15日内   D．法庭辩论终结前
    E．第一审判决作出前

98. 当事人在仲裁协议中约定了两个仲裁机构，关于该仲裁协议效力的说法，正确的有（   ）。
    A．该仲裁协议当然无效
    B．一方当事人可任意选择其中一个仲裁机构仲裁
    C．当事人不能就仲裁机构选择达成一致的，该仲裁协议无效

D．当事人共同选定其中一个仲裁机构的，该仲裁协议有效

E．一方当事人应按排列顺序确定仲裁机构

99. 仲裁案件当事人申请仲裁后自行达成和解协议的，可以（　　）。

    A．请求仲裁庭根据和解协议制作调解书　　B．请求仲裁庭根据和解协议制作裁决书

    C．撤回仲裁申请书　　D．请求强制执行

    E．请求法院判决

100. 具体行政行为在行政复议期间不停止执行，但（　　）可以停止执行。

    A．行政复议机关认为需要停止执行的

    B．申请人提供担保的

    C．被申请人认为需要停止执行的

    D．被申请人被撤销的

    E．申请人申请停止执行的

考前第1套卷参考答案及解析

一、单项选择题

1. B	2. D	3. B	4. B	5. D
6. C	7. D	8. C	9. D	10. C
11. B	12. C	13. D	14. B	15. B
16. A	17. C	18. C	19. B	20. A
21. A	22. C	23. A	24. D	25. A
26. D	27. A	28. D	29. A	30. A
31. D	32. C	33. A	34. D	35. B
36. D	37. C	38. B	39. D	40. C
41. B	42. D	43. B	44. C	45. D
46. B	47. C	48. B	49. C	50. D
51. D	52. B	53. C	54. B	55. D
56. D	57. A	58. C	59. D	60. A
61. D	62. B	63. C	64. B	65. B
66. D	67. B	68. B	69. C	70. A

【解析】

1. B。行政法规的法律地位和法律效力仅次于宪法和法律，高于地方性法规和部门规章，故A选项的表述有误。新法、旧法对同一事项有不同规定时，新法的效力优于旧法。故C选项错误。当一般规定与特别规定不一致时，优先适用特别规定。故D选项错误。

2. D。目前，大量的建设法规是以部门规章的方式发布，如住房和城乡建设部发布的《房屋建筑和市政基础设施工程质量监督管理规定》《房屋建筑和市政基础设施工程竣工验收备案管理办法》《市政公用设施抗灾设防管理规定》，国家发展和改革委员会发布的《招标公告发布暂行办法》《必须招标的工程项目规定》等。

3. B。项目经理部不具备法人资格，而是施工企业根据建设工程施工项目而组建的非常设的下属机构。项目经理根据企业法人的授权，组织和领导本项目经理部的全面工作。

4. B。表见代理对本人产生有权代理的效力，即在相对人与本人之间产生民事法律关系。故A选项错误。表见代理是指行为人虽无权代理，但由于行为人的某些行为，造成了足以使善意第三人相信其有代理权的表象，而与善意第三人进行的、由本人承担法律后果的代理行为，故C选项错误。表见代理须相对人为善意，故D选项错误。

5. D。《民法典》规定，有下列情形之一的，委托代理终止：（1）代理期间届满或者代理事务完成；（2）被代理人取消委托或者代理人辞去委托；（3）代理人丧失民事行为能力；（4）代理人或者被代理人死亡；（5）作为被代理人或者代理人的法人、非法人组织终止。

6. C。建设用地使用权自登记时设立。

7. D。建设用地使用权可以在土地的地表、地上或者地下分别设立，故 A 选项错误。建设用地使用权人将建设用地使用权转让的，当事人应当采取书面形式订立相应的合同，故 B 选项错误。C 选项的正确表述为：建设用地使用权应当与附着于土地上的建筑物、构筑物及其附属设施一并处分。

8. C。债是特定当事人之间的法律关系。债权人只能向特定的人主张自己的权利，债务人也只需向享有该项权利的特定人履行义务，即债的相对性。

9. D。当事人之间因产生了合同法律关系，也就是产生了权利义务关系，便设立了债的关系。而合同是平等主体的自然人、法人、其他组织之间设立、变更、终止民事权利义务关系的协议，由当事人按照约定、协商一致产生。

10. C。专利法保护的对象就是专利权的客体，各国规定各不相同。我国《专利法》保护的是发明创造专利权，并规定发明创造是指发明、实用新型和外观设计。

11. B。注册商标的有效期为 10 年，自核准注册之日起计算。

12. C。按照《民法典》的规定，为担保债务的履行，债务人或者第三人不转移财产的占有，将该财产抵押给债权人的，债务人不履行到期债务或者发生当事人约定的实现抵押权的情形，债权人有权就该财产优先受偿。

13. D。债务人履行债务后，定金应当抵作价款或者收回，故 A 选项错误。当事人既约定违约金，又约定定金的，一方违约时，对方可以选择适用违约金或者定金条款，故 B 选项错误。当事人约定的定金数额超过主合同标的额 20%的，超过的部分，人民法院不予支持。故 C 选项的表述有误。

14. B。抵押担保的范围包括主债权及利息、违约金损害赔偿金和实现抵押权的费用。债务人不履行到期债务或者发生当事人约定的实现抵押权的情形，抵押权人可以与抵押人协议以抵押财产折价或者以拍卖、变卖该抵押财产所得的价款优先受偿。抵押财产折价或者拍卖、变卖后，其价款超过债权数额的部分归抵押人所有，不足部分由债务人清偿。

15. B。建筑工程一切险的保险责任自保险工程在工地动工或用于保险工程的材料、设备运抵工地之时起始，至工程所有人对部分或全部工程签发完工验收证书或验收合格，或工程所有人实际占用或使用或接收该部分或全部工程之时终止，以先发生者为准。

16. A。建筑工程一切险的保险人对下列原因造成的损失和费用，负责赔偿：（1）自然事件，指地震、海啸、雷电、飓风、台风、龙卷风、风暴、暴雨、洪水、水灾、冻灾、冰雹、地崩、山崩、雪崩、火山爆发、地面下陷下沉及其他人力不可抗拒的破坏力强大的自然现象；（2）意外事故，指不可预料的以及被保险人无法控制并造成物质损失或人身伤亡的突发性事件，包括火灾和爆炸。B、C、D 选项均属于建筑工程一切险的除外责任。

17. C。安装工程一切险的保险人对下列原因造成的损失和费用，负责赔偿：（1）自然事件；（2）意外事故。

18. C。车辆购置税的税率为 10%。

19. B。在生产、作业中违反有关安全管理的规定，因而发生重大伤亡事故或者造成其他严重后果的构成重大责任事故罪。

20. A。《建筑工程施工许可管理办法》规定。工程投资额在 30 万元以下或者建筑面积在 300m² 以下的建筑工程，可以不申请办理施工许可证。

21. A。《建筑法》规定，建筑施工企业转让、出借资质证书或者以其他方式允许他人以本企业的名义承揽工程的，责令改正，没收违法所得，并处罚款，可以责令停业整顿，降低资质等级；情节严重的，吊销资质证书。对因该项承揽工程不符合规定的质量标准造成的损失，建筑施工企业与使用本企业名义的单位或者个人承担连带赔偿责任。

22. C。注册建造师担任施工项目负责人期间原则上不得更换。如发生下列情形之一的，应当办理书面交接手续后更换施工项目负责人：（1）发包方与注册建造师受聘企业已解除承包合同的；（2）发包方同意更换项目负责人的；（3）因不可抗力等特殊情况必须更换项目负责人的。

23. A。初始注册者，可自资格证书签发之日起3年内提出申请。

24. D。如果将A选项中的"300"改为"400"，那么这个选项就是正确的。B选项错在"可以不进行招标"正确应为"必须进行招标"。C选项错在"必须进行招标"正确应为"可以不进行招标"。

25. A。招标人应当在招标文件中载明投标有效期。投标有效期从提交投标文件的截止之日起算。

26. D。开标应当在招标文件确定的提交投标文件截止时间的同一时间公开进行，故A选项错误。开标由招标人主持，故B选项错误。开标时，由投标人或者其推选的代表检查投标文件的密封情况，也可以由招标人委托的公证机构检查并公证，故C选项错误。

27. A。招标人可以根据评标委员会提出的书面评标报告和推荐的中标候选人确定中标人。也可以授权评标委员会直接确定中标人，故B选项错误。招标人和中标人应当自中标通知书发出之日起30日内订立书面合同，故C选项错误。D选项缺少"实质性内容"这一限制条件。

28. D。法律、行政法规中包含强制性规定和任意性规定。强制性规定排除了合同当事人的意思自由，即当事人在合同中不得协议排除法律、行政法规的强制性规定，否则将构成无效合同。按照《建筑法》的规定，总承包单位和分包单位就分包工程对建设单位承担连带责任，这属于法律的强制性规定。

29. A。《建设工程质量管理条例》规定，违法分包，是指下列行为：（1）总承包单位将建设工程分包给不具备相应资质条件的单位的；（2）建设工程总承包合同中未有约定，又未经建设单位认可，承包单位将其承包的部分建设工程交由其他单位完成的；（3）施工总承包单位将建设工程主体结构的施工分包给其他单位的；（4）分包单位将其承包的建设工程再分包的。

30. A。B选项应将"6个月"改为"3年"。《招标投标违法行为记录公告暂行办法》规定，违法行为记录公告期限为6个月。依法限制招标投标当事人资质（资格）等方面的行政处理决定，所认定的限制期限长于6个月的，公告期限从其决定。故C、D选项错误。

31. D。承揽业务不良行为认定标准：（1）利用向发包单位及其工作人员行贿、提供回扣或者给予其他好处等不正当手段承揽业务的；（2）相互串通投标或与招标人串通投标的，以向招标人或评标委员会成员行贿的手段谋取中标；（3）以他人名义投标或以其他方式弄虚作假，骗取中标的；（4）不按照与招标人订立的合同履行义务，情节严重的；（5）将承包的工程转包或违法分包的。

32. C。当事人对付款时间没有约定或者约定不明的，下列时间视为应付款时间：（1）建设工程已实际交付的，为交付之日；（2）建设工程没有交付的，为提交竣工结算文件之日；（3）建设工程未交付，工程价款也未结算的，为当事人起诉之日。

33. A。可撤销合同的种类：因重大误解订立的合同；在订立合同时显失公平的合同；

以欺诈手段订立的合同；以胁迫的手段订立的合同。

34．D。要式合同是指根据法律规定必须采取特定形式的合同。如《民法典》规定，建设工程合同应当采用书面形式。

35．B。《劳动法》规定，劳动争议当事人对仲裁裁决不服的，可以自收到仲裁裁决书之日起15日内向人民法院提起诉讼。

36．D。劳务派遣单位派遣劳动者应当与接受以劳务派遣形式用工的单位（以下称用工单位）订立劳务派遣协议。

37．C。经定作人同意，承揽人可以将承揽的主要工作交由第三人完成，故A选项错误。B选项的正确表述为：承揽人应当以自己的设备、技术和劳力完成主要工作。D选项错在"承揽人不再承担责任"，正确的表述为"承揽人也应就第三人完成的工作成果向定作人负责"。

38．B。对价款的数额和支付方式没有约定或者约定不明确的，可以协议补充；不能达成补充协议的，按照合同相关条款或者交易习惯确定。对于不能达成补充协议，也不能按照合同相关条款或者交易习惯确定的，按照订立合同时履行地的市场价格履行。

39．D。仓储合同是诺成合同，仓储合同自成立时生效，不以仓储物是否交付为要件。这是区别于保管合同的显著特征。储存期间，因保管人保管不善造成仓储物毁损、灭失的，保管人应当承担损害赔偿责任。因仓储物的性质、包装不符合约定或者超过有效储存期造成仓储物变质、损坏的，保管人不承担损害赔偿责任。储存期间届满，存货人或者仓单持有人应当凭仓单提取仓储物。存货人或者仓单持有人逾期提取的，应当加收仓储费；提前提取的，不减收仓储费。保管人应当按时向存货人或者仓单持有人交付仓储物。

40．C。建筑施工场界环境噪声排放限值，昼间70dB（A），夜间55dB（A）。

41．B。《环境噪声污染防治法》规定，在城市市区噪声敏感建筑物集中区域内，禁止夜间进行产生环境噪声污染的建筑施工作业，但抢修、抢险作业和因生产工艺上要求或者特殊需要必须连续作业的除外。此处有特殊情形的限制，并非禁止所有夜间建筑施工作业。故A选项说法错误。因特殊需要必须连续作业的，必须有县级以上人民政府或者其有关主管部门的证明。以上规定的夜间作业，必须公告附近居民。故C、D选项错误。

42．D。用能单位应当加强能源计量管理，按照规定配备和使用经依法检定合格的能源计量器具。用能单位应当建立能源消费统计和能源利用状况分析制度，对各类能源的消费实行分类计量和统计，并确保能源消费统计数据真实、完整。任何单位不得对能源消费实行包费制。

43．B。未经监理工程师签字，墙体材料、保温材料、门窗、采暖制冷系统和照明设备不得在建筑上使用或者安装，施工单位不得进行下一道工序的施工。

44．C。《水下文物保护管理条例》规定，遗存于中国内水、领海内的一切起源于中国的、起源国不明的和起源于外国的文物，以及遗存于中国领海以外依照中国法律由中国管辖的其他海域内的起源于中国的和起源国不明的文物，属于国家所有，国家对其行使管辖权。

45．D。《安全生产许可证条例》规定，国家对矿山企业、建筑施工企业和危险化学品、烟花爆竹、民用爆破器材生产企业实行安全生产许可制度。企业未取得安全生产许可证的，不得从事生产活动。

46．B。建筑施工企业变更名称、地址、法定代表人等，应当在变更后10日内，到原安全生产许可证颁发管理机关办理安全生产许可证变更手续。

47．C。《建设工程安全生产管理条例》规定，实行施工总承包的，由总承包单位统一组织编制建设工程生产安全事故应急救援预案，工程总承包单位和分包单位按照应急救援预案，各自建立应急救援组织或者配备应急救援人员，配备救援器材、设备，并定期组织演练。

48．A。《建设工程安全生产管理条例》规定，施工单位应当根据不同施工阶段和周围环境及季节、气候的变化，在施工现场采取相应的安全施工措施。施工现场暂时停止施工的，施工单位应当做好现场防护，所需费用由责任方承担，或者按照合同约定执行。本题因设计优化造成停工，建设单位应该承担费用。

49．C。机关、团体、企业、事业等单位应当履行下列消防安全职责：（1）落实消防安全责任制，制定本单位的消防安全制度、消防安全操作规程，制定灭火和应急疏散预案；（2）按照国家标准、行业标准配置消防设施、器材，设置消防安全标志，并定期组织检验、维修，确保完好有效；A选项说法错误；（3）对建筑消防设施每年至少进行一次全面检测，确保完好有效，检测记录应当完整准确，存档备查；C选项说法正确；（4）保障疏散通道、安全出口、消防车通道畅通，保证防火防烟分区、防火间距符合消防技术标准；（5）组织防火检查，及时消除火灾隐患；（6）组织进行有针对性的消防演练；（7）法律、法规规定的其他消防安全职责。单位的主要负责人是本单位的消防安全责任人。重点工程的施工现场多定为消防安全重点单位，按照《消防法》的规定，除应当履行所有单位都应当履行的职责外，还应当履行下列消防安全职责：（1）确定消防安全管理人，组织实施本单位的消防安全管理工作；（2）建立消防档案，确定消防安全重点部位，设置防火标志，实行严格管理；（3）实行每日防火巡查，并建立巡查记录，D选项说法错误；（4）对职工进行岗前消防安全培训，定期组织消防安全培训和消防演练；B选项说法错误。故C选项正确。

50．D。较大事故是指造成3人以上10人以下死亡，或者10人以上50人以下重伤，或者1000万元以上5000万元以下直接经济损失的事故。一般事故，是指造成3人以下死亡，或者10人以下重伤，或者1000万元以下直接经济损失的事故。本题中，压死1人符合一般事故的情形。重伤15人符合较大事故的情形。同一事故中采取就高不就低原则，该事故认定为较大事故。

51．D。《生产安全事故报告和调查处理条例》规定，自事故发生之日起30日内，事故造成的伤亡人数发生变化的，应当及时补报。

52．B。工程监理单位的安全责任：（1）对安全技术措施或专项施工方案进行审查；（2）依法对施工安全事故隐患进行处理；（3）承担建设工程安全生产的监理责任。A选项属于施工单位的安全责任；C选项属于建设单位的安全责任；D选项属于设计单位的安全责任。

53．C。《建设工程安全生产管理条例》规定，出租的机械设备和施工机具及配件，应当具有生产（制造）许可证、产品合格证。

54．B。施工单位必须按照工程设计图纸和施工技术标准施工，不得擅自修改工程设计，不得偷工减料。

55．D。《建筑法》规定，建筑施工企业在施工中偷工减料的，使用不合格的建筑材料、建筑构（配）件和设备的，或者有其他不按照工程设计图纸或者施工技术标准施工的行为的，责令改正，处以罚款；情节严重的，责令停业整顿，降低资质等级或者吊销资质证书；

造成建筑工程质量不符合规定的质量标准的，负责返工、修理，并赔偿因此造成的损失；构成犯罪的，依法追究刑事责任。

56. D。《建设工程质量管理条例》规定，施工单位必须按照工程设计图纸和施工技术标准施工，不得擅自修改工程设计，不得偷工减料。施工单位在施工过程中发现设计文件和图纸有差错的，应当及时提出意见和建议。

57. A。《房屋建筑工程和市政基础设施工程实行见证取样和送检的规定》规定，涉及结构安全的试块、试件和材料见证取样和送检的比例不得低于有关技术标准中规定应取样数量的30%。下列试块、试件和材料必须实施见证取样和送检：（1）用于承重结构的混凝土试块；（2）用于承重墙体的砌筑砂浆试块；（3）用于承重结构的钢筋及连接接头试件；（4）用于承重墙的砖和混凝土小型砌块；（5）用于拌制混凝土和砌筑砂浆的水泥；（6）用于承重结构的混凝土中使用的掺加剂；（7）地下、屋面、厕浴间使用的防水材料；（8）国家规定必须实行见证取样和送检的其他试块、试件和材料。

58. B。工程合理使用年限是指从工程竣工验收合格之日起，工程的地基基础、主体结构能保证在正常情况下安全使用的年限。

59. D。《建设工程质量管理条例》规定，建设单位收到建设工程竣工报告后，应当组织设计、施工、工程监理等有关单位进行竣工验收。

60. A。建设工程未经竣工验收，发包人擅自使用后，又以使用部分质量不符合约定为由主张权利的，不予支持；但是承包人应当在建设工程的合理使用寿命内对地基基础工程和主体结构质量承担民事责任。

61. D。《建设工程质量管理条例》规定，建设工程承包单位在向建设单位提交工程竣工验收报告时，应当向建设单位出具质量保修书。

62. B。《建设工程质量管理条例》规定，建设工程在超过合理使用年限后需要继续使用的，产权所有人应当委托具有相应资质等级的勘察、设计单位鉴定，并根据鉴定结果采取加固、维修等措施，重新界定使用期。

63. C。当事人不愿和解、调解或者和解、调解不成的，可以根据仲裁协议向仲裁机构申请仲裁。当事人没有订立仲裁协议或者仲裁协议无效的，可以向人民法院起诉。

64. B。民事纠纷是因违反了民事法律规范或合同约定而引起的。民事纠纷可分为：（1）财产关系方面的民事纠纷，如合同纠纷、损害赔偿纠纷等；（2）人身关系方面的民事纠纷，如名誉权纠纷、继承权纠纷等。本题中的纠纷就属于财产关系方面的民事纠纷。

65. B。《民事诉讼法》规定，合同或者其他财产权益纠纷的当事人可以书面协议选择被告住所地、合同履行地、合同签订地、原告住所地、标的物所在地等与争议有实际联系的地点的人民法院管辖，但不得违反本法对级别管辖和专属管辖的规定。

66. D。《民事诉讼法》规定，诉讼代理人代为承认、放弃、变更诉讼请求，进行和解、提起反诉或者上诉，必须有委托人的特别授权。

67. B。根据《仲裁法》的规定，仲裁协议应当具有下列内容：（1）请求仲裁的意思表示；（2）仲裁事项；（3）选定的仲裁委员会。这三项内容必须同时具备，仲裁协议才能有效。其中，由于仲裁没有法定管辖的规定，因此当事人选择仲裁委员会可以不受地点的限制，但必须明确、具体。如果仲裁协议对仲裁事项或者仲裁委员会没有约定或约定不明确，且当事人达不成补充协议的，仲裁协议无效。

68. C。仲裁审理的方式分为开庭审理和书面审理两种。仲裁应当开庭审理作出裁决，这是仲裁审理的主要方式。但是，当事人协议不开庭的，仲裁庭可以根据仲裁申请书、答辩书以及其他材料作出裁决，即书面审理方式。为了保护当事人的商业秘密和商业信誉，仲裁不公开进行，当事人协议公开的，可以公开进行，但涉及国家秘密的除外。仲裁庭可以作出缺席裁决。

69. C。经人民调解委员会调解达成调解协议后，双方当事人认为有必要的，可以按照《民事诉讼法》的规定，自调解协议生效之日起30日内共同向调解组织所在地基层人民法院申请司法确认调解协议。

70. A。下列事项应按规定的纠纷处理方式解决，不能提起行政复议：(1)不服行政机关作出的行政处分或者其他人事处理决定的，应当依照有关法律、行政法规的规定提起申诉；(2)不服行政机关对民事纠纷作出的调解或者其他处理，应当依法申请仲裁或者向法院提起诉讼。

二、多项选择题

71. A、B、C	72. C、D	73. B、C、D、E	74. A、C、D、E	75. A、B、D
76. A、E	77. A、B、C、D	78. A、B、C、E	79. A、B、C、E	80. B、C、D
81. C、E	82. A、C、E	83. C、D、E	84. C、D	85. A、B、D、E
86. A、C、E	87. A、C、E	88. C、A、E	89. A、B、D	90. A、B、D、E
91. A、C、E	92. A、B、C、E	93. C、D、E	94. A、B、D	95. A、B、D
96. C、D、E	97. B、C	98. C、D	99. B、C	100. A、C

【解析】

71. A、B、C。D选项的正确表述应为：根据授权制定的法规与法律规定不一致，不能确定如何适用时，由全国人民代表大会常务委员会裁决。E选项的正确表述应为：行政法规之间对同一事项的新的一般规定与旧的特别规定不一致，不能确定如何适用时，由国务院裁决。

72. C、D。侵权是公民或法人没有法律依据而侵害他人的财产权利或人身权利的行为。《侵权责任法》规定，建筑物、构筑物或者其他设施及其搁置物、悬挂物发生脱落、坠落造成他人损害，所有人、管理人或者使用人不能证明自己没有过错的，应当承担侵权责任。

73. B、C、D、E。担保方式为保证、抵押、质押、留置和定金。

74. A、C、D、E。下列房产免纳房产税：(1)国家机关、人民团体、军队自用的房产；(2)由国家财政部门拨付事业经费的单位自用的房产；(3)宗教寺庙、公园、名胜古迹自用的房产；(4)个人所有非营业用的房产；(5)经财政部批准免税的其他房产。除《房产税暂行条例》规定外，纳税人纳税确有困难的，可由省、自治区、直辖市人民政府确定，定期减征或者免征房产税。

75. A、B、D。下列各项个人所得，免征个人所得税：(1)省级人民政府、国务院部委和中国人民解放军军以上单位，以及外国组织、国际组织颁发的科学、教育、技术、文化、卫生、体育、环境保护等方面的奖金；(2)国债和国家发行的金融债券利息；(3)按照国家统一规定发给的补贴、津贴；(4)福利费、抚恤金、救济金；(5)保险赔款；(6)军人的转业费、复员费、退役金；(7)按照国家统一规定发给干部、职工的安家费、退职费、基本养老金或者退休费、离休费、离休生活补助费；(8)依照有关法律规定应予免税的各国驻华使馆、领事馆的外交代表、领事官员和其他人员的所得；（9）中国政府参加的国际公约、签订的协议中规定免税的所得；（10）国务院规定的其他免税所得。

76. A、E。行政责任是指违反有关行政管理的法律法规规定，但尚未构成犯罪的行为，依法应承担的行政法律后果，包括行政处罚和行政处分。

77. A、B、C、D。《建筑工程施工许可管理办法》规定，建设单位申请领取施工许可证，应当具备下列条件，并提交相应的证明文件：（1）依法应当办理用地批准手续的，已经办理该建筑工程用地批准手续；（2）依法应当办理建设工程规划许可证的，已经取得建设工程规划许可证；（3）施工场地已经基本具备施工条件，需要征收房屋的，其进度符合施工要求；（4）已经确定施工企业；（5）有满足施工需要的资金安排、施工图纸及技术资料，建设单位应当提供建设资金已经落实承诺书，施工图设计文件已按规定审查合格；（6）有保证工程质量和安全的具体措施。

78. A、B、C、E。有下列情形之一的，资质许可机关应当撤销建筑业企业资质：（1）资质许可机关工作人员滥用职权、玩忽职守准予资质许可的；（2）超越法定职权准予资质许可的；（3）违反法定程序准予资质许可的；（4）对不符合资质标准条件的申请企业准予资质许可的；（5）依法可以撤销资质许可的其他情形。

79. A、B、C、E。《招标投标法》规定，两个以上法人或者其他组织可以组成一个联合体，以一个投标人的身份共同投标。联合体各方应当签订共同投标协议，明确约定各方拟承担的工作和责任，并将共同投标协议连同投标文件一并提交招标人。联合体中标的，联合体各方应当共同与招标人签订合同，就中标项目向招标人承担连带责任。由同一专业单位组成的联合体，按照资质等级较低的单位确定资质等级。

80. B、C、D。有下列情形之一的，视为投标人相互串通投标：（1）不同投标人的投标文件由同一单位或者个人编制；（2）不同投标人委托同一单位或者个人办理投标事宜；（3）不同投标人的投标文件载明的项目管理成员为同一人；（4）不同投标人的投标文件异常一致或者投标报价呈规律性差异；（5）不同投标人的投标文件相互混装；（6）不同投标人的投标保证金从同一单位或者个人的账户转出。

81. A、C、E。同一用人单位与同一劳动者只能约定1次试用期，故B选项错误。试用期应包含在劳动合同期限内，故D选项错误。

82. A、C、D、E。发包人应当承担的赔偿损失情形包括：（1）未及时检查隐蔽工程造成的损失；（2）未按照约定提供原材料、设备等造成的损失；（3）因发包人原因致使工程中途停建、缓建造成的损失；（4）提供图纸或者技术要求不合理且怠于答复等造成的损失；（5）中途变更承揽工作要求造成的损失；（6）要求压缩合同约定工期造成的损失；（7）验收违法行为造成的损失。

83. B、C、D、E。有下列情形之一，需要裁减人员20人以上或者裁减不足20人但占企业职工总数10%以上的，用人单位提前30日向工会或者全体职工说明情况，听取工会或者职工的意见后，裁减人员方案经向劳动行政部门报告，可以裁减人员：（1）依照《企业破产法》规定进行重整的；（2）生产经营发生严重困难的；（3）企业转产、重大技术革新或者经营方式调整，经变更劳动合同后，仍需裁减人员的；（4）其他因劳动合同订立时所依据的客观经济情况发生重大变化，致使劳动合同无法履行的。

84. C、D。标的物毁损、灭失的风险，在标的物交付之前由出卖人承担，交付之后由买受人承担。出卖人出卖交由承运人运输的在途标的物，除当事人另有约定的以外，毁损、灭失的风险自合同成立时起由买受人承担。对于需要运输的标的物,当事人没有约定交付地点或者约定不明确,出卖人将标的物交付给第一承运人后,标的物毁损、灭失的风险由买受人承担。出卖人依约将标的物置于交付地点,买受人违反约定没有收取的,标的物毁损、灭失的风险自违反约定之日起由买受人承担。出卖人按照约定未交付有关标的物的单证和资料的,不影响标的物毁损、灭失风险的转移。因标的物质量不符合质量要求,致使不能实现合同目的的,买受人可以拒绝接受标的物或者解除合同。买受人拒绝接受标的物或者解除合同的,标的物毁损、灭失的风险由出卖人承担。

85. A、B、D、E。《历史文化名城名镇名村保护条例》规定,具备下列条件的城市、镇、村庄,可以申报历史文化名城、名镇、名村:(1)保存文物特别丰富;(2)历史建筑集中成片;(3)保留着传统格局和历史风貌;(4)历史上曾经作为政治、经济、文化、交通中心或者军事要地,或者发生过重要历史事件,或者其传统产业、历史上建设的重大工程对本地区的发展产生过重要影响,或者能够集中反映本地区建筑的文化特色、民族特色。

86. A、B、C、E。《建筑施工企业安全生产许可证管理规定》中规定,建筑施工企业取得安全生产许可证,应当具备下列安全生产条件:(1)建立、健全安全生产责任制,制定完备的安全生产规章制度和操作规程;(2)保证本单位安全生产条件所需资金的投入;(3)设置安全生产管理机构,按照国家有关规定配备专职安全生产管理人员;(4)主要负责人、项目负责人、专职安全生产管理人员经建设主管部门或者其他有关部门考核合格;(5)特种作业人员经有关业务主管部门考核合格,取得特种作业操作资格证书;(6)管理人员和作业人员每年至少进行1次安全生产教育培训并考核合格;(7)依法参加工伤保险,依法为施工现场从事危险作业的人员办理意外伤害保险,为从业人员交纳保险费;(8)施工现场的办公、生活区及作业场所和安全防护用具、机械设备、施工机具及配件符合有关安全生产法律、法规、标准和规程的要求;(9)有职业危害防治措施,并为作业人员配备符合国家标准或者行业标准的安全防护用具和安全防护服装;(10)有对危险性较大的分部分项工程及施工现场易发生重大事故的部位、环节的预防、监控措施和应急预案;(11)有生产安全事故应急救援预案、应急救援组织或者应急救援人员,配备必要的应急救援器材、设备;(12)法律、法规规定的其他条件。

87. A、B、C、E。施工作业人员应当享有的安全生产权利有:(1)施工安全生产的知情权和建议权;(2)施工安全防护用品的获得权;(3)批评、检举、控告权及拒绝违章指挥权;(4)紧急避险权;(5)获得工伤保险和意外伤害保险赔偿的权利;(6)救治和请求民事赔偿权;(7)依靠工会维权和被派遣劳动者的权利。

88. A、C、E。《建设工程安全生产管理条例》规定,施工单位应当在施工现场入口处、施工起重机械、临时用电设施、脚手架、出入通道口、楼梯口、电梯井口、孔洞口、桥梁口、隧道口、基坑边沿、爆破物及有害危险气体和液体存放处等危险部位,设置明显的安全警示标志。

89. A、B、D。生产安全事故等级的划分包括了人身、经济和社会3个要素:人身要素就是人员伤亡的数量;经济要素就是直接经济损失的数额;社会要素则是社会影响。这三个要素依法可以单独适用。

90. A、B、D、E。建设单位在申请领取施工许可证时,应当提供的建设工程有关安全施工措施资料,一般包括:中标通知书,工程施工合同,施工现场总平面布置图,临时设施规划方案和已搭建情况,施工现场安全防护设施搭设(设置)计划、施工进度计划、安全措施费用计划，专项安全施工组织设计（方案、措施），拟进入施工现场使用的施工起重机械设备（塔式起重机、物料提升机、外用电梯）的型号、数量，工程项目负责人、安全管理人员及特种作业人员持证上岗情况，建设单位安全监督人员名册、工程监理单位人员名册，以及其他应提交的材料。

91. A、C、E。下列标准属于强制性国家标准：（1）工程建设勘察、规划、设计、施工（包括安装）及验收等通用的综合标准和重要的通用的质量标准；（2）工程建设通用的有关安全、卫生和环境保护的标准；（3）工程建设重要的通用的术语、符号、代号、量与单位、建筑模数和制图方法标准；（4）工程建设重要的通用的试验、检验和评定方法等标准；（5）工程建设重要的通用的信息技术标准；（6）国家需要控制的其他工程建设通用的标准。

92. A、B、C、E。施工单位的质量责任和义务包括：对施工质量负责；按照工程设计图纸和施工技术标准施工；对建筑材料、设备等进行检验检测；对施工质量检验和返修；建立健全职工教育培训制度。

93. C、D、E。建设单位办理工程质量监督手续，应提供以下文件和资料：（1）工程规划许可证；（2）设计单位资质等级证书；（3）监理单位资质等级证书，监理合同及《工程项目监理登记表》；（4）施工单位资质等级证书及营业执照副本；（5）工程勘察设计文件；（6）中标通知书及施工承包合同等。

94. A、B、D、E。工程技术档案和施工管理资料是工程竣工验收和质量保证的重要依据之一，主要包括以下档案和资料：（1）工程项目竣工验收报告；（2）分项、分部工程和单位工程技术人员名单；（3）图纸会审和技术交底记录；（4）设计变更通知单，技术变更核实单；（5）工程质量事故发生后调查和处理资料；（6）隐蔽验收记录及施工日志；（7）竣工图；（8）质量检验评定资料等；（9）合同约定的其他资料。

95. A、D、E。《建设工程质量管理条例》规定，建设工程在超过合理使用年限后需要继续使用的，产权所有人应当委托具有相应资质等级的勘察、设计单位鉴定，并根据鉴定结果采取加固、维修等措施，重新界定使用期，故 B 选项错误。施工单位在建设工程质量保修书中，应当对建设单位合理使用建设工程有所提示。如果是因建设单位或者用户使用不当或擅自改动结构、设备位置以及不当装修等造成质量问题的，施工单位不承担保修责任；由此而造成的质量受损或者其他用户损失，应当由责任人承担相应的责任，故 C 选项错误。

96. C、D、E。民事诉讼的基本特征包括：公权性、程序性、强制性。

97. B、C。《民事诉讼法》规定，人民法院应当在立案之日起 5 日内将起诉状副本发送被告，被告在收到之日起 15 日内提出答辩状。《民事诉讼法》规定，人民法院受理案件后，当事人对管辖权有异议的，应当在提交答辩状期间提出。人民法院对当事人提出的异议，应当审查。

98. C、D。《仲裁法》司法解释规定，仲裁协议约定的仲裁机构名称不准确，但能够确定具体的仲裁机构的，应当认定选定了仲裁机构。仲裁协议约定两个以上仲裁机构的，当事人可以协议选择其中的一个仲裁机构申请仲裁；当事人不能就仲裁机构选择达成一致的，仲裁协议无效。仲裁协议约定由某地的仲裁机构仲裁且该地仅有一个仲裁机构的，该仲裁机构视为约定的仲裁机构。该地有两个以上仲裁机构的，当事人可以协议选择其中的一个仲裁机构申请仲裁；当事人不能就仲裁机构选择达成一致的，仲裁协议无效。

99. B、C。《仲裁法》规定，当事人申请仲裁后，可以自行和解。当事人达成和解协议的，可以请求仲裁庭根据和解协议作出裁决书，也可以撤回仲裁申请。

100. A、C。在行政复议期间，行政机关不停止执行该具体行政行为，但有下列情形之一的，可以停止执行：（1）被申请人认为需要停止执行的；（2）行政复议机关认为需要停止执行的；（3）申请人申请停止执行，行政复议机关认为其要求合理，决定停止执行的；（4）法律规定停止执行的。

《建设工程法规及相关知识》
考前第 2 套卷及解析

扫码关注领取

本试卷配套解析课

《建设工程法规及相关知识》考前第2套卷

一、单项选择题（共70题，每题1分。每题的备选项中，只有1个最符合题意）

1. 签署并公布由全国人大和全国人大常委会通过的法律的是（　　）。
   A．人大主席团　　　　　　　　　　B．国务院总理
   C．最高人民法院院长　　　　　　　D．国家主席

2. 根据《立法法》，下列事项中必须由法律规定的是（　　）。
   A．历史文化保护　　　　　　　　　B．民事基本制度
   C．环境保护　　　　　　　　　　　D．增加施工许可证的申请条件

3. 下列法人中，属于非营利法人的是（　　）。
   A．有限责任公司　　　　　　　　　B．股份有限公司
   C．社会团体法人　　　　　　　　　D．农村集体经济组织法人

4. 单位甲委托自然人乙采购特种水泥，乙持授权委托书向供应商丙采购。由于缺货，丙向乙说明无法供货，乙表示愿意购买普通水泥代替，向丙出示加盖甲公章的空白合同。经查，丙不知乙授权不足的情况。关于甲、乙行为的说法，正确的是（　　）。
   A．甲有权拒绝接受这批普通水泥　　B．乙的行为属于指定代理
   C．如甲拒绝，应由乙承担付款义务　D．甲应承担付款义务

5. 下列关于不当或违法代理行为应承担法律责任的说法，正确的是（　　）。
   A．代理人和相对人串通，损害被代理人的利益的，责任由代理人承担
   B．代理人明知代理事项违法仍然实施代理行为，应与被代理人承担连带责任
   C．相对人明知行为人超越代理权与其实施民事行为的，责任由相对人承担
   D．相对人知道行为人代理权已终止还与行为人实施民事行为给他人造成损害的，责任由行为人承担

6. 根据《民法典》的规定，土地承包经营权属于（　　）。
   A．所有权　　　　　　　　　　　　B．担保物权
   C．留置权　　　　　　　　　　　　D．用益物权

7. 关于建设用地使用权流转、续期和消灭的说法，正确的是（　　）。
   A．当事人应当采取书面形式订立相应的合同
   B．建设用地使用权流转时使用期限的约定不得超过40年
   C．建设用地使用权期间届满的，自动续期
   D．建设用地使用权消灭的，建设用地使用权人应当及时办理注销登记

8. 施工企业在施工中不采取相应防范措施，造成第三人人身伤害的，其应当承担（　　）责任。
   A．合同　　　　　　　　　　　　　B．不当得利
   C．无因管理　　　　　　　　　　　D．侵权

9. 因无因管理、不当得利以及法律的其他规定，权利人请求特定义务人为或者不为一定行为的权利是（　　）。

A．物权 B．所有权
   C．债权 D．抗辩权

10. 发明专利权的期限为自申请日起（　　）年。
    A．10 B．15
    C．20 D．25

11. 根据《专利法》，对产品的形状、构造或者其结合所提出的适于实用的技术方案称为（　　）。
    A．发明 B．实用新型
    C．外观设计 D．设计方案

12. 甲施工企业与乙水泥厂签订了水泥采购合同，并由丙公司作为该合同的保证人，担保该施工企业按照合同约定支付货款，但是担保合同中并未约定担保方式。水泥厂供货后，甲施工企业迟迟不付款。那么，丙公司承担保证责任的方式应为（　　）。
    A．一般保证 B．效力待定保证
    C．连带责任保证 D．无效保证

13. 根据《民法典》，下列财产可以抵押的是（　　）。
    A．海域使用权 B．学校的教学楼
    C．依法被查封的建筑物 D．依法被查封、扣押、监管的财产

14. 关于财产保险合同的说法，正确的是（　　）。
    A．保险合同不可以转让
    B．保险人不得以诉讼方式要求投保人支付保费
    C．合同有效期内，保险标的危险程度显著增加的，保险人可以按照合同约定增加保险费或者解除合同
    D．被保险人应当与投保人一致

15. 在财产保险合同有效期内，保险标的危险程度显著增加的，被保险人应当按照合同约定及时通知保险人，保险人（　　）。
    A．不能增加保险费，可以解除保险合同
    B．不能解除保险合同，可以增加保险费
    C．可以增加保险费，也可以解除保险合同
    D．不能增加保险费，也不能解除保险合同

16. 下列损失中，属于建筑工程一切险除外责任的是（　　）。
    A．火灾和爆炸造成的损失 B．暴雨、洪水造成的损失
    C．设计错误引起的损失和费用 D．火山爆发、地面下陷下沉造成的损失

17. 下列车船中，属于免征车船税范围的是（　　）。
    A．政府机关所有的出行乘用车 B．渣土运输车辆
    C．捕捞、养殖渔船 D．排气量为3000ml以下的乘用车

18. 根据《环境保护税法》，环境保护税的计税依据不包括（　　）。
    A．超标分贝数 B．排放量
    C．立方米数 D．污染当量数

19. 《刑法》规定，投标人相互串通投标报价，损害招标人或者其他投标人利益，情节严重的，（　　），并处或者单处罚金。
    A．处3年以下有期徒刑或者拘役 B．处3年以上7年以下有期徒刑

C．处 3 年以下有期徒刑或者管制　　　　D．处 5 年以上 10 年以下有期徒刑

20．关于施工许可制度的说法中，正确的是（　　）。
　　A．建设单位因故不能按期开工的，应向发证机关申请延期，且延期没有次数限制
　　B．建设单位领取施工许可后，因故不能按期开工又不申请延期的，发证机关将收回施工许可证
　　C．中止施工满 6 个月的工程恢复施工前，建设单位应当报发证机关核验施工许可证
　　D．按照国务院有关规定批准开工报告的建筑工程，因故不能按期开工超过 6 个月的，应当重新办理开工报告的批准手续

21．关于承揽工程业务的说法，正确的是（　　）。
　　A．企业承揽分包工程，应当取得相应建筑业企业资质
　　B．不具有相应资质等级的施工企业，可以采取同一专业联合承包的方式满足承揽工程业务要求
　　C．施工企业与项目经理部签订内部承包协议，属于允许他人以本企业名义承揽工程
　　D．自然人可以成为承揽分包工程业务的主体

22．某市政工程由于政府部门规划调整，导致该工程停工达 1 年之久，施工企业拟让该工程的项目经理甲担任其他市政工程的项目经理，根据有关规定，关于甲任职的说法，正确的是（　　）。
　　A．甲不能同时担任该两个项目的项目经理
　　B．经建设主管部门同意，甲可以同时担任该两个项目的项目经理
　　C．经施工单位同意，甲可以同时担任该两个项目的项目经理
　　D．经建设单位同意，甲可以同时担任该两个项目的项目经理

23．根据《建设工程质量管理条例》，注册建造师因过错造成重大质量事故，情节特别恶劣的，其将受到的行政处罚为（　　）。
　　A．终身不予注册
　　B．吊销执业资格证书，5 年以内不予注册
　　C．责令停止执业 3 年
　　D．责令停止执业 1 年

24．下列关于招标文件澄清或者修改的说法，正确的是（　　）。
　　A．澄清或修改的内容不得作为招标文件的组成部分
　　B．澄清或者修改的内容可能影响投标文件编制的，招标人应在投标截止时间至少 15 日前澄清或者修改
　　C．澄清或者修改可以以口头形式通知所有获取招标文件的潜在投标人
　　D．澄清或者修改通知至投标截止时间不足 15 日的，在征得全部投标人同意后，可按原投标截止时间开标

25．潜在投标人或者其他利害关系人对招标文件有异议的，应当在投标截止时间（　　）日前提出。
　　A．5　　　　　　　　　　　　　　　　B．7
　　C．10　　　　　　　　　　　　　　　　D．20

26．根据《招标投标法实施条例》，履约保证金的上限是中标合同金额的（　　）。
　　A．2%　　　　　　　　　　　　　　　B．5%
　　C．10%　　　　　　　　　　　　　　　D．20%

27. 下列关于评标的说法，正确的是（　　）。
    A．评标委员会成员的名单仅在评标结束前保密
    B．评标委员会可以要求投标人对投标文件中含义不明确的内容作必要的澄清或者说明
    C．评标委员会可以向招标人征询确定中标人的意向
    D．评标委员会成员拒绝在评标报告上签字的，视为不同意评标结果

28. 甲、乙、丙、丁四家施工企业组成联合体进行投标。联合体协议约定：因联合体的责任造成招标人损失时，甲、乙分别承担损失赔偿额的30%；丙、丁分别承担损失赔偿额的20%。若因该联合体的责任造成招标人损失100万元人民币，下列关于该损失赔偿的说法正确的是（　　）。
    A．招标人可以向甲主张50万元人民币的赔偿
    B．招标人向丙主张100万元人民币的赔偿，丙仅应赔偿20万元人民币
    C．招标人必须按照联合体协议中约定的比例分别向各成员主张赔偿额
    D．乙向招标人赔偿100万元人民币后，可以向丁追偿70万元人民币

29. 关于建设工程分包的说法，正确的是（　　）。
    A．分包单位没有资质要求
    B．分包单位不得再次分包
    C．分包单位由总包单位自由确定
    D．分包的工作内容没有限制

30. 根据《招标投标违法行为记录公告暂行办法》，下列关于招标投标违法行为记录公告的说法，正确的是（　　）。
    A．被公告的招标投标当事人认为公告记录与行政处理决定的相关内容不符的，可向公告部门提出书面复核申请
    B．对发布有误的信息，由发布该信息的省、自治区和直辖市建设行政主管部门提出修改意见，并报国务院建设行政主管部门批准
    C．行政处理决定在被行政复议或行政诉讼期间，公告部门一律不停止对违法行为记录的公告
    D．行政处罚决定经行政复议被变更的，应及时变更或删除该不良记录，并在相应诚信信息平台上予以公布

31. 按照《建筑业企业资质管理规定》，企业未按照规定要求提供企业信用档案信息的，由县级以上地方人民政府住房和城乡建设主管部门或者其他有关部门给予警告，责令限期改正；逾期未改正的，可以（　　）。
    A．吊销资质证书
    B．撤回资质证书
    C．处以1000元以上1万元以下的罚款
    D．降低资质等级

32. 合同的订立原则中，（　　）作为合同当事人的行为准则，可以防止当事人滥用权利，保护当事人的合法权益，维护和平衡当事人之间的利益。
    A．公平原则
    B．自愿原则
    C．平等原则
    D．合法原则

33. 甲乙双方签订了购货合同。在合同履行过程中，甲方得知乙方公司名称及其法定代表人均发生了变更，于是要求签订合同变更协议，遭到乙方的拒绝。针对该情形，说法正确的是（　　）。
    A．原合同已经终止
    B．合同主体未变更
    C．必须签订变更协议
    D．合同内容已变更

34. 下列关于以招标投标方式订立施工合同的说法中,正确的是( )。
    A．提交投标文件是承诺   B．发放招标文件是要约
    C．签订书面合同是承诺   D．发放中标通知书是承诺

35. 根据《劳动合同法》,劳动者患病在规定的医疗期满后不能从事原工作,也不能从事由用人单位另行安排的工作的,用人单位提前30日以书面形式通知劳动者本人或者( )后,可以解除劳动合同。
    A．额外支付劳动者一个月工资   B．其同住的近亲属
    C．发布决定   D．赔偿损失

36. 施工企业与劳动者签订了一份期限为2年的劳动合同,则该劳动合同中约定的试用期依法最长不得超过( )个月。
    A．1   B．2
    C．3   D．6

37. 下列关于借款合同的说法,正确的是( )。
    A．借款合同必须采用书面形式
    B．自然人之间的借款合同约定支付利息的,借款的利率不得违反国家有关限制借款利率的规定
    C．自然人之间的借款合同自双方当事人签字盖章之日起生效
    D．自然人之间的借款合同对支付利息没有约定或约定不明确的,视为支付利息

38. 甲公司向乙公司订作一批预制板,乙开工不久,甲需要将预制板加厚,遂要求乙停止制作。关于甲权利义务的说法,正确的是( )。
    A．甲应支付相应部分报酬   B．甲不得中途要求乙停止制作
    C．甲应支付全部约定报酬   D．甲不用赔偿乙的损失

39. 关于租赁合同的说法,正确的是( )。
    A．租赁期限超过20年的,超过部分无效
    B．租赁期限超过6个月的,可以采用书面形式
    C．租赁合同应当采用书面形式,当事人未采用的,视为租赁合同未生效
    D．租赁物在租赁期间发生所有权变动的,租赁合同解除

40. 在城市市区范围内,建筑施工过程中使用机械设备,可能产生噪声的,施工单位必须在该工程开工( )日以前向工程所在地县级以上地方人民政府环境保护部门申报。
    A．10   B．7
    C．15   D．3

41. 根据《水污染防治法》,关于施工现场水污染防治的说法,正确的是( )。
    A．在保护区附近禁止新建排污口
    B．在饮用水水源保护区内,经上级主管部门批准方可设置少量排污口
    C．禁止向水体排放含低放射性物质的废水
    D．禁止利用无防渗漏措施的沟渠输送含有毒污染物的废水

42. 根据《环境噪声污染防治法》,下列情形中,不属于必须公告附近居民的夜间作业是( )。
    A．抢修作业   B．抢险作业
    C．因生产工艺上要求必须连续作业的   D．赶工期的作业

43. 根据《文物保护法》，受国家保护的文物是（　　）。
   A．历史上工艺美术品
   B．近代史迹
   C．古建筑
   D．反映历史上各民族社会制度的代表性实物

44. 在进行建设工程或者在农业生产中，任何单位或者个人发现文物，如无特殊情况，应当在 24 小时内赶赴现场，并在（　　）天内提出处理意见。
   A．7　　　　　　　　　　　　　B．10
   C．14　　　　　　　　　　　　 D．20

45. 根据《建筑施工企业安全生产许可证管理规定》的规定，建筑施工企业取得安全生产许可证，其（　　）应当经建设主管部门或者其他有关部门考核合格。
   A．主要负责人、项目负责人、专职和兼职安全生产管理人员
   B．主要负责人、项目负责人和从业人员
   C．部门负责人、项目负责人和专职安全生产管理人员
   D．主要负责人、项目负责人和专职安全生产管理人员

46. 根据《安全生产许可证条例》的规定，企业在安全生产许可证有效期内，严格遵守有关安全生产的法律法规，未发生（　　）事故的，安全生产许可证有效期届满时，经原发证管理机关同意，不再审查，安全生产许可证有效期延期 3 年。
   A．安全　　　　　　　　　　　 B．重伤
   C．死亡　　　　　　　　　　　 D．重大伤亡

47. 关于施工企业强令施工人员冒险作业的说法，正确的是（　　）。
   A．施工人员有权拒绝该冒险作业指令
   B．施工企业可以与不服从管理的施工人员解除劳动合同
   C．施工企业可以对不服从指令的施工人员作出相应处罚
   D．施工人员必须无条件服从施工企业发出的命令

48. 对于达到一定规模的危险性较大的分部分项工程的专项施工方案，应由（　　）组织专家论证、审查。
   A．安全监督管理机构　　　　　 B．施工单位
   C．建设单位　　　　　　　　　 D．监理单位和建设单位共同

49. 根据《工伤保险条例》，不能认定为工伤的情形是（　　）。
   A．在工作时间和工作场所内，因工作原因受到事故伤害的
   B．在工作时间和工作场所内，因履行工作职责受到暴力等意外伤害的
   C．在上班途中遭遇本人负主要责任的交通事故致本人伤害的
   D．高空作业跌落摔伤的

50. 根据《生产安全事故报告和调查处理条例》，建筑工地事故发生后，事故现场有关人员应当立即向（　　）报告。
   A．建设单位负责人
   B．本单位负责人
   C．事故发生地省级以上人民政府应急管理部门
   D．事故发生地县级以上人民政府应急管理部门

51. 根据《安全生产法》，生产安全事故发生后，生产经营单位的主要负责人的下列违法行为中，可能处以15日以下拘留的是（　　）。
   A．谎报、瞒报事故　　　　　　　　B．不立即组织抢救
   C．逃匿　　　　　　　　　　　　　D．在事故调查处理期间擅离职守

52. 依法实施强制监理的工程项目，对施工组织设计中的安全技术措施或者专项施工方案是否符合工程建设强制性标准负有审查责任的是（　　）。
   A．项目技术负责人　　　　　　　　B．工程监理单位
   C．设计单位　　　　　　　　　　　D．发包人驻工地代表

53. 下列安全责任中，属于建设单位应当承担的是（　　）。
   A．对安全技术措施或专项施工方案进行审查
   B．提供施工现场及毗邻区域内地下管线资料
   C．不得租赁不符合安全施工要求的用具设备
   D．提出防范生产安全事故的指导意见和措施建议

54. 关于团体标准的说法，正确的是（　　）。
   A．国家鼓励制定具有国际领先水平的团体标准
   B．在战略性新兴产业领域应当利用自主创新技术制定团体标准
   C．制定团体标准的一般程序包括准备、征求意见、送审、报批和发布五个阶段
   D．团体标准的技术要求可以适当低于强制性标准的相关技术要求

55. 施工过程中，建设单位违反规定提出降低工程质量要求时，施工企业应当（　　）。
   A．予以拒绝　　　　　　　　　　　B．征得设计单位同意
   C．报告本级人民政府　　　　　　　D．征得监理单位同意

56. 施工人员对涉及结构安全的试块、试件以及有关材料，应当现场采样并提交检测，负责见证监督的单位是（　　）。
   A．监理单位或者建设单位　　　　　B．设计单位或者监理单位
   C．建设工程质量监督机构或者监理单位　　D．施工图审查机构或者建设单位

57. 关于建设工程依法实行工程监理的说法，正确的是（　　）。
   A．建设单位应当委托该工程的设计单位进行工程监理
   B．工程监理单位不能与建设单位有隶属关系
   C．工程监理单位不能与该工程的设计单位有利害关系
   D．建设单位应当委托具有相应资质等级的工程监理单位进行监理

58. 必须经总监理工程师签字确认后方可实施的工作是（　　）。
   A．工程控制网测量复核　　　　　　B．分项工程质量验收
   C．下一道工序施工　　　　　　　　D．建设工程竣工验收

59. 《城市建设档案管理规定》规定，建设单位应当在工程竣工验收后（　　）内，向城建档案馆报送一套符合规定的建设工程档案。
   A．3个月　　　　　　　　　　　　B．6个月
   C．9个月　　　　　　　　　　　　D．1年

60. 根据《建设工程质量管理条例》，建设单位应当自建设工程竣工验收合格之日起（　　）日内，将建设工程验收报告和规划、公安消防、环保等部门出具的认可文件或者准许使用文件报建设行政主管部门或者其他有关部门备案。

A. 5 B. 10
C. 15 D. 30

61. 根据《建设工程质量管理条例》的规定，下列工程中，法定最低保修期限为 2 年的是（   ）。
    A. 房屋建筑的主体结构工程　　B. 设备安装和装修工程
    C. 有防水要求的卫生间　　　　D. 屋面防水工程

62. 根据《建设工程质量保证金管理办法》，关于缺陷责任期确定的说法，错误的是（   ）。
    A. 缺陷责任期一般为 1 年，最长不超过 2 年
    B. 由于发包人原因导致工程无法按规定期限进行竣工验收的，在承包人提交竣工验收报告 60 天后，工程自动进入缺陷责任期
    C. 缺陷责任期从工程通过竣工验收之日起计
    D. 由于承包人原因导致工程无法按规定期限进行竣工验收的，缺陷责任期从实际通过竣工验收之日起计

63. 关于民事纠纷和解与调解的说法，正确的是（   ）。
    A. 当事人达成和解协议的，进行中的诉讼程序自行终结
    B. 和解协议具有强制执行力
    C. 和解可以在民事纠纷的任何阶段进行
    D. 调解的主要方式是人民调解、行政调解两类

64. 关于行政行为特征的说法，正确的是（   ）。
    A. 行政行为以有偿为原则，以无偿为例外
    B. 行政行为不具有裁量性
    C. 行政行为是以国家强制力保障实施的，具有强制性
    D. 行政机关在实施行政行为时应当与行政相对人协商或者征得其同意

65. 按照各法院的辖区和民事案件的隶属关系，划分同级法院受理第一审民事案件的分工和权限，称为（   ）。
    A. 地域管辖　　　　　　　　　B. 指定管辖
    C. 级别管辖　　　　　　　　　D. 管辖权转移

66. 甲诉乙建设工程施工合同纠纷一案，人民法院立案审理。在庭审中，甲方未经法庭许可中途退庭，则人民法院对该起诉讼案件（   ）。
    A. 移送二审法院裁决　　　　　B. 按撤诉处理
    C. 按缺席判决　　　　　　　　D. 进入再审程序

67. 在仲裁程序中，当事人对仲裁协议的效力有异议的，应当在（   ）提出。
    A. 仲裁庭首次开庭前　　　　　B. 举证期满前
    C. 仲裁案件裁决作出前　　　　D. 答辩期内

68. 关于仲裁裁决效力的说法，正确的是（   ）。
    A. 仲裁裁决具有强制执行力，一方当事人不履行，对方当事人可以向仲裁委员会申请强制执行
    B. 仲裁裁决在所有《承认和执行外国仲裁裁决公约》缔约国（或地区），不能直接得到承认和执行
    C. 当事人向人民法院请求撤销裁决决定的，该裁决书不发生法律效力

D．一裁终局，当事人就同一纠纷再申请仲裁或向人民法院起诉的，不予受理

69. 甲、乙双方因工程施工合同发生纠纷，甲公司向法院提起了民事诉讼。审理过程中，在法院的主持下，双方达成了调解协议，法院制作了调解书并送达了双方当事人。双方签收后乙公司又反悔，则下列说法正确的是（　　）。
   A．甲公司可以向人民法院申请强制执行
   B．人民法院应当根据调解书进行判决
   C．人民法院应当认定调解书无效并及时判决
   D．人民法院应当认定调解书无效并重新进行调解

70. 人民法院审理行政案件，不适用（　　）。
   A．公开宣告　　　　　　　　　　　B．开庭审理
   C．调解　　　　　　　　　　　　　D．两审终审制

二、多项选择题（共30题，每题2分。每题的备选项中，有2个或2个以上符合题意，至少有1个错项。错选，本题不得分；少选，所选的每个选项得0.5分）

71. 关于地役权的说法，正确的有（　　）。
   A．地役权的设立是为了提高供役地的使用效率
   B．地役权未经登记不得对抗需役地人
   C．需役地上的用益物权转让时，受让人同时享有地役权
   D．地役权由需役地人单方设立
   E．地役权属于用益物权

72. 根据《民法典》，受损失的人可以请求得利人返还取得的利益的有（　　）。
   A．为履行道德义务进行的给付
   B．一方当事人按照合同约定先行给付，后该合同被确认无效
   C．债务到期之前的清偿
   D．无处分权人处分他人财产而取得利益
   E．明知无给付义务而进行的债务清偿

73. 关于担保的说法，正确的是（　　）。
   A．担保是用益物权的一种
   B．担保的目的是保障特定债权实现
   C．担保合同是主合同
   D．第三人为债务人向债权人提供担保时，可以要求债务人提供反担保
   E．担保合同被确认无效后，债务人、担保人、债权人有过错的，应当根据其过错各自承担相应的民事责任

74. 根据《个人所得税法》，下列个人所得中，应当缴纳个人所得税的有（　　）。
   A．稿酬所得　　　　　　　　　　　B．福利费、抚恤金、救济金
   C．国债和国家发行的金融债券利息　D．利息、股息、红利所得
   E．经营所得

75. 根据《企业所得税法》，属于企业所得税不征税收入的有（　　）。
   A．依法收取并纳入财政管理的政府性基金
   B．财政拨款
   C．接受捐赠收入

D. 特许权使用费收入
E. 股息、红利等权益性投资收益

76. 下列法律责任中，属于附加刑的是（ ）。
    A. 管制
    B. 剥夺政治权利
    C. 拘役
    D. 有期徒刑
    E. 罚金

77. 根据《建筑业企业资质管理规定》，在申请之日起前1年至资质许可决定作出前，出现下列情况的，资质许可机关不予批准其建筑业企业资质升级申请的有（ ）。
    A. 以行贿等不正当手段谋取中标的
    B. 将承包的工程转包或违法分包的
    C. 发生过一起一般质量安全事故的
    D. 非法转让建筑业企业资质证书的
    E. 恶意拖欠分包企业工程款或者劳务人员工资的

78. 关于城市、镇规划许可证的说法，正确的是（ ）。
    A. 建设单位或者个人在取得乡村建设规划许可证后，方可办理用地审批手续
    B. 以划拨方式提供国有土地使用权的建设项目，建设单位在取得划拨土地之后，方可向城市、县人民政府城乡规划主管部门提出建设用地规划许可申请
    C. 以出让方式取得国有土地使用权的建设项目，建设单位在取得建设用地规划许可证之后，才能取得国有土地使用权
    D. 以划拨方式提供国有土地使用权的建设项目，建设单位在取得建设用地规划许可证后，方可向县级以上地方人民政府土地主管部门申请用地
    E. 以出让方式取得国有土地使用权的建设项目，在签订国有土地使用权出让合同后，建设单位应当向城市、县人民政府建设行政主管部门领取建设用地规划许可证

79. 根据《建筑法》，关于建筑工程分包的说法，正确的有（ ）。
    A. 严禁个人承揽分包工程业务
    B. 资质等级较低的分包单位可以超越一个等级承接分包工程
    C. 建设单位指定的分包单位，总承包单位必须采用
    D. 劳务作业分包不经建设单位认可
    E. 建筑工程的分包单位必须在其资质等级许可的业务范围内承揽工程

80. 关于投标保证金的说法中，正确的有（ ）。
    A. 招标人不得挪用投标保证金
    B. 投标截止后投标人撤销投标文件的，招标人可以不退还投标保证金
    C. 在工程项目竣工前，已经缴纳履约保证金的，建设单位不得同时预留工程质量保证金
    D. 投标保证金有效期应当与投标有效期一致
    E. 对建筑业企业在工程建设中需缴纳的保证金，除依法依规设立的投标保证金、履约保证金、工程质量保证金、文明施工保证金外，其他保证金一律取消

81. 施工单位与建设单位签订施工合同，双方没有约定付款时间，后因利息计算产生争议，则下列有关工程价款应支付日期的表述正确的有（ ）。
    A. 建设工程没有交付的，为提交验收报告之日

B．建设工程已实际交付的，为交付之日

C．建设工程没有交付的，为提交竣工结算文件之日

D．建设工程未交付，工程价款也未结算的，为人民法院判决之日

E．建设工程未交付，工程价款也未结算的，为当事人起诉之日

82. 工程施工合同履行过程中，建设单位迟延支付工程款，则施工单位要求建设单位承担违约责任的方式可以是（　　）。

　　A．提前支付所有工程款　　　　　　B．继续履行合同

　　C．降低工程质量标准　　　　　　　D．支付逾期利息

　　E．采取补救措施

83. 劳动争议仲裁委员会的组成成员应有（　　）。

　　A．同级人民法院代表　　　　　　　B．工会代表

　　C．企业方面代表　　　　　　　　　D．劳动行政部门代表

　　E．律师

84. 关于借款合同权利和义务的说法，正确的有（　　）。

　　A．贷款人不得预先在本金中扣除利息

　　B．借款人应当按照约定的用途使用借款

　　C．对于未定还款期限且无法确定期限的借款合同，借款人可以随时偿还

　　D．订立借款合同，贷款人可以要求借款人提供担保

　　E．贷款人有权处置拒不还款的借款人的其他财产

85. 根据《绿色施工导则》，关于非传统水源利用的说法，正确的有（　　）。

　　A．施工现场喷洒路面、绿化浇灌优先选择使用市政自来水

　　B．大型工程的不同单项工程、不同标段、不同分包生活区，凡具备条件的应合并计量用水量

　　C．处于基坑降水阶段的工地，宜优先采用地下水作为混凝土搅拌用水

　　D．现场机具、设备、车辆冲洗，喷洒路面，绿化浇灌等用水，优先采用非传统水源

　　E．力争施工中非传统水源和循环水的再利用量大于30%

86. 关于安全生产许可证的有效期及政府监管的说法，正确的有（　　）。

　　A．安全生产许可证的有效期为3年

　　B．企业可以转让安全生产许可证

　　C．建筑施工企业申请安全生产许可证时，应当向住房和城乡建设主管部门提供企业法人营业执照等材料

　　D．建筑施工企业破产、倒闭、撤销的，应当将安全生产许可证交回原安全生产许可证颁发管理机关予以注销

　　E．安全生产许可证有效期满需要延期的，企业应当于期满前6个月向原安全生产许可证颁发管理机关办理延期手续

87. 根据《建筑施工企业安全生产管理机构设置及专职安全生产管理人员配备办法》，建筑施工企业安全生产管理机构具有的职责包括（　　）。

　　A．保证本单位安全生产投入的有效实施

　　B．协调配备项目专职安全生产管理人员

　　C．编制并适时更新安全生产管理制度并监督实施

D．组织开展安全教育培训与交流
E．组织或参与企业生产安全事故应急救援预案的编制及演练

88．施工企业采购、租赁的安全防护用具、机械设备、施工机具及配件，应当具有（　　）并在进入施工现场前进行检查。

A．生产（制造）许可证　　　　　　B．产品合格证
C．产品销售许可证　　　　　　　　D．施工许可证
E．施工资质证书

89．根据《生产安全事故应急预案管理办法》，生产经营单位应急预案分为（　　）。

A．综合应急预案　　　　　　　　　B．专项应急预案
C．现场处置方案　　　　　　　　　D．部分应急预案
E．总体应急预案

90．根据《建设工程安全生产管理条例》，建设单位应当在拆除工程施工15日前，将（　　）报送工程所在地的县级以上建设行政主管部门备案。

A．施工单位资质等级证明
B．拟拆除建筑物、构筑物及可能危及毗邻建筑的说明
C．堆放、清除废弃物的措施
D．拆除施工组织方案
E．相邻建筑物和建筑物及地下工程的有关资料

91．根据《实施工程建设强制性标准监督规定》，属于强制性标准监督检查内容的有（　　）。

A．工程项目采用的导则、指南、手册、计算机软件的内容是否符合强制性标准的规定
B．工程项目的规划、勘察、设计、施工、验收等是否符合强制性标准的规定
C．工程项目的安全、质量是否符合强制性标准的规定
D．工程项目所采用的材料、设备是否符合强制性标准的规定
E．工程项目负责人是否熟悉、掌握强制性标准

92．在施工过程中，施工人员发现设计图纸不符合技术标准，施工单位技术负责人采取的正确做法是（　　）。

A．继续按照工程设计图纸施工　　　B．按照技术标准修改工程设计
C．追究设计单位违法责任　　　　　D．及时提出意见和建议
E．通过建设单位要求设计单位予以变更

93．根据《建设工程质量管理条例》，工程监理单位与被监理工程的（　　）有隶属关系或者其他利害关系，不得承担该工程的监理业务。

A．建筑材料供应商　　　　　　　　B．施工企业
C．勘察设计单位　　　　　　　　　D．设备供应商
E．施工承包单位

94．根据最高人民法院《关于审理建设工程施工合同纠纷案件适用法律问题的解释（一）》，发包人（　　）的，造成建设工程质量缺陷，应当承担过错责任。

A．直接指定分包人分包专业工程
B．提供的建筑材料不符合推荐性标准
C．指定购买的设备不符合强制性标准

D．提供的设计有缺陷

E．同意总承包人选择分包人分包专业工程

95．依据《建设工程质量管理条例》，建设工程承包单位应当向建设单位出具质量保修书，其内容包括建设工程的（　　）。
   A．保修范围
   B．保修责任
   C．保修期限
   D．工程简况和施工管理要求
   E．超过合理使用年限继续使用的条件

96．关于民事纠纷解决方式的说法，正确的有（　　）。
   A．调解只能在民事诉讼阶段进行
   B．和解可以在民事纠纷的任何阶段进行
   C．仲裁机构受理案件的管辖权来自于当事人双方的协议
   D．仲裁实行一裁终局制
   E．民事诉讼实行两审终审制

97．根据《民事诉讼法》，起诉必须符合的条件有（　　）。
   A．原告是与本案有直接利害关系的公民、法人和其他组织
   B．有明确的被告
   C．有具体的诉讼请求和理由
   D．事实清楚，证据确实充分
   E．属于人民法院受理民事诉讼的范围和受诉人民法院管辖

98．关于仲裁调解的说法，正确的有（　　）。
   A．仲裁调解不成的，当事人应当及时起诉
   B．仲裁调解必须在裁决作出前进行
   C．仲裁调解书与裁决书的执行效力是相同的
   D．调解书经双方当事人签收后，即发生法律效力
   E．仲裁调解书一经做出即发生法律效力

99．依据《行政许可法》，下列事项中，可以设定行政许可的有（　　）。
   A．有限自然资源开发利用，需要赋予特定权利的
   B．企业或者其他组织的设立等，需要确定主体资格的事项
   C．市场竞争机制能够有效调节的
   D．行业组织能够自律管理的
   E．直接关系公共安全、人身健康、生命财产安全的重要设备、设施、产品、物品，需要按照技术标准、技术规范，通过检验、检测、检疫等方式进行审定的事项

100．对某地级市建设行政主管部门作出的具体行政行为，当事人不服，可以向（　　）申请行政复议。
   A．市建设行政主管部门
   B．市人民政府
   C．省级建设行政主管部门
   D．省级人民政府
   E．国务院建设行政主管部门

考前第2套卷参考答案及解析

一、单项选择题

1. D	2. B	3. C	4. D	5. B
6. D	7. A	8. D	9. C	10. C
11. B	12. A	13. A	14. C	15. C
16. C	17. C	18. C	19. A	20. D
21. A	22. D	23. A	24. C	25. C
26. C	27. B	28. C	29. B	30. D
31. C	32. A	33. B	34. D	35. A
36. B	37. B	38. C	39. A	40. C
41. D	42. D	43. D	44. A	45. D
46. C	47. A	48. C	49. C	50. B
51. C	52. B	53. C	54. C	55. C
56. A	57. C	58. C	59. A	60. C
61. B	62. B	63. C	64. C	65. A
66. B	67. A	68. C	69. A	70. C

【解析】

1. D。全国人民代表大会和全国人民代表大会常务委员会通过的法律由国家主席签署主席令予以公布。

2. B。《立法法》规定，下列事项只能制定法律：（1）国家主权的事项；（2）各级人民代表大会、人民政府、人民法院和人民检察院的产生、组织和职权；（3）民族区域自治制度、特别行政区制度、基层群众自治制度；（4）犯罪和刑罚；（5）对公民政治权利的剥夺、限制人身自由的强制措施和处罚；（6）税种的设立、税率的确定和税收征收管理等税收基本制度；（7）对非国有财产的征收、征用；（8）民事基本制度；（9）基本经济制度以及财政、海关、金融和外贸的基本制度；（10）诉讼和仲裁制度；（11）必须由全国人民代表大会及其常务委员会制定法律的其他事项。

3. C。非营利法人包括事业单位、社会团体、基金会、社会服务机构等。

4. D。《民法典》规定，行为人没有代理权、超越代理权或者代理权终止后，仍然实施代理行为，相对人有理由相信行为人有代理权的，代理行为有效。因此乙的代理行为有效，甲应承担付款义务。

5. B。代理人和相对人串通，损害被代理人的利益的，由代理人和相对人负连带责任。故A选项错误。C选项错在"责任由相对人承担"正确的表述为"应与行为人承担连带责任"。D选项错在"责任由行为人承担"正确的表述为"由相对人和行为人负连带责任"。

6. D。用益物权包括土地承包经营权、建设用地使用权、居住权、宅基地使用权和地役权。

7. A。建设用地使用权流转时的使用期限由当事人约定，但不得超过建设用地使用权的剩余期限，B选项错误。住宅建设用地使用权期间届满的，自动续期；非住宅建设用地使用权期间届满后的续期，依照法律规定办理，因此C选项错误。建设用地使用权消灭的，出让人应当及时办理注销登记，D选项错误。

8. D。侵权是指公民或法人没有法律依据而侵害他人的财产权利或人身权利的行为。侵权行为一经发生，即在侵权行为人和被侵权人之间形成债的关系。

9. C。《民法典》规定，债权是因合同、侵权行为、无因管理、不当得利以及法律的其他规定，权利人请求特定义务人为或者不为一定行为的权利。

10. C。发明专利权的期限为20年。

11. B。实用新型是指对产品的形状、构造或者其结合所提出的适于实用的新的技术方案。

12. A。合同当事人对保证方式没有约定或者约定不明确的，按照一般保证承担保证责任。

13. A。债务人或者第三人有权处分的下列财产可以抵押：（1）建筑物和其他土地附着物；（2）建设用地使用权；（3）海域使用权；（4）生产设备、原材料、半成品、产品；（5）正在建造的建筑物、船舶、航空器；（6）交通运输工具；（7）法律、行政法规未禁止抵押的其他财产。

14. C。保险合同是可以转让的，故A选项错误。保险人对人寿保险的保险费，不得用诉讼方式要求投保人支付。故B选项的表述过于片面了。保险人是指其财产或者人身受保险合同保障，享有保险金请求权的人。投保人可以为被保险人，但不一定是被保险人。故D选项错误。

15. C。在合同的有效期内，保险标的的危险程度显著增加的，被保险人应当按照合同约定及时通知保险人，保险人可以按照合同约定增加保险费或者解除合同。

16. C。保险人对下列各项原因造成的损失不负责赔偿：（1）设计错误引起的损失和费用；（2）自然磨损、内在或潜在缺陷、物质本身变化、自燃、自热、氧化、锈蚀、渗漏、鼠咬、虫蛀、大气（气候或气温）变化、正常水位变化或其他渐变原因造成的保险财产自身的损失和费用；（3）因原材料缺陷或工艺不善引起的保险财产本身的损失以及为换置、修理或矫正这些缺点错误所支付的费用；（4）非外力引起的机械或电气装置的本身损失，或施工用机具、设备、机械装置失灵造成的本身损失；（5）维修保养或正常检修的费用；（6）档案、文件、账簿、票据、现金、各种有价证券、图表资料及包装物料的损失；（7）盘点时发现的短缺；（8）领有公共运输行驶执照的，或已由其他保险予以保障的车辆、船舶和飞机的损失；（9）除非另有约定，在保险工程开始以前已经存在或形成的位于工地范围内或其周围的属于被保险人的财产的损失；（10）除非另有约定，在保险单保险期限终止以前，保险财产中已由工程所有人签发完工验收证书或验收合格或实际占有或使用或接收的部分。

17. C。下列车船免征车船税：（1）捕捞、养殖渔船；（2）军队、武装警察部队专用的车船；（3）警用车船；（4）悬挂应急救援专用号牌的国家综合性消防救援车辆和国家综合性消防救援专用船舶；（5）依照法律规定应当予以免税的外国驻华使领馆、国际组织驻华代表机构及其有关人员的车船。

18. C。《环境保护税法》规定，应税污染物的计税依据，按照下列方法确定：（1）应

15

税大气污染物按照污染物排放量折合的污染当量数确定；（2）应税水污染物按照污染物排放量折合的污染当量数确定；（3）应税固体废物按照固体废物的排放量确定；（4）应税噪声按照超过国家规定标准的分贝数确定。

19. A。《刑法》第223条规定，投标人相互串通投标报价，损害招标人或者其他投标人利益，情节严重的，处3年以下有期徒刑或者拘役，并处或者单处罚金。

20. D。A选项错在"延期没有次数限制"，正确应为"延期以两次为限"。B选项错在"发证机关将收回施工许可证"正确应为"施工许可证自行废止"。C选项错在"6个月"正确应为"1年"。

21. A。《房屋建筑和市政基础设施工程施工分包管理办法》规定，分包工程承包人必须具有相应的资质，并在其资质等级许可的范围内承揽业务。严禁个人承揽分包工程业务。故A选项正确、D选项错误。联合承包各方都必须具有与其承包工程相符合的资质条件，故B选项错误。《房屋建筑和市政基础设施工程施工分包管理办法》规定，禁止转让、出借企业资质证书或者以其他方式允许他人以本企业名义承揽工程。分包工程发包人没有将其承包的工程进行分包，在施工现场所设项目管理机构的项目负责人、技术负责人、项目核算负责人、质量管理人员、安全管理人员不是工程承包人本单位人员的，视同允许他人以本企业名义承揽工程。C选项所述并不属于允许他人以本企业名义承揽工程的情形。

22. D。建造师经注册后，有权以建造师名义担任建设工程项目施工的项目经理及从事其他施工活动的管理，但不得同时担任两个及以上建设工程施工项目负责人。发生下列情形之一的除外：（1）同一工程相邻分段发包或分期施工的；（2）合同约定的工程验收合格的；（3）因非承包方原因致使工程项目停工超过120天（含），经建设单位同意的。

23. A。《建设工程质量管理条例》规定，注册建筑师、注册结构工程师、监理工程师等注册执业人员因过错造成质量事故的，责令停止执业1年；造成重大质量事故的，吊销执业资格证书，5年以内不予注册；情节特别恶劣的，终身不予注册。

24. B。A选项错在"不得"正确为"应"。澄清或者修改应当以书面形式通知所有获取招标文件的潜在投标人，故C选项错误。澄清或者修改通知至投标截止时间不足15日的，招标人应顺延投标文件的截止时间，故D选项错误。

25. C。潜在投标人或者其他利害关系人对招标文件有异议的，应当在投标截止时间10日前提出。

26. C。《招标投标法实施条例》第58条规定，履约保证金不得超过中标合同金额的10%。

27. B。评标委员会成员的名单在中标结果确定前应当保密，故A选项错误。评标委员会不得向招标人征询确定中标人的意向，故C选项错误。评标委员会成员拒绝在评标报告上签字又不书面说明其不同意见和理由的，视为同意评标结果，故D选项错误。

28. A。联合体各方应当就中标项目向招标人承担连带责任。

29. B。《建筑法》规定，建筑工程总承包单位可以将承包工程中的部分工程发包给具有相应资质条件的分包单位。故A选项错误。禁止承包单位将其承包的全部建筑工程转包给他人，禁止承包单位将其承包的全部建筑工程肢解以后以分包的名义分别转包给他人。施工总承包的，建筑工程主体结构的施工必须由总承包单位自行完成。故D选项错误。《建筑法》规定，建筑工程总承包单位可以将承包工程中的部分工程发包给具有相应资质条件的分包单位；但是，除总承包合同中约定的分包外，必须经建设单位认可。故C选项错误。

《建筑法》规定，禁止分包单位将其承包的工程再分包。

30. D。A选项应将"复核申请"改为"更正申请"。《建筑市场诚信行为信息管理办法》规定，对发布有误的信息，由发布该信息的省、自治区和直辖市建设行政主管部门进行修正，故B选项错误。C选项忽略了"行政处理决定被依法停止执行的除外"这一情形，"一律"这个词太过于绝对。

31. C。《建筑业企业资质管理规定》中规定，企业未按照本规定要求提供企业信用档案信息的，由县级以上地方人民政府住房和城乡建设主管部门或者其他有关部门给予警告，责令限期改正；逾期未改正的，可处以1000元以上1万元以下的罚款。

32. A。在合同的订立原则中，公平原则作为合同当事人的行为准则，可以防止当事人滥用权利，保护当事人的合法权益，维护和平衡当事人之间的利益。

33. B。合同生效后，当事人不得因姓名、名称的变更或者法定代表人、负责人、承办人的变动而不履行合同义务。合同主体变更是改换债务人或者债权人，实质上是合同权利义务的转让，而本题并不属于合同主体的变更。

34. D。《民法典》规定，承诺是受要约人同意要约的意思表示。如招标人向投标人发出的中标通知书，是承诺。

35. A。《劳动合同法》第40条规定，有下列情形之一的，用人单位提前30日以书面形式通知劳动者本人或者额外支付劳动者1个月工资后，可以解除劳动合同：（1）劳动者患病或者非因工负伤，在规定的医疗期满后不能从事原工作，也不能从事由用人单位另行安排的工作的；（2）劳动者不能胜任工作，经过培训或者调整工作岗位，仍不能胜任工作的；（3）劳动合同订立时所依据的客观情况发生重大变化，致使劳动合同无法履行，经用人单位与劳动者协商，未能就变更劳动合同内容达成协议的。

36. B。劳动合同期限3个月以上不满1年的，试用期不得超过1个月；劳动合同期限1年以上不满3年的，试用期不得超过2个月；3年以上固定期限和无固定期限的劳动合同，试用期不得超过6个月。

37. B。借款合同采用书面形式，但自然人之间借款另有约定的除外，A选项的表述过于绝对了。自然人之间的借款合同，自贷款人提供借款时生效，故C选项的表述有误。自然人之间的借款合同对支付利息没有约定或约定不明确的，视为不支付利息，故D选项错误。

38. A。定作人中途变更承揽工作的要求，造成承揽人损失的，应当赔偿损失。

39. A。租赁合同期限超过20年的，超过部分无效，A选项正确。租赁合同期限6个月以上的，应当采用书面形式，未采用书面形式的，视为不定期租赁，故B、C选项错误。租赁物在租赁期间发生所有权变动的，不影响租赁合同的效力，D选项错误。

40. C。在城市市区范围内，建筑施工过程中使用机械设备，可能产生环境噪声污染的，施工单位必须在工程开工15日以前向工程所在地县级以上地方人民政府环境保护行政主管部门申报该工程的项目名称、施工场所和期限、可能产生的环境噪声值以及所采取的环境噪声污染防治措施的情况。

41. D。在保护区附近新建排污口，应当保证保护区水体不受污染。故A选项错误。在饮用水水源保护区内，禁止设置排污口。故B选项错误。禁止向水体排放、倾倒放射性固体废物或者含有高放射性和中放射性物质的废水。故C选项错误。

42. D。《环境噪声污染防治法》规定，在城市市区噪声敏感建筑物集中区域内，禁止夜间进行产生环境噪声污染的建筑施工作业，但抢修、抢险作业和因生产工艺上要求或者特殊需要必须连续作业的除外。因特殊需要必须连续作业的，必须有县级以上人民政府或者其有关主管部门的证明。以上规定的夜间作业，必须公告附近居民。

43．D。《文物保护法》规定，在中华人民共和国境内，下列文物受国家保护：（1）具有历史、艺术、科学价值的古文化遗址、古墓葬、古建筑、石窟寺和石刻、壁画；（2）与重大历史事件、革命运动或者著名人物有关的以及具有重要纪念意义、教育意义或史料价值的近代现代重要史迹、实物、代表性建筑；（3）历史上各时代珍贵的艺术品、工艺美术品；（4）历史上各时代重要的文献资料以及具有历史、艺术、科学价值的手稿和图书资料等；（5）反映历史上各时代、各民族社会制度、社会生产、社会生活的代表性实物。

44．A。本题考核的是施工发现文物的报告和保护。《文物保护法》规定，在进行建设工程或者在农业生产中，任何单位或者个人发现文物，应当保护现场，立即报告当地文物行政部门，文物行政部门接到报告后，如无特殊情况，应当在24小时内赶赴现场，并在7天内提出处理意见。

45．D。根据《建筑施工企业安全生产许可证管理规定》的规定，建筑施工企业取得安全生产许可证，其主要负责人、项目负责人、专职安全生产管理人员应当经建设主管部门或者其他有关部门考核合格。

46．C。《安全生产许可证条例》规定，企业在安全生产许可证有效期内，严格遵守有关安全生产的法律法规，未发生死亡事故的，安全生产许可证有效期届满时，经原安全生产许可证颁发管理机关同意，不再审查，安全生产许可证有效期延期3年。

47．A。《建设工程安全生产管理条例》规定，作业人员有权对施工现场的作业条件、作业程序和作业方式中存在的安全问题提出批评、检举和控告，有权拒绝违章指挥和强令冒险作业。

48．B。《建设工程安全生产管理条例》规定，对下列达到一定规模的危险性较大的分部分项工程编制专项施工方案，并附具安全验算结果，经施工单位技术负责人、总监理工程师签字后实施，由专职安全生产管理人员进行现场监督：（1）基坑支护与降水工程；（2）土方开挖工程；（3）模板工程；（4）起重吊装工程；（5）脚手架工程；（6）拆除、爆破工程；（7）国务院建设行政主管部门或者其他有关部门规定的其他危险性较大的工程。对以上所列工程中涉及深基坑、地下暗挖工程、高大模板工程的专项施工方案，施工单位还应当组织专家进行论证、审查。

49．C。职工有下列情形之一的，应当认定为工伤：（1）在工作时间和工作场所内，因工作原因受到事故伤害的；（2）工作时间前后在工作场所内，从事与工作有关的预备性或者收尾性工作受到事故伤害的；（3）在工作时间和工作场所内，因履行工作职责受到暴力等意外伤害的；（4）患职业病的；（5）因工外出期间，由于工作原因受到伤害或者发生事故下落不明的；（6）在上下班途中，受到非本人主要责任的交通事故或者城市轨道交通、客运轮渡、火车事故伤害的；（7）法律、行政法规规定应当认定为工伤的其他情形。

50．B。《生产安全事故报告和调查处理条例》规定，事故发生后，事故现场有关人员应当立即向本单位负责人报告。

51．C。《安全生产法》规定，生产经营单位的主要负责人在本单位发生生产安全事故时，不立即组织抢救或者在事故调查处理期间擅离职守或者逃匿的，给予降级、撤职的处分，并由应急管理部门处上一年年收入60%~100%的罚款；对逃匿的处15日以下拘留；

构成犯罪的，依照刑法有关规定追究刑事责任。

52. B。《建设工程安全生产管理条例》规定，工程监理单位应当审查施工组织设计中的安全技术措施或者专项施工方案是否符合工程建设强制性标准。

53. B。建设单位相关的安全责任包括：依法办理有关批准手续；向施工单位提供真实、准确和完整的有关资料；不得提出违法要求和随意压缩合同工期；确定建设工程安全作业环境及安全施工措施所需费用；不得要求购买、租赁和使用不符合安全施工要求的用具设备等；申领施工许可证应当提供有关安全施工措施的资料；涉及建筑主体和承重结构变动的装修工程，建设单位应当在施工前委托原设计单位或者具有相应资质条件的设计单位提出设计方案。

54. A。国家支持在重要行业、战略性新兴产业、关键共性技术等领域利用自主创新技术制定团体标准、企业标准，故B选项错误。制定团体标准的一般程序包括：提案、立项、起草、征求意见、技术审查、批准、编号、发布、复审，故C选项错误。团体标准的技术要求不得低于强制性标准的相关技术要求，故D选项错误。

55. A。建筑设计单位和建筑施工企业对建设单位违反规定提出的降低工程质量的要求，应当予以拒绝。

56. A。《建设工程质量管理条例》规定，施工人员对涉及结构安全的试块、试件以及有关材料，应当在建设单位或者工程监理单位监督下现场取样，并送具有相应资质等级的质量检测单位进行检测。

57. D。建设单位应当委托具有相应资质等级的工程监理单位进行监理，也可以委托具有工程监理相应资质等级并与被监理工程的施工承包单位没有隶属关系或者其他利害关系的该工程的设计单位进行监理。

58. D。未经监理工程师签字，建筑材料、建筑构（配）件和设备不得在工程上使用或者安装，施工单位不得进行下一道工序的施工。未经总监理工程师签字，建设单位不拨付工程款，不进行竣工验收。

59. A。按照《城市建设档案管理规定》的规定，建设单位应当在工程竣工验收后3个月内，向城建档案馆报送一套符合规定的建设工程档案。

60. C。《建设工程质量管理条例》规定，建设单位应当自工程竣工验收合格之日起15日内，将建设工程竣工验收报告和规划、公安消防、环保等部门出具的认可文件或者准许使用文件报建设行政主管部门或者其他有关部门备案。

61. B。《建设工程质量管理条例》规定，在正常使用条件下，建设工程的最低保修期限为：（1）基础设施工程、房屋建筑的地基基础工程和主体结构工程，为设计文件规定的该工程的合理使用年限；（2）屋面防水工程、有防水要求的卫生间、房间和外墙面的防渗漏，为5年；（3）供热与供冷系统，为2个采暖期、供冷期；（4）电气管线、给排水管道、设备安装和装修工程，为2年。其他项目的保修期限由发包方与承包方约定。

62. B。由于发包人原因导致工程无法按规定期限进行竣工验收的，在承包人提交竣工验收报告90天后，工程自动进入缺陷责任期。

63. C。诉讼当事人之间为处理和结束诉讼而达成了解决争议问题的妥协或协议，其结果是撤回起诉或中止诉讼而无需判决，故A选项错误。和解达成的协议不具有强制执行力，在性质上仍属于当事人之间的约定，故B选项错误。在我国，调解的主要方式是人民调解、行政调解、仲裁调解、司法调解、行业调解以及专业机构调解。

64. C。除行政协议外，行政机关的行政行为具有以下特征：（1）行政行为是执行法律的行为；（2）行政行为具有一定的裁量性；（3）行政机关在实施行政行为时具有单方意志性，不必与行政相对方协商或征得其同意，便可依法自主作出；（4）行政行为是以国家强制力保障实施的，带有强制性；（5）行政行为以无偿为原则，以有偿为例外。只有当特定行政相对人承担了特别公共负担，或者分享了特殊公共利益时，方可为有偿的。

65. A。地域管辖是指按照各法院的辖区和民事案件的隶属关系，划分同级法院受理第一审民事案件的分工和权限。地域管辖实际上是以法院与当事人、诉讼标的以及法律事实之间的隶属关系和关联关系来确定的。

66. B。根据《民事诉讼法》的规定，原告经传票传唤，无正当理由拒不到庭的，或者未经法庭许可中途退庭的，可以按撤诉处理；被告反诉的，可以缺席判决。

67. A。当事人对仲裁协议效力有异议的，应当在仲裁庭首次开庭前提出。

68. D。裁决书的效力是：（1）裁决书一裁终局，当事人不得就已经裁决的事项再申请仲裁，也不得就此提起诉讼；（2）仲裁裁决具有强制执行力，一方当事人不履行的，对方当事人可以到法院申请强制执行；（3）仲裁裁决在所有《承认和执行外国仲裁裁决公约》缔约国（或地区）可以得到承认和执行。

69. A。法院调解是人民法院对受理的民事案件、经济纠纷案件和轻微刑事案件在双方当事人自愿的基础上进行的调解，是诉讼内调解。法院调解书经双方当事人签收后，即具有法律效力，效力与判决书相同。若一方不执行，另一方有权请求法院强制执行。

70. C。根据《行政诉讼法》的规定，法院审理行政案件，不适用调解。

二、多项选择题

71. C、E	72. B、D	73. B、D、E	74. A、D、E	75. A、B
76. B、E	77. A、B、D、E	78. A、D	79. A、D、E	80. A、B、C、D
81. B、C、E	82. B、E	83. B、D	84. B、C、D	85. C、D、E
86. A、C、D	87. C、D、E	88. A、B	89. A、C	90. A、C、D
91. A、B、D	92. D	93. C、D	94. D	95. C
96. B、C、D、E	97. A、C、E	98. B、C、D	99. A、E	100. B、C

【解析】

71. C、E。A 选项中，应将"供役地"改为"需役地"。B 选项中，应将"需役地人"改为"善意第三人"。地役权并不是由单方设立的，故 D 选项错误。

72. B、D。不当得利，是指没有法律根据，有损于他人利益而自身取得利益的行为。《民法典》规定，得利人没有法律根据取得不当利益的，受损失的人可以请求得利人返还取得的利益，但是有下列情形之一的除外：（1）为履行道德义务进行的给付；（2）债务到期之前的清偿；（3）明知无给付义务而进行的债务清偿。

73. B、D、E。担保是当事人根据法律规定或者双方约定，为促使债务人履行债务实现债权人的权利的法律制度。担保应属于担保物权的一种，故 A 项错误。担保合同是从合同，C 项错误。

74. A、D、E。下列各项个人所得，应当缴纳个人所得税：（1）工资、薪金所得；（2）劳务报酬所得；（3）稿酬所得；（4）特许权使用费所得；（5）经营所得；（6）利息、股息、红利所得；（7）财产租赁所得；（8）财产转让所得；（9）偶然所得。

75. A、B。《企业所得税法》规定，收入总额中的下列收入为不征税收入：（1）财政拨款；（2）依法收取并纳入财政管理的行政事业性收费、政府性基金；（3）国务院规定的其他不征税收入。

76. B、E。主刑的种类如下：（1）管制；（2）拘役；（3）有期徒刑；（4）无期徒刑；（5）死刑。附加刑的种类如下：（1）罚金；（2）剥夺政治权利；（3）没收财产；（4）驱逐出境。A选项拘留属于行政处罚。

77. A、B、D、E。企业申请建筑业企业资质升级、资质增项，在申请之日起前1年至资质许可决定作出前，有下列情形之一的，资质许可机关不予批准其建筑业企业资质升级申请和增项申请：（1）超越本企业资质等级或以其他企业的名义承揽工程，或允许其他企业或个人以本企业的名义承揽工程的；（2）与建设单位或企业之间相互串通投标，或以行贿等不正当手段谋取中标的；（3）未取得施工许可证擅自施工的；（4）将承包的工程转包或违法分包的；（5）违反国家工程建设强制性标准施工的；（6）恶意拖欠分包企业工程款或者劳务人员工资的；（7）隐瞒或谎报、拖延报告工程质量安全事故，破坏事故现场、阻碍对事故调查的；（8）按照国家法律、法规和标准规定需要持证上岗的现场管理人员和技术工种作业人员未取得证书上岗的；（9）未依法履行工程质量保修义务或拖延履行保修义务的；（10）伪造、变造、倒卖、出租、出借或者以其他形式非法转让建筑业企业资质证书的；（11）发生过较大以上质量安全事故或者发生过两起以上一般质量安全事故的；（12）其他违反法律、法规的行为。

78. A、D。《城乡规划法》规定，在城市、镇规划区内以划拨方式提供国有土地使用权的建设项目，经有关部门批准、核准、备案后，建设单位应当向城市、县人民政府城乡规划主管部门提出建设用地规划许可申请，由城市、县人民政府城乡规划主管部门依据控制性详细规划核定建设用地的位置、面积、允许建设的范围，核发建设用地规划许可证。以出让方式取得国有土地使用权的建设项目，建设单位在取得建设项目的批准、核准、备案文件和签订国有土地使用权出让合同后，向城市、县人民政府城乡规划主管部门领取建设用地规划许可证。

79. A、D、E。《建筑法》规定，建筑工程总承包单位可以将承包工程中的部分工程发包给具有相应资质条件的分包单位；但是，除总承包合同中约定的分包外，必须经建设单位认可。禁止总承包单位将工程分包给不具备相应资质条件的单位。禁止建筑施工企业超越本企业资质等级许可的业务范围或者以任何形式用其他建筑施工企业的名义承揽工程。承包建筑工程的单位应当持有依法取得的资质证书，并在其资质等级许可的业务范围内承揽工程。这一规定同样适用于工程分包单位。不具备资质条件的单位不允许承包建设工程，也不得承接分包工程。《房屋建筑和市政基础设施工程施工分包管理办法》还规定，严禁个人承揽分包工程业务。建设单位不得直接指定分包工程承包人。劳务作业分包由劳务作业发包人与劳务作业承包人通过劳务合同约定，可不经建设单位认可。

80. A、B、C、D。对建筑业企业在工程建设中需缴纳的保证金，除依法依规设立的投标保证金、履约保证金、工程质量保证金、农民工工资保证金外，其他保证金一律取消。故E选项错误。

81. B、C、E。当事人对欠付工程价款利息计付标准有约定的，按照约定处理；没有约定的，按照中国人民银行发布的同期同类贷款利率计息。同时，利息从应付工程价款之日计付。当事人对付款时间没有约定或者约定不明的，下列时间视为应付款时间：（1）建设工程已实际交付的，为交付之日；（2）建设工程没有交付的，为提交竣工结算文件之日；（3）建设工程未交付，工程价款也未结算的，为当事人起诉之日。

82. B、D、E。合同当事人违反合同义务，承担违约责任的种类主要有：继续履行、采取补救措施、停止违约行为、赔偿损失、支付违约金或定金等。

83. B、C、D。劳动争议仲裁委员会由劳动行政部门代表、工会代表和企业方面代表组成。

84. A、B、C、D。借款合同中，贷款人的义务包括提供借款；不得预扣利息。借款人的义务包括：提供担保；提供真实情况；按照约定收取借款；按照约定用途使用借款；按期归还本金和利息。借款人应当按照约定的期限返还借款。对借款期限没有约定或者约定不明确，可以协议补充；不能达成补充协议的，按照合同有关条款或者交易习惯确定。对于不能达成补充协议，也不能按照合同有关条款或者交易习惯确定的，借款人可以随时返还；贷款人可以催告借款人在合理期限内返还。贷款人无权处置拒不还款的借款人的其他财产，故E项错误。

85. C、D、E。非传统水源利用：（1）优先采用中水搅拌、中水养护，有条件的地区和工程应收集雨水养护。（2）处于基坑降水阶段的工地，宜优先采用地下水作为混凝土搅拌用水、养护用水、冲洗用水和部分生活用水。（3）现场机具、设备、车辆冲洗、喷洒路面、绿化浇灌等用水，优先采用非传统水源，尽量不使用市政自来水。（4）大型施工现场，尤其是雨量充沛地区的大型施工现场建立雨水收集利用系统，充分收集自然降水用于施工和生活中适宜的部位。（5）力争施工中非传统水源和循环水的再利用量大于30%。

86. A、C、D。企业不得转让、冒用安全生产许可证或者使用伪造的安全生产许可证。故B选项错误。安全生产许可证有效期满需要延期的，企业应当于期满前3个月向原安全生产许可证颁发管理机关办理延期手续。故E选项错误。

87. B、C、D、E。建筑施工企业安全生产管理机构具有以下职责：（1）宣传和贯彻国家有关安全生产法律法规和标准；（2）编制并适时更新安全生产管理制度并监督实施；（3）组织或参与企业生产安全事故应急救援预案的编制及演练；（4）组织开展安全教育培训与交流；（5）协调配备项目专职安全生产管理人员；（6）制订企业安全生产检查计划并组织实施；（7）监督在建项目安全生产费用的使用；（8）参与危险性较大工程安全专项施工方案专家论证会；（9）通报在建项目违规违章查处情况；（10）组织开展安全生产评优评先表彰工作；（11）建立企业在建项目安全生产管理档案；（12）考核评价分包企业安全生产业绩及项目安全生产管理情况；（13）参加生产安全事故的调查和处理工作；（14）企业明确的其他安全生产管理职责。

88. A、B。《建设工程安全生产管理条例》规定，施工单位采购、租赁的安全防护用具、机械设备、施工机具及配件，应当具有生产（制造）许可证、产品合格证，并在进入施工现场前进行查验。

89. A、B、C。《生产安全事故应急预案管理办法》规定，生产经营单位应急预案分为综合应急预案、专项应急预案和现场处置方案。

90. A、B、C、D。建设单位应当在拆除工程施工15日前，将下列资料报送建设工程所在地的县级以上地方人民政府建设行政主管部门或者其他有关部门备案：（1）施工单位资质等级证明；（2）拟拆除建筑物、构筑物及可能危及毗邻建筑的说明；（3）拆除施工组织方案；（4）堆放、清除废弃物的措施。

91. A、B、C、D。强制性标准监督检查的内容包括：（1）有关工程技术人员是否熟悉、掌握强制性标准；（2）工程项目的规划、勘察、设计、施工、验收等是否符合强制性标准的规定；（3）工程项目采用的材料、设备是否符合强制性标准的规定；（4）工程项目的安全、质量是否符合强制性标准的规定；（5）工程项目采用的导则、指南、手册、计算机软件的内容是否符合强制性标准的规定。

92. D、E。《建设工程质量管理条例》规定，施工单位必须按照工程设计图纸和施工技术标准施工，不得擅自修改工程设计，不得偷工减料。施工单位在施工过程中发现设计文件和图纸有差错的，应当及时提出意见和建议。

93. A、B、D、E。《建设工程质量管理条例》规定，工程监理单位与被监理工程的施工承包单位以及建筑材料、建筑构（配）件和设备供应单位有隶属关系或者其他利害关系的，不得承担该项建设工程的监理业务。

94. A、C、D。最高人民法院《关于审理建设工程施工合同纠纷案件适用法律问题的解释一》规定，发包人具有下列情形之一，造成建设工程质量缺陷，应当承担过错责任：（1）提供的设计有缺陷；（2）提供或者指定购买的建筑材料、建筑构配件、设备不符合强制性标准；（3）直接指定分包人分包专业工程。

95. A、B、C。《建设工程质量管理条例》规定，建设工程承包单位在向建设单位提交工程竣工验收报告时，应当向建设单位出具质量保修书。质量保修书中应当明确建设工程的保修范围、保修期限和保修责任等。

96. B、C、D、E。调解原则适用于仲裁和诉讼程序。和解可以在民事纠纷的任何阶段进行。仲裁实行一裁终局制度，仲裁裁决一经作出即发生法律效力。由于我国实行两审终审制，上诉案件经二审法院审理后作出的判决、裁定为终审的判决、裁定，诉讼程序即告终结。仲裁机构通常是民间团体的性质，其受理案件的管辖权来自双方协议，没有协议就无权受理仲裁。但是，有效的仲裁协议可以排除法院的管辖权；纠纷发生后，一方当事人提起仲裁的，另一方必须仲裁。

97. A、B、C、E。《民事诉讼法》规定，起诉必须符合下列条件：（1）原告是与本案有直接利害关系的公民、法人和其他组织；（2）有明确的被告；（3）有具体的诉讼请求、事实和理由；（4）属于人民法院受理民事诉讼的范围和受诉人民法院管辖。

98. B、C、D。仲裁庭在作出裁决前，可以先行调解。当事人自愿调解的，仲裁庭应当调解。调解不成的，应当及时作出裁决。调解达成协议的，仲裁庭应当制作调解书或者根据协议的结果制作裁决书。调解书与裁决书具有同等法律效力。调解书经双方当事人签收后，即发生法律效力。在调解书签收前当事人反悔的，仲裁庭应当及时作出裁决。

99. A、B、E。《行政许可法》规定，下列事项可以设定行政许可：（1）直接涉及国家安全、公共安全、经济宏观调控、生态环境保护以及直接关系人身健康、生命财产安全等特定活动，需要按照法定条件予以批准的事项；（2）有限自然资源开发利用、公共资源配置以及直接关系公共利益的特定行业的市场准入等，需要赋予特定权利的事项；（3）提供公众服务并且直接关系公共利益的职业、行业，需要确定具备特殊信誉、特殊条件或者特殊技能等资格、资质的事项；（4）直接关系公共安全、人身健康、生命财产安全的重要设备、设施、产品、物品，需要按照技术标准、技术规范，通过检验、检测、检疫等方式进行审定的事项；（5）企业或者其他组织的设立等，需要确定主体资格的事项；（6）法律、行政法规规定可以设定行政许可的其他事项。

100. B、C。对于行政复议，应当按照《行政复议法》的规定向有权受理的行政机关申请，如"对县级以上地方各级人民政府工作部门的具体行政行为不服的，由申请人选择，可以向该部门的本级人民政府申请行政复议，也可以向上一级主管部门申请行政复议"。

《建设工程法规及相关知识》
考前第 3 套卷及解析

扫码关注领取

本试卷配套解析课

《建设工程法规及相关知识》考前第3套卷

一、单项选择题（共70题，每题1分。每题的备选项中，只有1个最符合题意）

1. 关于建设工程中代理的说法，正确的是（　　）。
   A．建设工程合同诉讼只能委托律师代理
   B．建设工程中的代理主要是法定代理和指定代理
   C．建设工程中应由本人实施的民事法律行为，不得代理
   D．建设工程中为被代理人的利益，代理人可直接转托他人代理

2. 某企业以依法可以转让的股份作为担保向某银行贷款，确保按期还贷。此担保方式属于（　　）担保。
   A．保证   B．质押
   C．抵押   D．留置

3. 建造师甲某的注册有效期将于2020年6月1日届满，甲某如需继续执业，最迟应当于（　　）之前申请延续注册。
   A．2020年2月2日   B．2020年3月2日
   C．2020年5月2日   D．2020年6月1日

4. 关于施工许可的说法，正确的是（　　）。
   A．工程建筑面积为280m²的某建筑工程应当申请领取施工许可证
   B．限额以下的小型工程应当申请领取施工许可证
   C．施工分包合同签订后，申请领取施工许可证
   D．省级人民政府建设主管部门对小型工程限额的调整，应当报国务院住房和城乡建设主管部门备案

5. 发明专利权的期限，自（　　）起计算。
   A．申请日   B．商标局收到申请书
   C．公告发布   D．核准注册

6. 关于保险合同的说法，正确的是（　　）。
   A．财产保险合同不可以转让
   B．财产保险合同的保险人不得以诉讼方式要求投保人支付保费
   C．人身保险的受益人由被保险或投保人指定
   D．人身保险仅包括人寿保险和健康保险

7. 根据《必须招标的工程项目规定》，以下属于必须进行招标的施工项目是（　　）。
   A．采用特定的专利或者专有技术的项目
   B．属于利用扶贫资金实行以工代赈需要使用农民工的项目
   C．施工单项合同估算450万元人民币的使用国有资金投资的项目
   D．建筑艺术造型有特殊要求的项目

8. 关于房产税缴纳主体的说法中，正确的是（　　）。
   A．产权属于全民所有的，由经营管理的单位缴纳
   B．产权出典的，由出典人缴纳

C．产权所有人、承典人不在房产所在地的，由产权所有人缴纳
D．产权未确定及租典纠纷未解决的，由产权所有人和承典人共同缴纳

9. 根据《招标投标法实施条例》，投标人对评标结果有异议的，依法应当先向（   ）提出异议。
   A．评标委员会   B．纪律检查委员会
   C．有关行政监督部门   D．招标人

10. 甲房地产公司在 B 地块开发住宅小区，为满足该小区的住户观景的需要，便与相邻的乙工厂协商约定，甲公司支付乙工厂 800 万元，乙工厂在 20 年内不在本厂区建设 15m以上的建筑物，以免遮挡住户观景。合同签订生效后甲公司即支付了全部款项。后来，甲公司将 B 地块的建设用地使用权转让给丙置业公司。关于 B 地块权利的说法，正确的是（   ）。
    A．甲公司对乙工厂的土地拥有地役权
    B．甲公司对乙工厂的土地拥有担保物权
    C．甲公司约定的权利自合同公证后获得
    D．甲公司转让 B 地块后，丙公司不享有该项权利

11. 关于抵押效力的表述中，不正确的是（   ）。
    A．抵押人有义务妥善保管抵押物并保证其价值
    B．抵押权可以与债权分离而单独转让或者作为其他债权的担保
    C．转让的价款超过债权数额的部分归抵押人所有
    D．抵押人转让抵押财产的，应当及时通知抵押权人

12. 下列选项中，关于法的效力层级的叙述，不正确的是（   ）。
    A．法律的效力是仅次于宪法而高于其他法的形式
    B．地方性法规的效力，高于本级和下级地方政府规章
    C．行政法规的法律地位和法律效力仅次于宪法和部门规章，高于地方性法规
    D．省、自治区人民政府制定的规章的效力，高于本行政区域内的设区的市、自治州的人民政府制定的规章

13. 某工程由甲施工企业承包，施工现场检查发现项目部的项目经理、技术负责人、质量管理人员和安全管理人员都是乙施工企业职工。则甲的行为视同（   ）。
    A．允许他人使用本企业名义承揽工程   B．违法分包
    C．与他人联合承揽工程   D．使用其他企业名义承揽工程

14. 《注册建造师管理规定》中规定，建造师注册有效期满需继续执业的，延续注册的有效期为（   ）年。
    A．1   B．2
    C．3   D．5

15. 根据《建筑法》，下列情形中，符合施工许可证办理和报告制度的是（   ）。
    A．某工程因故延期开工，向发证机关报告后施工许可证自动延期
    B．某工程因地震中止施工，1 年后向发证机关报告
    C．某工程因洪水中止施工，1 个月内向发证机关报告，2 个月后自行恢复施工
    D．某工程因政府宏观调控停建，1 个月内向发证机关报告，1 年后恢复施工前报发证机关核验施工许可证

16. 2021年5月15日，甲市B区某生产经营单位发生了安全生产事故，造成29人死亡，直接经济损失6000万元。根据《生产安全事故报告和调查处理条例》的规定，该事故属于（　　）事故。
    A．特别重大　　　　　　　　　　B．重大
    C．较大　　　　　　　　　　　　D．一般

17. 根据《注册建造师执业管理办法（试行）》，注册建造师可以同时担任两个项目的项目负责人的情形是（　　）。
    A．两个项目的发包人是同一单位　　B．因发包人原因导致停工超过3个月
    C．建造师同时具有两个专业的执业资格　D．同一工程相邻分段发包或分期施工的

18. 某项目在施工过程中，施工单位在抽排地下水时未采取防护措施，致使邻近的甲单位印刷设备基础倾斜，因此造成甲单位损失了8万元人民币，根据我国《建设工程安全生产管理条例》的规定，甲单位（　　）。
    A．只能自行承担这一损失　　　　B．可以要求施工单位赔偿
    C．应当要求监理单位赔偿　　　　D．应当要求设计单位赔偿

19. 根据《招标投标法实施条例》，国有资金占控股或主导地位的依法必须进行招标的项目，关于确定中标人的说法，正确的是（　　）。
    A．招标人应该确定排名第一的中标候选人为中标人
    B．评标委员会应当以最接近标底价格的投标人确定为中标人
    C．评标委员会应当确定投标价格最低的投标人为中标人
    D．招标人可以从评标委员会推荐的前三名中标候选人中确定

20. 乙施工企业和丙施工企业联合共同承包甲公司的建筑工程项目，由于联合体管理不善，造成该建筑项目损失。关于共同承包责任的说法，正确的是（　　）。
    A．甲公司有权请求乙施工企业与丙施工企业承担连带责任
    B．乙施工企业和丙施工企业对甲公司各承担一半责任
    C．甲公司应该向过错较大的一方请求赔偿
    D．对于超过自己应赔偿的那部分份额，乙施工企业和丙施工企业都不能进行追偿

21. 甲某挂靠某建筑施工企业并以该企业的名义承揽工程，因工程质量不合格给建设单位造成较大损失，关于责任承担的说法，正确的是（　　）。
    A．建筑施工企业与挂靠个人承担连带赔偿责任
    B．挂靠的个人承担全部责任
    C．建筑施工企业承担全部责任
    D．建筑施工企业与挂靠个人按比例承担责任

22. 下列关于中标和签订合同的说法，正确的是（　　）。
    A．招标人和中标人不得再行订立背离合同实质性内容的其他协议
    B．经招标人授权的招标代理机构可以确定中标人
    C．招标人和中标人应自中标通知书收到之日起60日内订立书面合同
    D．当事人签订的建设工程施工合同与中标通知书载明的工程范围不一致，一方当事人请求将中标通知书作为结算工程价款的依据的，人民法院不予支持

23. 根据《全国建筑市场各方主体不良行为记录认定标准》，下列施工企业的行为中，属于工程安全不良行为认定标准的是（　　）。

A．未对涉及结构安全的试块、试件以及有关材料取样检测的
B．违法挪用列入建设工程概算的安全生产作业环境及安全施工措施所需费用的
C．不履行保修义务或者拖延履行保修义务的
D．未按照节能设计进行施工的

24. 关于建筑市场诚信行为公布的说法，正确的是（ ）。
A．不良信用信息公开期限一般为3年
B．诚信行为信息包括的良好行为记录和不良行为记录，两种信息记录都应当公布
C．省、自治区和直辖市建设行政主管部门负责审查整改结果，对整改确有实效的，可取消不良行为记录信息的公布
D．不良行为记录在地方的公布期限应当长于全国公布期限

25. 根据《招标投标法》，可以确定中标人的主体是（ ）。
A．经招标人授权的招标代理机构　　B．经招标人授权的评标委员会
C．建设行政主管部门　　　　　　　D．招标投标有形市场

26. 施工单位于6月1日提交竣工验收报告，建设单位因故迟迟不予组织竣工验收。同年10月8日，建设单位组织竣工验收时因监理单位的过错未能正常进行。10月20日建设单位实际使用该工程。则施工单位承担的保修期应于（ ）起计算。
A．6月1日　　　　　　　　　　　　B．8月30日
C．10月8日　　　　　　　　　　　 D．10月20日

27. 甲公司与乙公司的监理合同纠纷一案，由某仲裁委员会开庭审理。开庭当天，接到开庭通知书的被申请人乙无正当理由拒不到庭，则仲裁庭可以（ ）。
A．撤销案件　　　　　　　　　　　B．中止审理
C．终结审理　　　　　　　　　　　D．缺席裁决

28. 根据《节约能源法》的规定，以下关于建筑节能的表述，错误的是（ ）。
A．企业可以制定严于国家标准的企业节能标准
B．国家实行固定资产项目节能评估和审查制度
C．不符合推荐性节能标准的项目不得开工建设
D．建筑工程的监理单位应当遵守建筑节能标准

29. 根据《建筑工程施工许可管理办法》规定，建设单位采用欺骗、贿赂等不正当手段取得施工许可证的，由原发证机关（ ）施工许可证。
A．吊销　　　　　　　　　　　　　B．撤销
C．撤回　　　　　　　　　　　　　D．暂扣

30. 没有资质的实际施工人借用有资质的建筑施工企业名义与他人签订建设工程施工合同的行为（ ）。
A．无效　　　　　　　　　　　　　B．有效
C．效力待定　　　　　　　　　　　D．可变更、可撤销

31. 根据《建设工程质量管理条例》规定，监理工程师等注册执业人员因过错造成重大质量事故的，（ ）不予注册。
A．1年内　　　　　　　　　　　　 B．3年内
C．5年内　　　　　　　　　　　　 D．终身

32. 失业人员失业前用人单位和本人累计缴纳失业保险费（ ），领取失业保险金的期限

最长为 12 个月。
   A．满 1 年不足 5 年的　　　　　　　B．满 3 年不足 8 年的
   C．满 5 年不足 10 年的　　　　　　D．10 年以上的

33. 下列工作安排中，属违反《劳动法》中关于女职工特殊保护规定的是（　　）。
   A．安排正在哺乳未满 1 周岁婴儿的女工刘某从事资料整理工作
   B．安排怀孕期间女工章某从事第 3 级体力劳动强度的劳动
   C．安排怀孕 6 个月的女工赵某从事夜班工作
   D．批准女工朱某休产假 130 天

34. 下列合同条款中，属于劳动合同必备条款的是（　　）。
   A．试用期　　　　　　　　　　　　B．劳动合同期限
   C．保守商业秘密　　　　　　　　　D．补充保险

35. 租赁合同区别于买卖合同的根本特征是（　　）。
   A．租赁合同是诺成合同
   B．租赁合同是双务合同
   C．租赁合同是有偿合同
   D．租赁合同是转移租赁物使用收益权的合同

36. 甲施工企业与乙施工企业合并，则原来甲的员工与甲签订的劳动合同（　　）。
   A．效力待定　　　　　　　　　　　B．自动解除
   C．失效　　　　　　　　　　　　　D．继续有效

37. 根据《招标投标违法行为记录公告暂行办法》，关于招标投标违法行为记录公告的说法，正确的是（　　）。
   A．依法限制招标投标当事人资质等方面的行政处理决定，所认定的限制期限长于 6 个月，公告期限为 6 个月
   B．原行政处理决定被依法变更或撤销的，公告部门应当及时对公告记录予以变更或撤销，并在公告平台上予以声明
   C．被公告的招标投标当事人认为公告记录与行政处理决定的相关内容不符的，可以向公告部门提出书面更正申请，公告部门在作出答复前停止对违法行为记录的公告
   D．行政处理决定在被行政复议或行政诉讼期间，公告部门应当停止对违法行为记录的公告

38. 劳动者可以立即解除劳动合同不需事先告知用人单位的情形是（　　）。
   A．用人单位未按照劳动合同约定提供劳动保护或者劳动条件
   B．用人单位以暴力、威胁或者非法限制人身自由的手段强迫劳动者劳动
   C．用人单位未及时足额支付劳动报酬
   D．用人单位制定的规章制度违反法律、法规的规定，损害劳动者的权益

39. 关于承揽合同中解除权的说法，正确的是（　　）。
   A．定作人不履行协助义务的，承揽人可以解除合同
   B．承揽人将其承揽的工作交由第三人完成的，定作人有权解除合同
   C．承揽人可以随时解除合同，造成定作人损失的，应当赔偿损失
   D．定作人在承揽人完成工作前可以随时解除合同，造成承揽人损失的，应当赔偿损失

40. 设区的市级劳动能力鉴定委员会应当自收到劳动能力鉴定申请之日起（　　）日内作出劳动能力鉴定结论，必要时，作出劳动能力鉴定结论的期限可以延长30日。
   A．30　　　　　　　　　　　　　　B．45
   C．60　　　　　　　　　　　　　　D．90

41. 下列情形中，发承包双方可以采用总价方式确定合同价款的是（　　）。
   A．紧急抢险工程　　　　　　　　　B．实行工程量清单计价的建筑工程
   C．建设规模较小的工程　　　　　　D．技术特别复杂的工程

42. 某施工企业向某材料供应商发出了要约，材料供应商在对施工企业的答复中仅仅要求将交货时间推迟1天。根据我国《民法典》的规定，材料供应商的答复是对施工企业要约的（　　）。
   A．实质性变更，该承诺有效　　　　B．实质性变更，不构成承诺
   C．非实质性变更，不构成承诺　　　D．非实质性变更，视为新要约

43. 《节约能源法》规定，设计单位、施工单位、监理单位违反建筑节能标准的，由（　　）责令改正，处10万元以上50万元以下罚款。
   A．发证机关　　　　　　　　　　　B．产品质量监督部门
   C．建设主管部门　　　　　　　　　D．市级以上人民政府

44. 关于劳动合同效力的说法，正确的是（　　）。
   A．用人单位免除自己的法定责任、排除劳动者权利的，劳动合同全部无效
   B．用人单位发生合并或者分立，需与劳动者重新签订劳动合同
   C．用人单位投资人发生变更，原劳动合同继续有效
   D．劳动合同双方当事人签字或者盖章时间不一致的，以在先的时间为劳动合同的生效时间

45. 某合同执行政府定价，签订合同时价格2000元/t，约定2021年3月1日交货，并约定了逾期违约金每天2元/t，但供货方2021年3月21日才交货。2021年3月15日时政府定价改为2500元/t。则买方应支付的货款为（　　）元/t。
   A．1960　　　　　　　　　　　　　B．2000
   C．2460　　　　　　　　　　　　　D．2500

46. 效力待定合同中，相对人可以催告法定代理人自收到通知之日起（　　）日内予以追认。法定代理人未作表示的，视为拒绝追认。
   A．7　　　　　　　　　　　　　　　B．15
   C．20　　　　　　　　　　　　　　D．30

47. 《文物保护法》规定，进行大型基本建设工程，（　　）应当事先报请省、自治区、直辖市人民政府文物行政部门组织从事考古发掘的单位在工程范围内有可能埋藏文物的地方进行考古调查、勘探。
   A．建设单位　　　　　　　　　　　B．施工单位
   C．监理单位　　　　　　　　　　　D．设计单位

48. 《历史文化名城名镇名村保护条例》规定，损坏或者擅自迁移、拆除历史建筑的，由（　　）责令停止违法行为、限期恢复原状或者采取其他补救措施。
   A．省级人民政府建设行政主管部门　　B．省级人民政府城乡规划主管部门
   C．城市、县人民政府建设行政主管部门　D．城市、县人民政府城乡规划主管部门

49. 根据《建设工程质量管理条例》的规定，屋面防水工程、有防水要求的卫生间、房间和外墙面的防渗漏工程的最低保修期限为（　　）年。
   A．2 B．3
   C．5 D．7

50. 下列争议中，不属于劳动争议范围的是（　　）。
   A．因确认劳动关系发生的争议
   B．家庭与家政服务人员之间的争议
   C．因工作时间发生的争议
   D．因企业自主进行改制发生的纠纷

51. 根据《关于加强意外伤害保险工作的指导意见》，下列关于意外伤害保险投保的表述中，不正确的是（　　）。
   A．施工企业应在工程项目开工前办理完投保手续
   B．业主直接发包的工程项目由承包企业直接办理
   C．工程项目中有分包单位的由总承包施工企业统一办理，分包单位不承担投保费用
   D．投保人办理投保手续后，应将投保有关信息以布告形式张贴于施工现场，告知被保险人

52. 按（　　）施工，是保证工程实现设计意图的前提，也是明确划分设计、施工单位质量责任的前提。
   A．施工质量标准 B．工程设计图纸
   C．施工技术标准 D．施工强制性标准

53. 根据《民法典》的规定，当事人既约定违约金，又约定定金的，一方违约时，对方（　　）条款。
   A．应当适用违约金 B．应当适用定金
   C．可以选择适用违约金或者定金 D．可以同时适用违约金和定金

54. 《建筑法》规定，施工现场安全由（　　）负责。
   A．监理单位 B．施工单位
   C．设计单位 D．建设单位

55. 施工单位在施工中未采取专项保护措施，给毗邻建筑物造成损害。建设行政主管部门不能给予的处罚是（　　）。
   A．责令停业整顿 B．罚款
   C．责令限期改正 D．吊销资质证书

56. 单位工程竣工结算由（　　）。
   A．发包人编制，承包人审查 B．承包人编制并审查
   C．发包人编制并审查 D．承包人编制，发包人审查

57. 根据《建设工程安全生产管理条例》，工程监理单位在实施监理过程中，发现存在安全事故隐患且情况严重的，应当（　　）。
   A．要求施工单位暂时停止施工，并及时报告建设单位
   B．要求施工单位整改，并及时报告建设单位
   C．要求施工单位暂时停止施工，并及时报告有关主管部门
   D．要求施工单位整改，并及时报告有关主管部门

58. 甲建设单位和乙施工企业在签订的施工合同中约定："甲方于工程交付使用后15日内结清所欠乙方所有工程款"。乙施工企业于2021年1月8日提交了工程竣工验收报告，

2021年1月12日工程验收合格并于3天后交付甲方使用,但甲建设单位直到2021年2月10日仍未支付工程欠款。乙施工企业当天即到工程所在地人民法院起诉,要求甲建设单位支付乙施工企业工程欠款并支付相应利息,则该工程欠款的利息应当从( )计算。

  A．2021年1月8日   B．2021年1月15日
  C．2021年1月31日   D．2021年2月10日

59. 以下关于租赁合同描述正确的是( )。
  A．当事人对定期租赁合同可以随时解除
  B．租赁期限均不得超过10年
  C．租赁合同分为定期租赁和不定期租赁
  D．租赁期限为7个月,当事人可以自由选择合同形式

60. 下列纠纷、争议中,不适用于《仲裁法》调整的是( )。
  A．合同纠纷   B．劳动争议仲裁
  C．侵权纠纷   D．工程款纠纷

61. 根据《民事诉讼法》的规定,下列不属于证据种类的是( )。
  A．律师代理意见   B．书证
  C．视听资料   D．勘验笔录

62. 甲因房屋质量问题与乙房地产公司发生纠纷,根据《民事诉讼法》的规定,本案应当由( )人民法院管辖。
  A．房屋所在地   B．合同备案地
  C．甲住所地   D．乙房地产公司注册登记地

63. 某业主甲起诉某房地产开发公司乙位于T市N区的商品房质量不合格的纠纷,T市中级人民法院于2019年10月15日作出生效判决,要求乙在判决生效之日起10日内赔偿甲人民币3万元人民币,当事人当庭领取了判决书。那么,如果乙拒绝履行判决,甲应当最迟在( )之前申请人民法院强制执行。
  A．2020年4月15日   B．2020年10月15日
  C．2021年4月25日   D．2021年10月25日

64. 合同的变更、解除、终止或者无效,以及合同成立后未生效、被撤销等,均不影响仲裁协议的效力,体现出仲裁协议的( )。
  A．快捷性   B．灵活性
  C．独立性   D．强制性

65. 甲市A建筑工程公司与乙市B钢铁公司签订了钢材购销合同,双方在合同中约定:"就本合同发生争议提请甲市的仲裁委员会仲裁。"后双方在履行合同过程中发生争议,A公司向乙市某区人民法院起诉要求B公司承担违约责任;B公司向乙市仲裁委员会申请仲裁。乙市某区人民法院应当( )。
  A．裁定不予受理   B．裁定驳回起诉
  C．将此案移交乙市仲裁委员会仲裁 D．受理并依法审理此案

66. 依照《行政许可法》的规定,行政许可采取统一办理或者联合办理、集中办理的,办理的时间不得超过45日;45日内不能办结的,经( )人民政府负责人批准,可以延长15日,并应当将延长期限的理由告知申请人。

A．本级 B．县级
C．市级 D．省级

67. 甲、乙双方签订的施工合同中约定，合同发生争议由仲裁委员会裁决，但未约定仲裁委员会的名称，后来双方对仲裁委员会的选定也未达成一致意见，则该仲裁协议（　　）。
    A．无效 B．有效
    C．可撤销 D．效力待定

68. 甲、乙两公司欲签订一份仲裁协议，仲裁协议的内容可以不包括（　　）。
    A．选定的仲裁委员会 B．仲裁事项
    C．双方不到法院起诉的承诺 D．请求仲裁的意思表示

69. 甲公司根据生效判决书向法院申请强制执行。执行中与乙公司达成和解协议。和解协议约定：将乙所欠300万元债务减少为270万元，乙自协议生效之日起3个月内还清。协议生效3个月后，乙并未履行协议的约定。下列说法中，正确的是（　　）。
    A．甲可向法院申请恢复原判决的执行
    B．甲应向乙住所地法院提起民事诉讼
    C．由法院执行和解协议
    D．由法院依职权恢复原判决的执行

70. 关于行政诉讼主要特征的表述中，不正确的是（　　）。
    A．行政诉讼的被告与原告是恒定的
    B．行政诉讼的原告与被告可以互易诉讼身份
    C．行政诉讼为公民、法人或其他组织提供法律救济的同时，具有监督行政机关依法行政的功能
    D．行政诉讼是法院解决行政机关实施具体行政行为时与公民、法人或其他组织发生的争议

二、**多项选择题**（共30题，每题2分。每题的备选项中，有2个或2个以上符合题意，至少有1个错项。错选，本题不得分；少选，所选的每个选项得0.5分）

71. 下列属于非营利法人的是（　　）。
    A．基层群众性自治组织 B．社会服务机构
    C．事业单位 D．基金会
    E．城镇农村的合作经济组织

72. 某项目在施工过程中发生火灾，邻近的甲单位主动组织人员灭火，这一行为减少了施工单位的损失8万元，甲单位因此损失1万元。则下列说法中，不正确的是（　　）。
    A．甲单位只能自行承担这一损失 B．甲单位可以要求施工单位支付4万元
    C．甲单位有权要求施工单位支付1万元 D．甲单位应当要求施工单位支付5万元
    E．甲单位有权要求施工单位支付2万元

73. 关于合同解除的说法，正确的有（　　）。
    A．合同解除适用于可撤销合同
    B．当事人对合同解除的异议期限有约定的依照约定，没有约定的，最长期限3个月
    C．对解除有异议的，可以申请人民法院确认解除的效力
    D．合同解除仅使合同关系自始消灭
    E．合同解除须有解除的行为

74. 《注册建造师管理规定》规定，注册建造师应当履行的义务包括（   ）。
    A．对侵犯本人权利的行为进行申述
    B．保证执业成果的质量，并承担相应责任
    C．接受继续教育，努力提高执业水准
    D．与当事人有利害关系的，应当主动回避
    E．保管和使用本人注册证书、执业印章

75. 下列情形中，依法可以不招标的项目有（   ）。
    A．需要使用不可替代的施工专有技术的项目
    B．采购人的全资子公司能够自行建设的
    C．只有少量潜在投标人可供选择的项目
    D．需要向原中标人采购工程，否则将影响施工或者功能配套要求的
    E．已通过招标方式选定的特许经营项目投资人依法能够自行建设的

76. 外观设计必须具备的条件包括（   ）。
    A．具有美感
    B．是对产品的外表所作的设计
    C．是形状、图案、色彩或者其结合的设计
    D．是适合于工业上应用的新设计
    E．对产品的形状、构造或者其结合所提出的适于实用的新的技术方案

77. 按照《招标投标法》及相关法规规定，下列选项中，可以不进行招标的有（   ）。
    A．涉及国家安全
    B．涉及国家秘密
    C．只有少量潜在投标人可供选择的
    D．涉及抢险救灾
    E．属于利用扶贫资金实行以工代赈、需要使用农民工等特殊情况

78. 债的产生根据有（   ）。
    A．合同   B．侵权
    C．支付价款   D．不当得利
    E．无因管理

79. 财产所有权的权能，是指所有人对其所有的财产依法享有的权利，包括（   ）。
    A．担保权   B．使用权
    C．占有权   D．收益权
    E．处分权

80. 在建设工程招标投标活动中，投标人的不正当竞争行为主要是（   ）。
    A．投标人相互串通投标
    B．投标人与招标人串通投标
    C．投标人以行贿手段谋取中标
    D．投标人以高于成本的报价竞标
    E．投标人以他人名义投标或者以其他方式弄虚作假骗取中标

81. 下列民事责任承担方式中，属于违约责任的有（   ）。
    A．继续履行   B．赔礼道歉

C．赔偿损失　　　　　　　　　　　D．恢复原状
E．支付违约金

82. 建设单位因急于投产，擅自使用了未经竣工验收的工程。使用过程中，建设单位发现了一些质量缺陷，遂以质量不符合约定为由将施工单位诉到人民法院，则下列情形中，能够获得人民法院支持的有（　　）。
    A．因建设单位使用不当造成防水层损坏　　B．因工人操作失误造成制冷系统损坏
    C．因百年一遇的台风造成屋面损毁　　　　D．使用中地基基础出现非正常沉陷
    E．使用中主体某处大梁出现裂缝

83. 注册建造师不得有的行为包括（　　）。
    A．在执业过程中索取贿赂
    B．签署有虚假记载等不合格的文件
    C．允许他人以自己的名义从事执业活动
    D．同时在两个或者两个以上单位受聘或者执业
    E．在执业范围和聘用单位业务范围内从事执业活动

84. 在城市市区噪声敏感建筑物集中区域内，禁止夜间进行产生环境噪声污染的建筑施工作业，但（　　）除外。
    A．抢修作业　　　　　　　　　　　B．抢险作业
    C．因特殊需要必须连续作业的　　　D．监理单位同意的
    E．因生产工艺上要求必须连续作业的

85. 劳动合同履行过程中，劳动者不需事先告知用人单位，可以即时与用人单位解除劳动合同的情形有（　　）。
    A．在试用期内
    B．用人单位濒临破产
    C．用人单位未依法缴纳社会保险费
    D．用人单位违章指挥、强令冒险作业危及劳动者人身安全
    E．用人单位以暴力、威胁手段强迫劳动者劳动

86. 根据《注册建造师管理规定》的规定，申请延续注册的，应当提交的材料有（　　）。
    A．原注册证书
    B．注册建造师延续注册申请表
    C．注册证书复印件
    D．申请人注册有效期内达到继续教育要求的证明材料
    E．申请人与聘用单位签订的聘用劳动合同复印件或其他有效证明文件

87. 关于投标保证金的说法，正确的是（　　）。
    A．以银行保函替代工程质量保证金的，银行保函金额不得超过工程价款结算总额的3%
    B．投标保证金不得超过招标项目估算价的1%
    C．实行两阶段招标的，招标人要求投标人提交投标保证金的，应当在第一阶段提出
    D．投标截止后投标人撤销投标文件的，招标人应当退还投标保证金，但无需支付银行同期存款利息
    E．投标保证金有效期应当与投标有效期一致

88. 下列情形中，评标委员会应当否决的投标有（　　）。
    A．投标报价低于成本
    B．投标联合体没有提交共同投标协议
    C．投标文件未按招标文件要求进行密封
    D．投标报价高于招标文件设定的最高投标限价
    E．投标文件未经投标单位负责人签字，也未经投标单位盖章

89. 根据我国《劳动法》的有关规定，对女职工的特殊保护规定主要包括（　　）。
    A．不得安排女职工在经期从事高处、低温、冷水作业和国家规定的第 2 级体力劳动强度的劳动
    B．不得安排女职工在怀孕期间从事国家规定的第 3 级体力劳动强度的劳动和孕期禁忌从事的劳动
    C．不得安排女职工在哺乳未满 1 周岁的婴儿期间从事国家规定的第 3 级体力劳动强度的劳动和哺乳期禁忌从事的其他劳动，不得安排其延长工作时间和夜班劳动
    D．女职工生育享受不少于 90 天的产假
    E．禁止安排女职工从事矿山井下、国家规定的第 3 级体力劳动强度的劳动和其他禁忌从事的劳动

90. 建设单位的质量责任和义务包括（　　）。
    A．依法发包工程
    B．依法向有关单位提供原始资料
    C．依法报审施工图设计文件
    D．提供的勘察成果必须真实、准确
    E．依法办理工程质量监督手续

91. 最高人民法院《关于审理建设工程施工合同纠纷案件适用法律问题的解释（一）》规定。当事人对建设工程实际竣工日期有争议的处理原则是（　　）。
    A．建设工程经竣工验收合格的，以竣工验收合格之日为竣工日期
    B．承包人已经提交竣工验收报告，发包人拖延验收的，以竣工验收合格之日为竣工日期
    C．承包人已经提交竣工验收报告，发包人拖延验收的，以承包人提交验收报告之日为竣工日期
    D．建设工程未经竣工验收，发包人擅自使用的，以竣工验收合格之日为竣工日期
    E．建设工程未经竣工验收，发包人擅自使用的，以转移占有建设工程之日为竣工日期

92. 企业事业单位违反法律法规规定排放大气污染物，造成严重大气污染的，县级以上人民政府环境保护主管部门可以采取的行政强制措施有（　　）。
    A．查封
    B．恢复原状
    C．扣押
    D．代履行
    E．收取滞纳金

93. 在执行过程中，由于出现某些特殊情况，执行工作无法继续进行或没有必要继续进行的，结束执行程序。人民法院应当裁定终结执行的情形有（　　）。
    A．作为一方当事人的法人或其他组织终止，尚未确定权利义务承受人的
    B．案外人对执行标的提出确有理由异议的
    C．申请人撤销申请的

D．作为被执行人的公民死亡，无遗产可供执行，又无义务承担人的
E．追索赡养费、抚养费、抚育费案件的权利人死亡的

94．关于劳务派遣的说法，正确的是（　　）。
A．经营劳务派遣业务应当申请行政许可，办理公司登记
B．劳务派遣用工只能在临时性、辅助性或者替代性的工作岗位上实施
C．劳务派遣用工方式使劳动者的聘用与使用分离
D．用工单位可以将被派遣劳动者再派遣到与其签订合同的其他用工单位
E．除岗前培训费以外，劳务派遣单位不得再向被派遣劳动者收取费用

95．《建设工程质量管理条例》规定，监理工程师应当按照工程监理规范的要求，采取（　　）等形式，对建设工程实施监理。
A．旁站　　　　　　　　　　B．巡视
C．重点抽查　　　　　　　　D．专项检查
E．平行检验

96．广义的民事诉讼当事人包括（　　）。
A．案外人　　　　　　　　　B．原告
C．被告　　　　　　　　　　D．共同诉讼人
E．第三人

97．仲裁员（　　），必须回避，当事人也有权提出回避申请。
A．是由仲裁委员会主任指定的
B．与本案有利害关系的
C．是本案当事人或者当事人、代理人的近亲属
D．私自会见当事人、代理人，或者接受当事人、代理人的请客送礼的
E．与本案当事人、代理人有其他关系，可能影响公正仲裁的

98．根据《仲裁法》的规定，当事人申请仲裁，应当符合的条件包括（　　）。
A．有仲裁协议　　　　　　　B．当事人双方口头愿意仲裁
C．有具体的仲裁请求和事实、理由　　D．证据和证据来源、证人姓名和住所
E．属于仲裁委员会的受理范围

99．关于劳动合同订立的说法，正确的有（　　）。
A．试用期包含在劳动合同期限内
B．固定期限劳动合同不能超过10年
C．商业保险是劳动合同的必备条款
D．劳动关系自劳动合同订立之日起建立
E．建立全日制劳动关系，应当订立书面劳动合同

100．仲裁的基本特点包括（　　）。
A．制度性　　　　　　　　　B．快捷性
C．保密性　　　　　　　　　D．独立性
E．程序性

考前第3套卷参考答案及解析

一、单项选择题

1. C	2. B	3. C	4. D	5. A
6. C	7. C	8. A	9. D	10. A
11. B	12. C	13. B	14. C	15. D
16. B	17. D	18. B	19. A	20. A
21. A	22. A	23. B	24. B	25. B
26. A	27. D	28. B	29. B	30. A
31. C	32. A	33. B	34. B	35. D
36. D	37. B	38. B	39. D	40. C
41. C	42. B	43. B	44. C	45. C
46. D	47. A	48. B	49. C	50. B
51. C	52. B	53. C	54. B	55. D
56. D	57. A	58. C	59. C	60. B
61. A	62. B	63. D	64. C	65. B
66. A	67. A	68. C	69. A	70. B

【解析】

1. C。A选项错在"只能"二字。建设工程代理行为多为委托代理，故B选项错误。D选项缺少"在紧急情况下"这一限制条件。

2. B。质押是指债务人或者第三人将其动产或权利移交债权人占有，将该动产或权利作为债权的担保。

3. C。注册有效期满需继续执业的，应当在注册有效期届满30日前，按照规定申请延续注册。

4. D。A、B选项属于不需要办理施工许可证的建设工程。施工许可证应由建设单位在开工前申请领取。故C选项错误。《建筑工程施工许可管理办法》规定，省、自治区、直辖市人民政府住房和城乡建设主管部门可以根据当地的实际情况，对限额进行调整，并报国务院住房和城乡建设主管部门备案。故D选项正确。

5. A。发明专利权的期限为20年，自申请日起计算。

6. C。财产保险合同是可以转让的，因此A选项错误。保险人对人身保险的保险费，不得用诉讼方式要求投保人支付。因此B选项错误。D选项中，人身保险包括人寿保险、伤害保险、健康保险三种。

7. C。《必须招标的工程项目规定》规定，本规定范围内的项目，其勘察、设计、施工、监理以及与工程建设有关的重要设备、材料等的采购达到下列标准之一的，必须招标：（1）施工单项合同估算价在400万元人民币以上；（2）重要设备、材料等货物的采购，单项合同估算价在200万元人民币以上；（3）勘察、设计、监理等服务的采购，单项合同估算价在 100 万元人民币以上。同一项目中可以合并进行的勘察、设计、施工、监理以及与工程建设有关的重要设备、材料等的采购，合同估算价合计达到以上规定标准的，必须招标。

8. A。房产税由产权所有人缴纳。产权属于全民所有的，由经营管理的单位缴纳。产权出典的，由承典人缴纳。产权所有人、承典人不在房产所在地的，或者产权未确定及租典纠纷未解决的，由房产代管人或者使用人缴纳。

9. D。对资格预审文件、招标文件、开标以及对依法必须进行招标项目的评标结果有异议的，应当依法先向招标人提出异议。

10. A。地役权是为使用自己不动产的便利或提高其效益而按照合同约定利用他人不动产的权利。本题中甲公司对乙工厂的土地拥有的是地役权，故 A 选项正确，B 选项错误。他人的不动产为供役地，自己的不动产为需役地。对甲房地产公司而言 B 地块属于需役地，需役地以及需役地上的土地承包经营权、建设用地使用权、宅基地使用权部分转让时，转让部分涉及地役权的，受让人同时享有地役权。故 D 项错误。地役权自地役权合同生效时设立，故 C 项错误。

11. B。抵押权与其担保的债权同时存在。抵押权不得与债权分离而单独转让或者作为其他债权的担保。

12. C。行政法规的法律地位和法律效力仅次于宪法和法律，高于地方性法规和部门规章。

13. A。《房屋建筑和市政基础设施工程施工分包管理办法》规定，分包工程发包人没有将其承包的工程进行分包，在施工现场所设项目管理机构的项目负责人、技术负责人、项目核算负责人、质量管理人员、安全管理人员不是工程承包人本单位人员的，视同允许他人以本企业名义承揽工程。

14. C。《注册建造师管理规定》规定，注册有效期满需继续执业的，应当在注册有效期届满 30 日前，按照规定申请延续注册。延续注册的，有效期为 3 年。

15. D。建设单位应当自领取施工许可证之日起 3 个月内开工。因故不能按期开工的，应当向发证机关申请延期。在建的建筑工程因故中止施工的，建设单位应当自中止施工之日起 1 个月内，向发证机关报告，并按照规定做好建筑工程的维护管理工作。建筑工程恢复施工时，应当向发证机关报告；中止施工满 1 年的工程恢复施工前，建设单位应当报发证机关核验施工许可证。

16. B。重大事故，是指造成 10 人以上 30 人以下死亡，或者 50 人以上 100 人以下重伤，或者 5000 万元以上 1 亿元以下直接经济损失的事故。

17. D。注册建造师不得同时担任两个及以上建设工程施工项目负责人。发生下列情形之一的除外：（1）同一工程相邻分段发包或分期施工的；（2）合同约定的工程验收合格的；（3）因非承包方原因致使工程项目停工超过 120 天（含），经建设单位同意的。

18. B。侵权，是指公民或法人没有法律依据而侵害他人的财产权利或人身权利的行为。侵权行为一经发生，即在侵权行为人和被侵权人之间形成债的关系。侵权行为产生的债被称为侵权之债。建筑物、构筑物或者其他设施倒塌造成他人损害的，由建设单位与施工单位承担连带责任。建设单位、施工单位赔偿后，有其他责任人的，有权向其他责任人追偿。因所有人、管理人、使用人或者第三人的原因，建筑物、构筑物或者其他设施倒塌、塌陷造成他人损害的，由所有人、管理人、使用人或者第三人承担侵权责任。

19. A。《招标投标法实施条例》规定，国有资金占控股或者主导地位的依法必须进行招标的项目，招标人应当确定排名第一的中标候选人为中标人。排名第一的中标候选人放弃中标、因不可抗力不能履行合同、不按照招标文件要求提交履约保证金，或者被查实存在影响中标结果的违法行为等情形，不符合中标条件的，招标人可以按照评标委员会提出的中标候选人名单排序依次确定其他中标候选人为中标人，也可以重新招标。招标人根据评标委员会提出的书面评标报告和推荐的中标候选人确定中标人。招标人也可以授权评标委员会直接确定中标人。

20. A。《建筑法》规定，共同承包的各方对承包合同的履行承担连带责任。

21. A。建筑施工企业转让、出借资质证书或者以其他方式允许他人以本企业的名义承揽工程的，责令改正，没收违法所得，并处罚款，可以责令停业整顿，降低资质等级；情节严重的，吊销资质证书。对因该项承揽工程不符合规定的质量标准造成的损失，建筑施工企业与使用本企业名义的单位或者个人承担连带赔偿责任。

22. A。招标人可以根据评标委员会提出的书面评标报告和推荐的中标候选人确定中标人。也可以授权评标委员会直接确定中标人，故B选项错误。招标人和中标人应当自中标通知书发出之日起30日内订立书面合同，故C选项错误。D选项的请求人民法院应予支持。

23. B。A、C、D选项属于工程质量不良行为。

24. B。诚信行为记录由各省、自治区、直辖市建设行政主管部门在当地建筑市场诚信信息平台上统一公布。其中，不良行为记录信息的公布时间为行政处罚决定做出后7日内，公布期限一般为6个月至3年；良好行为记录信息公布期限一般为3年，法律、法规另有规定的从其规定。属于《全国建筑市场各方主体不良行为记录认定标准》范围的不良行为记录除在当地发布外，还将由住房和城乡建设部统一在全国公布，公布期限与地方确定的公布期限相同，法律、法规另有规定的从其规定。对发布有误的信息，由发布该信息的省、自治区和直辖市建设行政主管部门进行修正，根据被曝光单位对不良行为的整改情况，调整其信息公布期限，保证信息的准确和有效。省、自治区和直辖市建设行政主管部门负责审查整改结果，对整改确有实效的，由企业提出申请，经批准，可缩短其不良行为记录信息公布期限，但公布期限最短不得少于3个月，同时将整改结果列于相应不良行为记录后，供有关部门和社会公众查询；对于拒不整改或整改不力的单位，信息发布部门可延长其不良行为记录信息公布期限。

25. B。《招标投标法》规定，招标人根据评标委员会提出的书面评标报告和推荐的中标候选人确定中标人。招标人也可以授权评标委员会直接确定中标人。

26. A。最高人民法院《关于审理建设工程施工合同纠纷案件适用法律问题的解释（一）》规定，当事人对建设工程实际竣工日期有争议的，人民法院应当分别按照以下情形予以认定：（1）建设工程经竣工验收合格的，以竣工验收合格之日为竣工日期；（2）承包人已经提交竣工验收报告，发包人拖延验收的，以承包人提交验收报告之日为竣工日期；（3）建设工程未经竣工验收，发包人擅自使用的，以转移占有建设工程之日为竣工日期。

27. D。仲裁庭可以作出缺席裁决。申请人无正当理由开庭时不到庭的，或在开庭审理时未经仲裁庭许可中途退庭的，视为撤回仲裁申请；如果被申请人提出了反请求，不影响仲裁庭就反请求进行审理，并作出裁决。被申请人无正当理由开庭时不到庭的，或在开庭审理时未经仲裁庭许可中途退庭的，仲裁庭可以进行缺席审理，并作出裁决；如果被申请人提出了反请求，视为撤回反请求。

28. C。不符合强制性节能标准的项目，建设单位不得开工建设。

29. B。《建筑工程施工许可管理办法》规定，建设单位采用欺骗、贿赂等不正当手段取得施工许可证的，由原发证机关撤销施工许可证，责令停止施工，并处1万元以上3万元以下罚款；构成犯罪的，依法追究刑事责任。

30. A。最高人民法院《关于审理建设工程施工合同纠纷案件适用法律问题的解释（一）》规定，建设工程施工合同具有下列情形之一的，应当依据民法典第153条第1款的规定，认定无效：（1）承包人未取得建筑业企业资质或者超越资质等级的；（2）没有资质的实际施工人借用有资质的建筑施工企业名义的；（3）建设工程必须进行招标而未招标或者中标无效的。

31. C。《建设工程质量管理条例》规定，违反本条例规定，注册建筑师、注册结构工程师、监理工程师等注册执业人员因过错造成质量事故的，责令停止执业1年；造成重大质量事故的，吊销执业资格证书，5年内不予注册；情节特别恶劣的，终身不予注册。

32. A。失业人员失业前用人单位和本人累计缴费满1年不足5年的，领取失业保险金的期限最长为12个月；累计缴费满5年不足10年的，领取失业保险金的期限最长为18个月；累计缴费10年以上的，领取失业保险金的期限最长为24个月。

33. B。女职工生育享受不少于90天的产假。不得安排女职工在哺乳未满1周岁的婴儿期间从事国家规定的第3级体力劳动强度的劳动和哺乳期禁忌从事的其他劳动，不得安排其延长工作时间和夜班劳动。不得安排女职工在怀孕期间从事国家规定的第3级体力劳动强度的劳动和孕期禁忌从事的活动。对怀孕7个月以上的女职工，不得安排其延长工作时间和夜班劳动。

34. B。劳动合同应当具备以下条款：①用人单位的名称、住所和法定代表人或者主要负责人；②劳动者的姓名、住址和居民身份证或者其他有效身份证件号码；③劳动合同期限；④工作内容和工作地点；⑤工作时间和休息休假；⑥劳动报酬；⑦社会保险；⑧劳动保护、劳动条件和职业危害防护；⑨法律、法规规定应当纳入劳动合同的其他事项。劳动合同除上述规定的必备条款外，用人单位与劳动者可以约定试用期、培训、保守秘密、补充保险和福利待遇等其他事项。

35. D。在租赁合同中，承租人的目的是取得租赁物的使用收益权，出租人也只转让租赁物的使用收益权，而不转让其所有权；租赁合同终止时，承租人须返还租赁物。这是租赁合同区别于买卖合同的根本特征。

36. D。用人单位发生合并或者分立等情况，原劳动合同继续有效，劳动合同由承继其权利和义务的用人单位继续履行。

37. B。依法限制招标投标当事人资质（资格）等方面的行政处理决定，所认定的限制期限长于6个月的，公告期限从其决定。因此A选项错误。C选项中，公告部门在做出答复前不停止对违法行为记录的公告。D选项的正确表述为：行政处理决定在被行政复议或行政诉讼期间，公告部门依法不停止对违法行为记录的公告，但行政处理决定被依法停止执行的除外。

38. B。用人单位以暴力、威胁或者非法限制人身自由的手段强迫劳动者劳动的，或者用人单位违章指挥、强令冒险作业危及劳动者人身安全的，劳动者可以立即解除劳动合同，不需事先告知用人单位。

39．D。定作人在承揽人完成工作前可以随时解除承揽合同，造成承揽人损失的，应当赔偿损失，故 D 选项正确。承揽人将其承揽的主要工作交由第三人完成的，应当就该第三人完成的工作成果向定作人负责；未经定作人同意的，定作人也可以解除合同，故 B 选项错误。定作人不履行协助义务致使承揽工作不能完成的，承揽人可以催告定作人在合理期限内履行义务，并可以顺延履行期限；定作人逾期不履行的，承揽人可以依法解除合同。故 A、C 选项错误。

40．C。劳动能力鉴定由用人单位、工伤职工或者其近亲属向设区的市级劳动能力鉴定委员会提出申请，并提供工伤认定决定和职工工伤医疗的有关资料。设区的市级劳动能力鉴定委员会应当自收到劳动能力鉴定申请之日起 60 日内作出劳动能力鉴定结论，必要时，作出劳动能力鉴定结论的期限可以延长 30 日。

41．C。实行工程量清单计价的建筑工程，鼓励发承包双方采用单价方式确定合同价款。建设规模较小、技术难度较低、工期较短的建筑工程，发承包双方可以采用总价方式确定合同价款。紧急抢险、救灾以及施工技术特别复杂的建筑工程，发承包双方可以采用成本加酬金方式确定合同价款。

42．B。承诺的内容应当与要约的内容一致。受要约人对要约的内容作出实质性变更的，为新要约。有关合同标的、数量、质量、价款或者报酬、履行期限、履行地点和方式、违约责任和解决争议方法等的变更，是对要约内容的实质性变更。

43．C。《节约能源法》规定，设计单位、施工单位、监理单位违反建筑节能标准的，由建设主管部门责令改正，处 10 万元以上 50 万元以下罚款；情节严重的，由颁发资质证书的部门降低资质等级或者吊销资质证书；造成损失的，依法承担赔偿责任。

44．C。A 选项错在"全部无效"。用人单位发生合并或者分立等情况，原劳动合同继续有效，故 B 选项错误。用人单位变更名称、法定代表人、主要负责人或者投资人等事项，不影响劳动合同的履行。故 C 选项正确。劳动合同双方当事人签字或者盖章时间不一致的，以最后一方签字或者盖章的时间为准，故 D 选项错误。

45．A。买受人应当按照约定的数额和支付方式支付价款。对价款的数额和支付方式没有约定或者约定不明确的，可以协议补充；不能达成补充协议的，按照合同有关条款或者交易习惯确定。执行政府定价或者政府指导价的，在合同约定的交付期限内政府价格调整时，按照交付时的价格计价。逾期交付标的物的，遇价格上涨时，按照原价格执行；价格下降时，按照新价格执行。因此，买方应支付的货款为 2000-2×20=1960 元/t。

46．D。相对人可以催告法定代理人自收到通知之日起 30 日内予以追认。法定代理人未作表示的，视为拒绝追认。

47．A。进行大型基本建设工程，建设单位应当事先报请省、自治区、直辖市人民政府文物行政部门组织从事考古发掘的单位在工程范围内有可能埋藏文物的地方进行考古调查、勘探。

48．D。《历史文化名城名镇名村保护条例》规定，损坏或者擅自迁移、拆除历史建筑的，由城市、县人民政府城乡规划主管部门责令停止违法行为、限期恢复原状或者采取其他补救措施；有违法所得的，没收违法所得；逾期不恢复原状或者不采取其他补救措施的，城乡规划主管部门可以指定有能力的单位代为恢复原状或者采取其他补救措施，所需费用由违法者承担；造成严重后果的，对单位并处 20 万元以上 50 万元以下的罚款，对个人并处10万元以上20万元以下的罚款；造成损失的，依法承担赔偿责任。

49．C。屋面防水工程、有防水要求的卫生间、房间和外墙面的防渗漏的最低保修期限为5年。

50．B。最高人民法院《关于审理劳动争议案件适用法律问题的解释（一）》规定，下列纠纷不属于劳动争议：（1）劳动者请求社会保险经办机构发放社会保险金的纠纷；（2）劳动者与用人单位因住房制度改革产生的公有住房转让纠纷；（3）劳动者对劳动能力鉴定委员会的伤残等级鉴定结论或者对职业病诊断鉴定委员会的职业病诊断鉴定结论的异议纠纷；（4）家庭或者个人与家政服务人员之间的纠纷；（5）个体工匠与帮工、学徒之间的纠纷；（6）农村承包经营户与受雇人之间的纠纷。

51．C。施工企业应在工程项目开工前，办理完投保手续。鉴于工程建设项目施工工艺流程中各工种调动频繁、用工流动性大，投保应实行不记名和不计人数的方式。工程项目中有分包单位的由总承包施工企业统一办理，分包单位合理承担投保费用。业主直接发包的工程项目由承包企业直接办理。

52．B。按工程设计图纸施工，是保证工程实现设计意图的前提，也是明确划分设计、施工单位质量责任的前提。

53．C。当事人既约定违约金，又约定定金的，一方违约时，对方可以选择适用违约金或者定金条款。

54．B。《建筑法》规定，施工现场安全由建筑施工企业负责。实行施工总承包的，由总承包单位负责。分包单位向总承包单位负责，服从总承包单位对施工现场的安全生产管理。

55．D。《建设工程安全生产管理条例》规定，施工单位有下列行为之一的，责令限期改正；逾期未改正的，责令停业整顿，并处5万元以上10万元以下的罚款；造成重大安全事故，构成犯罪的，对直接责任人员，依照刑法有关规定追究刑事责任：（1）施工前未对有关安全施工的技术要求作出详细说明的；（2）未根据不同施工阶段和周围环境及季节、气候的变化，在施工现场采取相应的安全施工措施，或者在城市市区内的建设工程的施工现场未实行封闭围挡的；（3）在尚未竣工的建筑物内设置员工集体宿舍的；（4）施工现场临时搭建的建筑物不符合安全使用要求的；（5）未对因建设工程施工可能造成损害的毗邻建筑物、构筑物和地下管线等采取专项防护措施的。施工单位有以上规定第（4）项、第（5）项行为的，造成损失的，依法承担赔偿责任。

56．D。单位工程竣工结算由承包人编制，发包人审查；实行总承包的工程，由具体承包人编制，在总包人审查的基础上，发包人审查。

57．A。《建设工程安全生产管理条例》规定，工程监理单位在实施监理过程中，发现存在安全事故隐患的，应当要求施工单位整改；情况严重的，应当要求施工单位暂时停止施工，并及时报告建设单位。施工单位拒不整改或者不停止施工的，工程监理单位应当及时向有关主管部门报告。

58．C。利息从应付工程价款之日开始计付。

59．C。根据是否约定租赁期限，可分为定期租赁和不定期租赁。租赁合同可以约定租赁期限，但租赁期限不得超过20年。超过20年的，超过部分无效。租赁期限届满，当事人可以续订租赁合同；但约定的租赁期限自续订之日起不得超过20年。当事人未依照法律、行政法规规定办理租赁合同登记备案手续的，不影响合同的效力。租赁期限6个月以上的，应当采用书面形式。当事人未采用书面形式，无法确定租赁期限的，视为不定期租赁。

60．B。根据《仲裁法》的规定，该法的调整范围仅限于民商事仲裁，即"平等主体的公民、法人和其他组织之间发生的合同纠纷和其他财产权纠纷"。《中华人民共和国劳动争议调解仲裁法》规定的劳动争议仲裁、《中华人民共和国农村土地承包经营纠纷调解仲裁法》规定的农业承包合同纠纷仲裁，是由特定行政仲裁机构依法处理的行政仲裁。

61．A。根据《民事诉讼法》的规定，根据表现形式的不同，民事证据有以下8种，分别是：当事人的陈述、书证、物证、视听资料、电子数据、证人证言、鉴定意见、勘验笔录。

62．A。《民事诉讼法》中规定了3种适用专属管辖的案件，其中因不动产纠纷提起的诉讼，由不动产所在地人民法院管辖。

63．D。根据《民事诉讼法》的规定，申请执行的期间为2年。这里的期间，从法律文书规定履行期间的最后1日起计算。

64．C。仲裁协议独立存在，合同的变更、解除、终止或者无效，以及合同成立后未生效、被撤销等，均不影响仲裁协议的效力。当事人在订立合同时就争议解决达成仲裁协议的，合同未成立也不影响仲裁协议的效力。

65．D。一方请求仲裁委员会作出决定，另一方请求人民法院作出裁定的，由人民法院裁定。本案中虽然双方约定发生争议提请甲市的仲裁委员会仲裁，但是B公司却向乙市仲裁委员会申请仲裁，属于一方请求仲裁委员会作出决定，另一方请求人民法院作出裁定的情形，因此应由人民法院作出裁定。

66．A。依照《行政许可法》第26条的规定，行政许可采取统一办理或者联合办理、集中办理的，办理的时间不得超过45日；45日内不能办结的，经本级人民政府负责人批准，可以延长15日，并应当将延长期限的理由告知申请人。

67．A。当事人不能就仲裁机构选择达成一致的，仲裁协议无效。

68．C。仲裁协议应当具有下列内容：（1）请求仲裁的意思表示；（2）仲裁事项；（3）选定的仲裁委员会。

69．A。在执行中，双方当事人自行和解达成协议的，执行员应当将协议内容记入笔录，由双方当事人签名或者盖章。一方当事人不履行和解协议的，人民法院可以根据对方当事人的申请，恢复对原生效法律文书的执行。

70．B。行政诉讼的主要特征是：（1）行政诉讼是法院解决行政机关实施具体行政行为时与公民、法人或其他组织发生的争议；（2）行政诉讼为公民、法人或其他组织提供法律救济的同时，具有监督行政机关依法行政的功能；（3）行政诉讼的被告与原告是恒定的，即被告只能是行政机关，原告则是作为行政行为相对人的公民、法人或其他组织，而不可能互易诉讼身份。

二、多项选择题

71．B、C、D	72．A、B、D、E	73．B、C、E	74．B、C、D	75．A、D、E
76．A、B、C、D	77．A、B、D、E	78．A、B、D、E	79．B、C、D、E	80．A、B、C、E
81．A、C、E	82．D、E	83．B、C、D	84．A、B、C、D	85．D、E
86．A、B、D、E	87．A、E	88．B、C、E	89．C、D	90．A、B、C、E
91．A、C、E	92．A、C	93．C、D	94．B、C	95．A、B、C
96．B、C、D、E	97．B、C、D、E	98．A、C、E	99．A、E	100．B、C、D

【解析】

71. B、C、D。为公益目的或者其他非营利目的成立，不向出资人、设立人或者会员分配所取得利润的法人，为非营利法人。非营利法人包括事业单位、社会团体、基金会、社会服务机构等。

72. A、B、D、E。无因管理，是指未受他人委托，也无法律上的义务，为避免他人利益受损失而自愿为他人管理事务或提供服务的事实行为。无因管理在管理人员或服务人员与受益人之间形成了债的关系。无因管理产生的债被称为无因管理之债。甲单位可就损失的1万元向施工单位索赔。

73. B、C、E。合同的解除适用于合法有效的合同。而无效合同、可撤销合同不发生合同解除，故A选项错误。合同解除使合同关系自始消灭或者向将来消灭，故D选项错误。

74. B、C、D。《注册建造师管理规定》规定，注册建造师应当履行下列义务：（1）遵守法律、法规和有关管理规定，恪守职业道德；（2）执行技术标准、规范和规程；（3）保证执业成果的质量，并承担相应责任；（4）接受继续教育，努力提高执业水准；（5）保守在执业中知悉的国家秘密和他人的商业、技术等秘密；（6）与当事人有利害关系的，应当主动回避；（7）协助注册管理机关完成相关工作。

75. A、D、E。《招标投标法实施条例》规定，除《招标投标法》规定可以不进行招标的特殊情况外，有下列情形之一的，可以不进行招标：（1）需要采用不可替代的专利或者专有技术；（2）采购人依法能够自行建设、生产或者提供；（3）已通过招标方式选定的特许经营项目投资人依法能够自行建设、生产或者提供；（4）需要向原中标人采购工程、货物或者服务，否则将影响施工或者功能配套要求；（5）国家规定的其他特殊情形。

76. A、B、C、D。外观设计必须具备以下条件：（1）是形状、图案、色彩或者其结合的设计；（2）是对产品的外表所作的设计；（3）具有美感；（4）是适合于工业上应用的新设计。

77. A、B、D、E。《招标投标法》规定，涉及国家安全、国家秘密、抢险救灾或者属于利用扶贫资金实行以工代赈、需要使用农民工等特殊情况，不适宜进行招标的项目，按照国家有关规定可以不进行招标。

78. A、B、D、E。债的产生根据有合同、侵权、无因管理和不当得利。

79. B、C、D、E。财产所有权的权能是指所有人对其所有的财产依法享有的权利，包括占有权、使用权、收益权、处分权。

80. A、B、C、E。在建设工程招标投标活动中，投标人的不正当竞争行为主要是：投标人相互串通投标、投标人与招标人串通投标、投标人以行贿手段谋取中标、投标人以低于成本的报价竞标、投标人以他人名义投标或者以其他方式弄虚作假骗取中标。

81. A、C、E。违约责任的承担方式主要有：继续履行、采取补救措施、停止违约行为、赔偿损失、支付违约金或定金等。

82. D、E。最高人民法院《关于审理建设工程施工合同纠纷案件适用法律问题的解释（一）》第13条规定，建设工程未经竣工验收，发包人擅自使用后，又以使用部分质量不符合约定为由主张权利的，人民法院不予支持；但是承包人应当在建设工程的合理使用寿命内对地基基础工程和主体结构质量承担民事责任。

83. A、B、C、D。《注册建造师执业管理办法（试行）》规定，注册建造师不得有下列行为：（1）不按设计图纸施工；（2）使用不合格建筑材料；（3）使用不合格设备、建筑构配件；（4）违反工程质量、安全、环保和用工方面的规定；（5）在执业过程中，索贿、行贿、受贿或者谋取合同约定费用外的其他不法利益；（6）签署弄虚作假或在不合格文件上签章的；（7）以他人名义或允许他人以自己的名义从事执业活动；（8）同时在两个或者两个以上企业受聘并执业；（9）超出执业范围和聘用企业业务范围从事执业活动；（10）未变更注册单位，而在另一家企业从事执业活动；（11）所负责工程未办理竣工验收或移交手续前，变更注册到另一企业；（12）伪造、涂改、倒卖、出租、出借或以其他形式非法转让资格证书、注册证书和执业印章；（13）不履行注册建造师义务和法律、法规、规章禁止的其他行为。

84. A、B、C、E。在城市市区噪声敏感建筑物集中区域内，禁止夜间进行产生环境噪声污染的建筑施工作业，但抢修、抢险作业和因生产工艺上要求或者特殊需要必须连续作业的除外。

85. D、E。《劳动合同法》规定，劳动者提前 30 日以书面形式通知用人单位，可以解除劳动合同。劳动者在试用期内提前 3 日通知用人单位，可以解除劳动合同。但用人单位以暴力、威胁或者非法限制人身自由的手段强迫劳动者劳动的，或者用人单位违章指挥、强令冒险作业危及劳动者人身安全的，劳动者可以立即解除劳动合同，不需事先告知用人单位。

86. A、B、D、E。建造师申请延续注册的，应当提交下列材料：（1）注册建造师延续注册申请表；（2）原注册证书；（3）申请人与聘用单位签订的聘用劳动合同复印件或其他有效证明文件；（4）申请人注册有效期内达到继续教育要求的证明材料。

87. A、E。《招标投标法实施条例》规定，招标人在招标文件中要求投标人提交投标保证金的，投标保证金不得超过招标项目估算价的 2%。投标保证金有效期应当与投标有效期一致。实行两阶段招标的，招标人要求投标人提交投标保证金的，应当在第二阶段提出。投标截止后投标人撤销投标文件的，招标人可以不退还投标保证金。

88. A、B、D、E。有下列情形之一的，评标委员会应当否决其投标：（1）投标文件未经投标单位盖章和单位负责人签字；（2）投标联合体没有提交共同投标协议；（3）投标人不符合国家或者招标文件规定的资格条件；（4）同一投标人提交两个以上不同的投标文件或者投标报价，但招标文件要求提交备选投标的除外；（5）投标报价低于成本或者高于招标文件设定的最高投标限价；（6）投标文件没有对招标文件的实质性要求和条件作出响应；（7）投标人有串通投标、弄虚作假、行贿等违法行为。

89. B、C、D。《劳动法》规定，禁止安排女职工从事矿山井下、国家规定的第 4 级体力劳动强度的劳动和其他禁忌从事的劳动。不得安排女职工在经期从事高处、低温、冷水作业和国家规定的第 3 级体力劳动强度的劳动。不得安排女职工在怀孕期间从事国家规定的第 3 级体力劳动强度的劳动和孕期禁忌从事的活动。对怀孕 7 个月以上的女职工，不得安排其延长工作时间和夜班劳动。女职工生育享受不少于 90 天的产假。不得安排女职工在哺乳未满 1 周岁的婴儿期间从事国家规定的第 3 级体力劳动强度的劳动和哺乳期禁忌从事的其他劳动，不得安排其延长工作时间和夜班劳动。

90. A、B、C、E。建设单位的质量责任和义务包括：（1）依法发包工程；（2）依法向有关单位提供原始资料；（3）限制不合理的干预行为；（4）依法报审施工图设计文件；（5）依法实行工程监理；（6）依法办理工程质量监督手续；（7）依法保证建筑材料等符合要求；（8）依法进行装修工程。

91. A、C、E。最高人民法院《关于审理律设工程施工合同纠纷案件适用法律问题的解释（一）》规定。当事人对建设工程实际竣工日期有争议的，按照以下情形分别处理：（1）建设工程经竣工验收合格的，以竣工验收合格之日为竣工日期；（2）承包人已经提交竣工验收报告，发包人拖延验收的，以承包人提交验收报告之日为竣工日期；（3）建设工程未经竣工验收，发包人擅自使用的，以转移占有建设工程之日为竣工日期。

92. A、C。企业事业单位和其他生产经营者违反法律法规规定排放大气污染物，造成或者可能造成严重大气污染，或者有关证据可能灭失或者被隐匿的，县级以上人民政府环境保护主管部门和其他负有大气环境保护监督管理职责的部门，可以对有关设施、设备、物品采取查封、扣押等行政强制措施。

93. C、D、E。在执行过程中，由于出现某些特殊情况，执行工作无法继续进行或没有必要继续进行的，结束执行程序。有下列情况之一的，人民法院应当裁定终结执行：（1）申请人撤销申请的；（2）据以执行的法律文书被撤销的；（3）作为被执行人的公民死亡，无遗产可供执行，又无义务承担人的；（4）追索赡养费、抚养费、抚育费案件的权利人死亡的；（5）作为被执行人的公民因生活困难无力偿还借款，无收入来源，又丧失劳动能力的；（6）人民法院认为应当终结执行的其他情形。

94. A、B、C。用工单位不得将被派遣劳动者再派遣到其他用人单位。故D选项错误。劳务派遣单位和用工单位不得向被派遣劳动者收取费用，故E选项错误。

95. A、B、E。《建设工程质量管理条例》规定，监理工程师应当按照工程监理规范的要求，采取旁站、巡视和平行检验等形式，对建设工程实施监理。

96. B、C、D、E。广义的民事诉讼当事人包括原告、被告、共同诉讼人和第三人。

97. B、C、D、E。仲裁员有下列情形之一的，必须回避，当事人也有权提出回避申请：（1）是本案当事人或者当事人、代理人的近亲属；（2）与本案有利害关系；（3）与本案当事人、代理人有其他关系，可能影响公正仲裁的；（4）私自会见当事人、代理人，或者接受当事人、代理人的请客送礼的。

98. A、C、E。当事人申请仲裁，应当符合下列条件：（1）有仲裁协议；（2）有具体的仲裁请求和事实、理由；（3）属于仲裁委员会的受理范围。

99. A、E。固定期限劳动合同的期限并不限于10年，B选项错误。劳动合同的必备条款包括：用人单位的名称、住所和法定代表人或者主要负责人；劳动者的姓名、住址和居民身份证或者其他有效身份证件号码；劳动合同期限；工作内容和工作地点；工作时间和休息休假；劳动报酬；社会保险；劳动保护、劳动条件和职业危害防护；法律、法规规定应当纳入劳动合同的其他事项。因此C选项错误。D选项的正确表述为：劳动关系自用工之日起建立。

100. B、C、D。仲裁的基本特点：自愿性、专业性、独立性、保密性、快捷性、域外执行力。

《建筑工程管理与实务》
考前第 1 套卷及解析

扫码关注领取

本试卷配套解析课

《建筑工程管理与实务》考前第1套卷

一、单项选择题（共20题，每题1分。每题的备选项中，只有1个最符合题意）

1. 常用作隔墙、顶棚、门面板、墙裙等的人造木板是（   ）。
   A．纤维板   B．刨花板
   C．胶合板   D．细木工板
2. 冷弯型钢按屈服强度等级分类不包括（   ）。
   A．Q750   B．Q335
   C．Q390   D．Q500
3. 钢—混凝土组合楼板中的压型钢板基板厚度不应小于（   ）mm。
   A．0.5   B．0.6
   C．0.7   D．0.8
4. 关于混凝土外加剂的说法，错误的是（   ）。
   A．掺入适当减水剂能改善混凝土的耐久性
   B．高温季节大体积混凝土施工应掺速凝剂
   C．掺入引气剂可提高混凝土的抗渗性和抗冻性
   D．早强剂可加速混凝土早期强度增长
5. 大中型建筑工程，通常先建立（   ），然后以此为基础，测设建筑物的主轴线。
   A．高程控制网   B．城市控制网
   C．轴线控制网   D．场区控制网
6. 网架结构安装的方法中，适用于中小型网架，吊装时可在高空平移或旋转就位的方法是（   ）。
   A．整体顶升法   B．整体提升法
   C．滑移法   D．整体吊装法
7. 有关水泥砂浆防水层施工的说法，错误的是（   ）。
   A．水泥砂浆防水层可用于地下工程主体结构的迎水面或背水面
   B．水泥砂浆防水层可用于受持续振动或温度高于80℃的地下工程防水
   C．水泥砂浆防水层施工的基层表面应采用与防水层相同的防水砂浆堵塞并抹平
   D．水泥砂浆防水层终凝后，应及时进行养护，养护温度不宜低于5℃
8. 有关纸面石膏板安装的说法，错误的是（   ）。
   A．饰面石膏板应在中间向四周自由状态下固定
   B．固定次龙骨的间距，一般不应大于300mm，在南方潮湿地区，间距应适当减小
   C．纸面石膏板的长边（即包封边）应沿纵向次龙骨铺设
   D．自攻螺钉与纸面石膏板边的距离，用面纸包封的板边以10~15mm为宜
9. 瓷砖铺贴完成后进行养护的时间不得小于（   ）天。
   A．7   B．12
   C．14   D．16

10. 幕墙立柱采用铝合金型材时，其开口部位的厚度不应小于（　　）mm。
   A．1.5　　　　　　　　　　　　　B．2.0
   C．2.5　　　　　　　　　　　　　D．3.0

11. 有关复合板内保温系统的说法中，错误的是（　　）。
   A．铺贴前宜先在基层墙体上做水泥砂浆找平层处理
   B．有机保温板宽度不宜大于1000mm
   C．有机保温板高度不宜大于600mm
   D．采用以粘为主，粘、锚结合方式铺贴

12. 以下说法中，符合施工总平面图设计要求的是（　　）。
   A．存放危险品类的仓库应远离现场单独设置，离在建工程距离不小于10m
   B．木材场两侧应有4m宽通道，端头处应有12m×12m回车场
   C．宿舍内应保证有必要的生活空间，床铺不得超过3层
   D．每间宿舍居住人员人均面积不应小于2.5m²

13. 关于施工临时用水管理中的说法，正确的是（　　）。
   A．主要供水管线采用环状布置
   B．管线穿路处均要套以铁管，并埋入地下0.5m处
   C．排水沟沿道路两侧布置，纵向坡度不小于0.5%
   D．临时室外消防给水干管距拟建房屋不应小于3m

14. 下列有关施工节材、节水、节能、节地的表述中，正确的是（　　）。
   A．力争工地临建房、临时围挡材料的可重复使用率达到50%
   B．力争施工中非传统水源和循环水的再利用量大于30%
   C．施工临时用电优先选用节能电线和节能灯具，照度不应超过最低照度的40%
   D．施工临时设施占地面积有效利用率大于60%

15. 在施工过程中，对砌筑砂浆的配合比进行质量检测试验的主要参数是（　　）等。
   A．强度等级　　　　　　　　　　　B．同条件试件强度
   C．抗渗性能　　　　　　　　　　　D．标准养护试件强度

16. 下列施工程序和施工顺序的安排，错误的是（　　）。
   A．三通工程应先场外后场内　　　　B．先地下后地上
   C．排水工程要先上游后下游　　　　D．先深后浅

17. 根据规定，文明施工检查评定保证项目不包括（　　）。
   A．封闭管理　　　　　　　　　　　B．施工场地
   C．现场防火　　　　　　　　　　　D．综合治理

18. 有关塔式起重机安全控制要点的说法，正确的是（　　）。
   A．塔式起重机的指挥人员、操作人员必须持证上岗
   B．在进行塔式起重机回转动作前，操作人员应检查电源电压是否达到220V
   C．在批准的情况下可以用限位装置代替操作机构
   D．遇有4级及以上的大风天气时，应停止塔式起重机露天作业

19. 工程量清单采用综合单价形式，综合单价中包括了工程直接费、间接费、管理费、风险费、利润、国家规定的各种规费等，体现了工程量清单计价的（　　）特点。
   A．强制性　　　　　　　　　　　　B．统一性
   C．完整性　　　　　　　　　　　　D．规范性

20. 民用建筑工程验收时,凡进行了样板间室内环境污染物浓度检测且检测结果合格的,其同一装饰装修设计样板间类型的房间抽检量不得少于( )间。
   A．2   B．3
   C．4   D．5

二、**多项选择题**(共10题,每题2分。每题的备选项中,有2个或2个以上符合题意,至少有1个错项。错选,本题不得分;少选,所选的每个选项得0.5分)

21. 工程结构设计时,应根据工程的( )等因素规定设计工作年限。
   A．环境影响   B．建造成本
   C．抗震设防要求   D．使用功能
   E．使用维护成本

22. 抗震设防烈度为9度的高层建筑,不应采用( )。
   A．双向抗侧力结构   B．带转换层的结构
   C．错层结构   D．带加强层的结构
   E．连体结构

23. 在基础工程施工前,应编制基坑工程专项施工方案,其内容应包括( )等。
   A．基坑工程施工工艺流程   B．岩土工程勘察报告
   C．土方开挖和回填施工技术参数 D．工程监测要求
   E．基坑工程施工安全技术措施

24. 关于屋面防水基本要求的说法,正确的有( )。
   A．屋面防水应以防为主,以排为辅
   B．混凝土结构层宜采用结构找坡,坡度不应小于2%
   C．严寒和寒冷地区屋面热桥部位,应按设计要求采取节能保温等隔断热桥措施
   D．找平层设置的分格缝可兼作排汽道,排汽道的宽度宜为20mm
   E．涂膜防水层的胎体增强材料宜采用无纺布或化纤无纺布

25. 下列关于主体结构混凝土浇筑的说法,正确的有( )。
   A．混凝土不能有离析现象
   B．高度大于1m的梁,可单独浇筑
   C．有主次梁的楼板宜顺着主梁方向浇筑
   D．梁和板宜同时浇筑
   E．单向板宜沿着板的短边方向浇筑

26. 轻骨料混凝土小型空心砌块墙,如无切实有效措施,不得使用于( )部位或环境。
   A．建筑物防潮层以上墙体   B．砌块表面温度高于80℃的部位
   C．长期浸水侵蚀环境   D．长期受化学侵蚀环境
   E．长期处于有振动源环境的墙体

27. 有关卷材防水屋面施工基本要求的说法,正确的是( )。
   A．以排为主,以防为辅
   B．大坡面铺贴卷材应采用满粘法
   C．屋面卷材防水层施工时,由高向低铺贴
   D．天沟卷材施工时,宜顺天沟方向铺贴

E．上下层卷材不得相互垂直铺贴

28．属于二级动火情况的是（　　）。
A．在具有一定危险因素的非禁火区域内进行临时焊、割等用火作业
B．小型油箱等容器
C．危险性较大的登高焊、割作业
D．比较密封的室内、容器内、地下室等场所
E．登高焊、割等用火作业

29．用于检查结构构件混凝土强度的试件，应在混凝土的浇筑地点随机抽取，同一配合比的混凝土，取样与试件留置符合规定的是（　　）。
A．每拌制100盘且不超过100m³时，取样不得少于一次
B．每工作班拌制不足100盘时，取样不得少于两次
C．连续浇筑超过1000m³时，每500m³取样不得少于一次
D．每一楼层取样不得少于一次
E．每次取样应至少留置一组试件

30．对地脚螺栓连接板拼装不严密的防治措施的说法，正确的是（　　）。
A．连接处钢板应平直、变形较大者应调整后使用
B．连接型钢或零件平面坡度大于1：10时，应放置斜垫片
C．连接板之间的间隙小于1mm的，可不作处理
D．连接板间的间隙为1~3mm，将厚的一侧做成向较薄一侧过渡的缓坡
E．连接板间的间隙大于3mm的，可填入垫板

三、实务操作和案例分析题（共5题，（一）、（二）、（三）题各20分，（四）、（五）题各30分）

（一）

背景资料：

某办公楼工程，建筑面积55000m²，地下二层，地上二十六层，框架—剪力墙结构，设计基础底标高为-9.0m，由主楼和附属用房组成。

监理工程师在消防工作检查时，发现一只手提式灭火器直接挂在工人宿舍外墙的挂钩上，其顶部离地面的高度为1.6m；食堂设置了独立制作间和冷藏设施，燃气罐放置在通风良好的杂物间。

在预应力管桩锤击沉桩施工过程中，某一根管桩在桩端标高接近设计标高时难以下沉；此时，贯入度已达到设计要求，施工单位认为该桩承载力已经能够满足设计要求，提出终止沉桩。经组织勘察、设计、施工等各方参建人员和专家会商后同意终止沉桩，监理工程师签字认可。

地下室管道安装时，一名工人站在2.2m高移动平台上作业，另一名工人在地面协助其工作，安全完成了工作任务。

施工合同中约定"当工程量偏差超出5%时，该项增加部分或剩余部分的综合单价按5%进行浮动"。施工单位编制竣工结算时发现工程量清单中两个清单项的工程数量增减幅度超出5%，其相应工程数量、单价等数据详见表1：

	工程数量、单价等数据			表 1
清单项	清单工程量	实际工程量	清单综合单价	浮动系数
清单项 A	5080m³	5594m³	452 元/m³	5%
清单项 B	8918m²	8205m²	140 元/m²	5%

问题：

1. 监理工程师在消防工作检查时发现的情况有哪些不妥之处并说明正确做法。手提式灭火器还有哪些放置方法？

2. 监理工程师同意终止沉桩是否正确？如不正确，请写出正确做法。

3. 在该高度移动平台上作业是否属于高处作业？高处作业分为几个等级？操作人员必备的个人安全防护用具、用品有哪些？

4. 分别计算清单项 A、清单项 B 的结算总价（单位：元）。

答题区：

（二）

背景资料：

某建设单位投资兴建住宅楼，建筑面积 12000m²，钢筋混凝土框架结构，地下 1 层，地上 7 层。经公开招投标，某施工单位中标，双方根据《建设工程施工合同（示范文本）》签订施工承包合同。

施工单位按照成本管理工作要求，有条不紊地开展成本计划、成本控制、成本核算等一系列管理工作。

在主体结构实体检验时，首层两根柱子的混凝土强度等级为 C28。

施工过程中，建设单位要求施工单位在 3 层进行了样板间施工，并对样板间室内环境污染物浓度进行检测，检测结果合格；工程交付使用前对室内环境污染物浓度检测时，施工单位以样板间已检测合格为由将抽检房间数量减半，共抽检 7 间，经检测甲醛浓度超标；施工单位查找原因并采取措施后对原检测的 7 间房间再次进行检测，检测结果合格，施工单位认为达标。监理单位提出不同意见，要求调整抽检的房间并增加抽检房间数量。

根据合同要求，工程城建档案归档资料由项目部负责整理后提交建设单位，项目部在整理归档文件时，使用了部分复印件，并对重要的变更部位用红色墨水修改，同时对纸质档案中没有记录的内容在提交的电子文件中给予补充，在档案预验收时，验收单位提出了整改意见。

问题：

1. 成本核算应坚持的"三同步"原则是什么？
2. 混凝土强度等级为 C28 的柱子按照规范该如何处理？
3. 请说明再次检测时对抽检房间的要求和数量。
4. 指出项目部在整理归档文件时的不妥之处，并说明正确做法。

答题区：

（三）

背景资料：

某市中心区新建一座商业中心，建筑面积 26000m²，地下 2 层，地上 16 层，1～3 层有裙房，结构形式为钢筋混凝土框架结构。

某施工总承包单位承接了该商业中心工程的施工总承包任务。该施工总承包单位进场后，立即着手进行施工现场平面布置及相关工作：

（1）在临市区主干道的南侧采用 1.6m 高的砖砌围墙作围挡。

（2）宿舍设置可开启式外窗，床铺为 2 层，通道宽度为 0.8m。

（3）经总监理工程师审批后安排施工人员暂住于在建工程内。

施工总承包单位项目部项目经理组织编制施工组织设计。施工部署作为施工组织设计的纲领性内容，项目经理重点对"重点和难点分析""四新技术应用"等方面进行详细安排，要求为工程创优策划打好基础。

一层大厅高 12m、长 32m，大厅处有 3 道后张预应力混凝土梁。大厅后张预应力混凝土梁浇筑完成 25 天后，生产经理凭经验判定混凝土强度已达到设计要求，随即安排作业人员拆除了梁底模板并准备进行预应力张拉。

某分部工程主体结构完成后，总监理工程师组织了主体分部验收，质量为合格。

问题：

1. 指出施工总承包单位现场平面布置中的不妥之处，并说明正确做法。
2. 除背景材料中提及的"重点和难点分析""四新技术应用"外，施工部署的主要内容还有哪些？
3. 预应力混凝土梁底模拆除工作有哪些不妥之处？并说明理由。
4. 分部工程质量验收合格的规定是什么？

答题区：

（四）

背景资料：

某新建综合楼工程，现浇钢筋混凝土框架结构。地下1层，地上10层，建筑檐口高度45m，某建筑工程公司中标后成立项目部进场组织施工。

根据施工组织设计的安排，施工高峰期现场同时使用机械设备达到8台，项目土建施工员仅编制了安全用电和电气防火措施报送给项目监理工程师。监理工程师认为存在多处不妥，要求整改。

监理工程师巡视第四层填充墙砌筑施工现场时，发现加气混凝土砌块填充墙体直接从结构楼面开始砌筑，砌筑到梁底并间歇2天后立即将其补砌挤紧。

监理工程师对现场安全文明施工进行检查时，发现只有公司级、分公司级、项目级三级安全教育记录，开工前的安全技术交底记录中交底人为专职安全员，监理工程师要求整改。

中标造价费用组成为：人工费3000万元，材料费17505万元，机械费995万元，管理费450万元，措施费用760万元，利润940万元，规费525万元，税金850万元。施工总承包单位据此进行了项目施工承包核算等工作。

施工单位在项目现场搭设了临时办公室、各类加工车间、库房、食堂和宿舍等临时设施；并根据场地实际情况，在现场临时设施区域内设置了环形消防通道、消火栓、消防供水池等消防设施。施工单位在每月例行的安全生产与文明施工巡查中，对照《建筑施工安全检查标准》JGJ 59—2011 中"文明施工检查评分表"的保证项目逐一进行检查；经统计，现场生产区临时设施总面积超过了1200m²，检查组认为现场临时设施区域内消防设施配置不齐全，要求项目部整改。

问题：

1. 指出监理工程师认为存在的不妥之处并分别说明理由。
2. 指出填充墙砌筑过程中的错误做法，并分别写出正确做法。
3. 分别指出安全文明施工进行检查时发现的错误做法，并指出正确做法。
4. 除了施工成本核算、施工成本预测属于成本管理任务外，成本管理任务还包括哪些工作？分别列式计算本工程项目的直接成本和间接成本各是多少万元？
5. 针对本项目生产区临时设施总面积情况，在生产区临时设施区域内还应增设哪些消防器材或设施？

答题区：

（五）

背景资料：

某工程，建设单位与施工单位按照《建设工程施工合同（示范文本）》签订了施工合同。经总监理工程师批准的施工总进度计划如图1所示（时间：月），各工作均按最早开始时间安排且匀速施工。

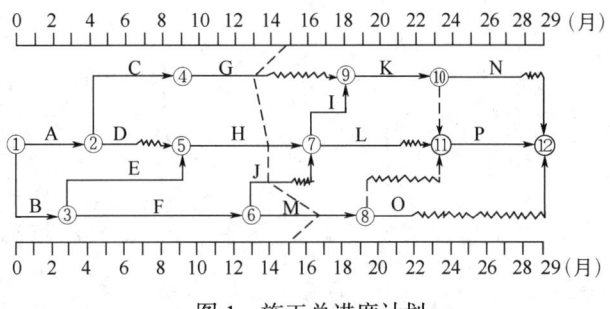

图1 施工总进度计划

事件1：工作D开始后，由于建设单位未能及时提供施工图纸，使该工作暂停施工1个月。停工造成施工单位人员窝工损失8万元，施工机械台班闲置费15万元。为此，施工单位提出工程延期和费用补偿申请。

事件2：工程进行到第11个月遇强台风，造成工作G和H实际进度拖后，同时造成人员窝工损失60万元、施工机械闲置损失100万元、施工机械损坏损失110万元。由于台风影响，到第15个月末，实际进度前锋线如图1所示。为此，施工单位提出工程延期2个月和费用补偿270万元的索赔。

问题：

1. 指出图1所示施工总进度计划的关键线路及工作F、M的总时差和自由时差。
2. 针对事件1，项目监理机构应批准的工程延期和费用补偿分别为多少？说明理由。
3. 根据图1所示前锋线，工作J和M的实际进度超前或拖后的时间分别是多少？对总工期是否有影响？
4. 事件2中，项目监理机构应批准的工程延期和费用补偿分别为多少？说明理由。

答题区：

考前第1套卷参考答案及解析

一、单项选择题

1. C	2. B	3. C	4. B	5. D
6. D	7. B	8. B	9. A	10. D
11. B	12. D	13. A	14. B	15. A
16. C	17. D	18. A	19. B	20. B

【解析】

1. C。胶合板是指由单板构成的多层材料，通常按相邻层单板的纹理方向垂直组胚胶合而成，常用作隔墙、顶棚、门面板、墙裙等。

2. B。冷弯型钢按屈服强度等级分类分为：Q195、Q215、Q235、Q345、Q390、Q420、Q460、Q500、Q550、Q620、Q690、Q750级。

3. C。钢—混凝土组合楼板总厚度不应小于 90mm。压型钢板基板厚度不应小于 0.7mm。

4. B。混凝土中掺入减水剂，若不减少拌合用水量，能显著提高拌合物的流动性。同时，混凝土的耐久性也能得到显著改善。因此 A 选项说法正确。缓凝剂主要用于高温季节混凝土、大体积混凝土、泵送与滑模方法施工以及远距离运输的商品混凝土等。因此 B 选项说法错误。引气剂可改善混凝土拌合物的和易性，减少泌水离析，并能提高混凝土的抗渗性和抗冻性。因此 C 选项说法正确。早强剂可加速混凝土硬化和早期强度发展，缩短养护周期，加快施工进度，提高模板周转率。因此 D 选项说法正确。

5. D。平面控制测量必须遵循"由整体到局部"的组织实施原则，以避免放样误差的积累。大中型的施工项目，应先建立场区控制网，再分别建立建筑物施工控制网，以建筑物平面控制网的控制点为基础，测设建筑物的主轴线，根据主轴线再进行建筑物的细部放样。

6. D。网架安装的方法：

（1）高空散装法：适用于全支架拼装的各种类型的空间网格结构，尤其适用于螺栓连接、销轴连接等非焊接连接的结构。

（2）分条或分块安装法：适用于分割后刚度和受力状况改变较小的网架，如两向正交正放四角锥、正向抽空四角锥等网架。

（3）滑移法：适用于能设置平行滑轨的各种空间网格结构，尤其适用于必须跨越施工（不允许搭设支架）或场地狭窄、起重运输不便等情况。

（4）整体吊装法：适用于中小型网架，吊装时可在高空平移或旋转就位。

（5）整体提升法：适用于各种类型的网架，结构在地面整体拼装完毕后用提升设备提升至设计标高、就位。

（6）整体顶升法：适用于支点较少的多点支承网架。

7. B。不应用于受持续振动或温度高于 80℃的地下工程防水。

8. B。固定次龙骨的间距，一般不应大于600mm，在南方潮湿地区，间距应适当减小。

9. A。瓷砖铺贴完应进行养护，养护时间不得小于7天。

10. D。幕墙立柱可采用铝合金型材或钢型材。铝型材开口部位的厚度不应小于3.0mm；闭口部位的厚度不应小于2.5mm。钢型材截面受力部位的厚度不应小于3.0mm。

11. B。有机保温板宽度不宜大于1200mm。

12. D。存放危险品类的仓库应远离现场单独设置，离在建工程距离不小于15m。木材场两侧应有6m宽通道，端头处应有12m×12m回车场。宿舍内应保证有必要的生活空间，床铺不得超过2层。

13. A。管线穿路处均要套以铁管，并埋入地下0.6m处。排水沟沿道路两侧布置，纵向坡度不小于0.2%。临时室外消防给水干管距拟建房屋不应小于5m且不宜大于25m。

14. B。力争工地临建房、临时围挡材料的可重复使用率达到70%。临时用电优先选用节能电线和节能灯具，照明设计以满足最低照度为原则，照度不应超过最低照度的20%。施工临时设施占地面积有效利用率大于90%。

15. A。砌筑砂浆的配合比进行质量检测试验的主要参数是强度等级和稠度。

16. C。三通工程应先场外后场内，由远而近，先主干后分支，排水工程要先下游后上游。

17. D。"文明施工"检查评定保证项目应包括：现场围挡、封闭管理、施工场地、材料管理、现场办公与住宿、现场防火。一般项目应包括：综合治理、公示标牌、生活设施、社区服务。

18. A。在进行塔式起重机回转、变幅、行走和吊钩升降等动作前，操作人员应检查电源电压是否达到380V。严禁用限位装置代替操作机构。遇有6级及以上的大风或大雨、大雪、大雾等恶劣天气时，应停止塔式起重机露天作业。

19. B。统一性体现在：采用综合单价形式，综合单价中包括了工程直接费、间接费、管理费、风险费、利润、国家规定的各种规费等，使得参加投标的单位处于公平竞争的地位。有利于对投标人报价的对比分析，有利于评标工作的开展；对发包商与承包商的标书编制责任进行了划分，避免歧义的发生。

20. B。民用建筑工程验收时，凡进行了样板间室内环境污染物浓度检测且检测结果合格的，其同一装饰装修设计样板间类型的房间抽检量可减半，并不得少于3间。

二、多项选择题

21. A、B、D、E 22. B、C、D、E 23. A、C、D、E 24. A、C、E 25. A、B、D
26. B、C、D、E 27. B、D、E 28. A、B、E 29. A、D、E 30. A、C、D、E

【解析】

21. A、B、D、E。工程结构设计时，应根据工程的使用功能、建造和使用维护成本及环境影响等因素规定设计工作年限。

22. B、C、D、E。混凝土结构体系设计应符合下列规定：
（1）不应采用混凝土结构构件与砌体结构构件混合承重的结构体系。
（2）房屋建筑结构应采用双向抗侧力结构体系。
（3）抗震设防烈度为9度的高层建筑，不应采用带转换层的结构、带加强层的结构、错层结构和连体结构。

23. A、C、D、E。在基础工程施工前，应编制基坑工程专项施工方案。其内容应包括：支护结构、地下水控制、土方开挖和回填等施工技术参数，基坑工程施工工艺流程，基坑工程施工方法，基坑工程施工安全技术措施，应急预案，工程监测要求等。

24. A、C、E。屋面防水基本要求：（1）屋面防水应以防为主，以排为辅。混凝土结构层宜采用结构找坡，坡度不应小于 3%；当采用材料找坡时，宜采用质量轻、吸水率低和有一定强度的材料，坡度宜为 2%。找坡应按屋面排水方向和设计坡度要求进行，找坡层最薄处厚度不宜小于 20mm。（2）保温层上的找平层应在水泥初凝前压实抹平，并应留设分格缝，缝宽宜为 5~20mm，纵横缝的间距不宜大于 6m。（3）严寒和寒冷地区屋面热桥部位，应按设计要求采取节能保温等隔断热桥措施。（4）找平层设置的分格缝可兼作排汽道，排汽道的宽度宜为 40mm；排汽道应纵横贯通，并应与大气连通的排汽孔相通，排汽孔可设在檐口下或纵横排汽道的交叉处；排汽道纵横间距宜为 6m，屋面面积每 $36m^2$ 宜设置一个排汽孔，排汽孔应作防水处理；在保温层下也可铺设带支点的塑料板。（5）涂膜防水层的胎体增强材料宜采用无纺布或化纤无纺布；胎体增强材料长边搭接宽度不应小于 50mm，短边搭接宽度不应小于 70mm；上下层胎体增强材料的长边搭接缝应错开，且不得小于幅宽的 1/3；上下层胎体增强材料不得相互垂直铺设。

25. A、B、D。梁和板宜同时浇筑混凝土，有主次梁的楼板宜顺着次梁方向浇筑，单向板宜沿着板的长边方向浇筑；拱和高度大于 1m 的梁等结构，可单独浇筑混凝土。

26. B、C、D、E。轻骨料混凝土小型空心砌块或蒸压加气混凝土砌块墙如无切实有效措施，不得使用于下列部位或环境：

（1）建筑物防潮层以下墙体；

（2）长期浸水或化学侵蚀环境；

（3）砌块表面温度高于 80℃的部位；

（4）长期处于有振动源环境的墙体。

27. B、D、E。本题考核的是屋面防水工程施工技术。屋面防水施工是以排为辅，以防为主。因此，A 选项错误。屋面卷材防水层施工时，应由低向高铺贴。因此，C 选项错误。

28. A、B、E。凡属下列情况之一的动火，均为二级动火：

（1）在具有一定危险因素的非禁火区域内进行临时焊、割等用火作业。

（2）小型油箱等容器。

（3）登高焊、割等用火作业。

29. A、D、E。用于检查结构构件混凝土强度的试件，应在混凝土的浇筑地点随机抽取。同一配合比的混凝土，取样与试件留置应符合下列规定：

（1）每拌制 100 盘且不超过 $100m^3$ 时，取样不得少于一次。

（2）每工作班拌制不足 100 盘时，取样不得少于一次。

（3）连续浇筑超过 $1000m^3$ 时，每 $200m^3$ 取样不得少于一次。

（4）每一楼层取样不得少于一次。

（5）每次取样应至少留置一组试件。

30. A、C、D、E。地脚螺栓连接板拼装不严密的防治措施：

（1）连接处钢板应平直、变形较大者应调整后使用。

（2）连接型钢或零件平面坡度大于 1:20 时，应放置斜垫片。

（3）连接板之间的间隙小于 1mm 的，可不作处理。
（4）连接板间的间隙为 1~3mm，将厚的一侧做成向较薄一侧过渡的缓坡。
（5）连接板间的间隙大于 3mm，填入垫板，垫板的表面与构件同样处理。

三、实务操作和案例分析题

（一）

1. 监理工程师在消防工作检查时发现的情况的不妥之处及正确做法：
（1）不妥之处：手提式灭火器悬挂高度。
正确做法：悬挂时其顶部距离地面高度应小于 1.5m，底部离地面高度不小于 0.15m（或大于 0.15m）。
不妥之处：燃气罐放在杂物间。
正确做法：燃气罐应单独设置存放间，且通风良好，并严禁存放其他杂物。
（2）手提式灭火器还有以下放置方法：①可放在托架上；②可放在消防箱内；③可直接放在干燥的地面上。
2. 监理工程师同意终止沉桩不正确。
正确做法：当采用锤击沉管法成孔时，桩管入土深度控制应以高程为主，以贯入度控制为辅。
3. （1）属于高处作业。
（2）高处作业分为四个等级。
（3）操作人员必备的个人安全防护用具、用品包括：安全帽、安全带、防滑鞋、反光背心等。
4. （1）（5594-5080）m^3÷5080 m^3=10%>5%。
清单 A 结算的清单费用：
5080m^3×（1+5%）×452 元/m^3+[5594-5080×（1+5%）] m^3×452 元/m^3×（1-5%）=2522612 元。
（2）（8918-8205）÷8918=8%>5%。
清单 B 结算的清单费用：8205m^2×140 元/m^2×（1+5%）=1206135 元。

（二）

1. 成本核算应坚持形象进度、产值统计、成本归集的三同步原则。
2. 当混凝土结构施工质量不符合要求时，应按下列规定进行处理：
（1）经返工、返修或更换构件、部件的，应重新进行验收；
（2）经有资质的检测机构检测鉴定达到设计要求的，应予以验收；
（3）经有资质的检测机构检测鉴定达不到设计要求，但经原设计单位核算并确认仍可满足结构安全和使用功能的，可予以验收；
（4）经返修或加固处理能够满足结构可靠性要求的，可根据技术处理方案和协商文件进行验收。
3. 再次检测时对抽检房间的要求：应包含同类型房间和原不合格房间；
再次检测时抽检房间的数量：增加 1 倍（或"加倍"或"14 间"都是正确的）。
4. 项目部在整理归档文件时的不妥之处及正确做法如下：

（1）不妥之处一：使用了部分复印件。

正确做法：归档的工程文件应为原件，内容必须真实、准确，与工程实际相符合。

（2）不妥之处二：对重要的变更部位用红色墨水修改。

正确做法：工程文件应采用碳素墨水、蓝黑墨水等耐久性强的书写材料，不得使用红色墨水等易褪色的书写材料。

（3）不妥之处三：对纸质档案中没有记录的内容在提交的电子文件中给予补充。

正确做法：归档的建设工程电子文件的内容必须与其纸质档案一致。

（三）

1. 施工总承包单位现场平面布置中的不妥之处及其正确做法：

（1）不妥之处：在临市区主干道的南侧采用1.6m高的砖砌围墙作围挡。

正确做法：施工现场必须实施封闭管理，现场出入口应设门卫室，场地四周必须采用封闭围挡，围挡要坚固、整洁、美观，并沿场地四周连续设置。一般路段的围挡高度不得低于1.8m，市区主要路段的围挡高度不得低于2.5m。

（2）不妥之处：宿舍设置可开启式外窗，床铺为2层，通道宽度为0.8m。

正确做法：宿舍必须设置可开启式外窗，床铺不得超过2层，通道宽度不得小于0.9m。

（3）不妥之处：安排施工人员暂住于在建工程内。

正确做法：在建工程、伙房、库房不得兼作宿舍。

2. 施工部署的主要内容还有：工程目标；工程管理的组织；进度安排和空间组织；资源配置计划；项目管理总体安排。

3. 不妥之处1：生产经理未经申请即安排拆模。

理由：必须办理拆模申请手续。

不妥之处2：根据经验判断混凝土强度。

理由：应根据同条件养护试块强度记录是否达到规定强度判定。

不妥之处3：生产经理批准拆模。

理由：由技术负责人批准。

不妥之处4：后张预应力混凝土梁先拆除底模后进行张拉。

理由：后张预应力混凝土底模必须在预应力张拉完毕后才能进行拆除。

4. 分部工程质量验收合格的规定：

（1）所含分项工程的质量均应验收合格；

（2）质量控制资料应完整；

（3）有关安全、节能、环境保护和主要使用功能的抽样检验结果应符合相应规定；

（4）观感质量应符合要求。

（四）

1. 存在的不妥之处及理由：

（1）不妥之处：施工高峰期现场同时使用机械设备达到8台，仅编制了安全用电和电气防火措施。

理由：施工现场临时用电设备在5台及以上或设备总容量在50kW及以上者，应编制临时用电组织设计。

（2）不妥之处：项目土建施工员编制。

理由：临时用电组织设计应由电气工程技术人员组织编制。

2. 填充墙砌筑过程中的错误做法及正确做法如下。

（1）错误做法：加气混凝土砌块填充墙墙体直接从结构楼面开始砌筑。

正确做法：墙底部应砌高度150mm的现浇混凝土坎台。

（2）错误做法：加气混凝土砌块砌筑到梁底并间歇2天后立即将其补砌挤紧。

正确做法：填充墙与承重主体结构间的空（缝）隙部位施工，应在填充墙砌筑14天后进行。

3. 安全文明施工进行检查时发现的错误做法与正确做法。

（1）只有公司级、分公司级、项目级安全教育记录错误。

正确做法：施工企业安全生产教育培训一般包括对管理人员、特种作业人员和企业员工的安全教育。新员工上岗前要进行三级安全教育，包括公司级、项目级和班组级安全教育。

（2）安全技术交底记录中交底人为专职安全员错误。

正确做法：安全技术交底应由项目经理部的技术负责人交底。安全技术交底应由交底人、被交底人、专职安全员进行签字确认。

4. 成本管理任务还包括施工成本计划、施工成本控制、施工成本分析、施工成本考核。

直接成本：3 000万元+17 505万元+995万元+760万元=22260.00万元

间接成本：450万元+525万元=975.00万元

5. 还应增设的消防器材与设施有：消防桶、消防锹、消防钩、消防斧、盛水桶（池）、消防砂箱（池）、灭火器。

（五）

1. 图1所示施工总进度计划的关键线路：B→E→H→I→K→P。

工作F的总时差为1个月，自由时差为0。

工作M的总时差为4个月，自由时差为0。

2. 针对事件1，项目监理机构应批准的工程延期为0。

理由：工作D的总时差为2个月，工作暂停施工1个月，不影响总工期。

项目监理机构应批准的费用补偿：施工单位人员窝工损失 8 万元+施工机械台班闲置费15万元=23万元。

理由：建设单位原因导致施工单位的施工人员窝工、施工机械闲置应予以费用补偿。

3. 根据图1所示前锋线，工作J的实际进度拖后1个月。由于工作J的总时差为1个月，故对总工期无影响。

M的实际进度超前2个月。由于工作M为非关键工作，故对总工期无影响。

4. 事件2中，项目监理机构应批准的工程延期为1个月。

理由：第15个月末，实际进度前锋线所示，关键工作H推迟1个月，将会影响总工期1个月，其他工作延误时间均小于其总时差，对总工期不产生影响。

事件2中，项目监理机构应批准的费用补偿为0。

理由：强台风属于不可抗力，不可抗力期间的人员窝工、施工机械闲置、施工机械损坏均属于承包单位应当承担的责任，无需给予费用补偿。

《建筑工程管理与实务》
考前第 2 套卷及解析

扫码关注领取

本试卷配套解析课

《建筑工程管理与实务》考前第2套卷

一、单项选择题（共20题，每题1分。每题的备选项中，只有1个最符合题意）

1. 结构混凝土强度等级的选用，应满足工程结构的承载力、刚度及耐久性的要求，对设计工作年限为50年的预应力混凝土楼板结构，其结构混凝土的强度等级不应低于（　　）。
   A．C20 B．C25
   C．C30 D．C40

2. 工程测量用水准仪的主要功能是（　　）。
   A．直接测量待定点的高程 B．测量两个方向之间的水平夹角
   C．测量两点间的高差 D．直接测量竖直角

3. 基坑土方填筑应（　　）进行回填和夯实。
   A．从一侧向另一侧平推 B．在相对两侧或周围同时
   C．由近到远 D．在基坑卸土方便处

4. 比多级轻型井点降水设备少、土方开挖量少，施工快，费用低的降水技术是（　　）。
   A．电渗井点 B．真空降水管井
   C．井点回灌 D．喷射井点

5. 当钢筋混凝土构件按最小配筋率配筋时，其钢筋代换的原则是（　　）代换。
   A．等强度 B．等面积
   C．等刚度 D．等数量

6. 关于后浇带施工的做法，正确的是（　　）。
   A．浇筑与原结构相同等级的混凝土
   B．浇筑比原结构提高一等级的微膨胀混凝土
   C．接槎部分未剔凿直接浇筑混凝土
   D．后浇带模板支撑重新搭设后浇筑混凝土

7. 毛石砌体的砌筑砂浆用砂宜优先选用（　　）。
   A．特细砂 B．细砂
   C．中砂 D．粗砂

8. 有关装配式混凝土结构预制构件安装采取临时支撑时的说法，错误的是（　　）。
   A．竖向预制构件的临时支撑不宜少于三道
   B．水平预制构件叠合板预制底板下部支撑宜选用定型独立钢支柱
   C．水平预制构件竖向连续支撑层数不宜少于2层
   D．对预制柱、墙板构件的上部斜支撑，其支撑点距离板底的距离不宜小于构件高度的2/3

9. 关于全玻璃幕墙工程的说法，正确的是（　　）。
   A．吊挂玻璃下端与下槽不应留空隙
   B．全玻璃幕墙的板面不得与玻璃直接接触
   C．全玻璃幕墙不可以在现场打注硅酮结构密封胶
   D．槽壁与玻璃之间可以不采用硅酮建筑密封胶密封

10. 有关轻质隔墙工程板缝处理的说法，正确的是（   ）。
    A．加气混凝土隔板之间板缝在填缝前应用毛刷蘸水湿润
    B．勾缝砂浆用 1∶2 水泥砂浆，按用水量的 30%加入胶粘剂
    C．填缝材料应采用石膏，不能采用膨胀水泥
    D．填缝时应由一人从板的一侧向另一侧填实

11. 裱贴壁纸的原则中，错误的是（   ）。
    A．贴垂直面时先下后上　　　　　　B．先垂直面后水平面
    C．贴水平面时先高后低　　　　　　D．先细部后大面

12. 喷涂硬泡聚氨酯保温层施工时，一个作业面应分遍喷涂完成，每遍喷涂厚度不宜大于（   ）mm。
    A．30　　　　　　　　　　　　　　B．25
    C．15　　　　　　　　　　　　　　D．10

13. 施工企业应加强施工现场的卫生与防疫工作，以下做法中，正确的是（   ）。
    A．施工现场每间宿舍居住人员为 20 人
    B．现场食堂的门扇下方设 0.1m 的防鼠挡
    C．现场食堂的制作间灶台及其周边铺贴瓷砖的高度为 1.0m
    D．现场食堂储藏室的粮食存放台距墙和地面 0.5m

14. 有关施工现场的消防管理工作的说法，错误的是（   ）。
    A．氧气瓶、乙炔瓶工作间距不小于 3m
    B．临时搭设的建筑物区域内每 100m² 配备 2 只 10L 灭火器
    C．消防水源的进水口一般不应少于两处
    D．可燃材料库房单个房间的建筑面积不应超过 30m²

15. 有关建筑装饰装修工程技术管理的说法，错误的是（   ）。
    A．塑料门窗储存的环境温度应低于 50℃
    B．抹灰、粘贴饰面砖、打密封胶等粘结工艺施工，环境温度不宜高于 35℃
    C．涂饰工程施工现场环境温度不宜高于 25℃
    D．烈日或高温天气应防止抹灰等装修面出现裂缝和空鼓

16. 不属于水泥复试内容的是（   ）。
    A．抗压强度　　　　　　　　　　　B．抗折强度
    C．抗拉强度　　　　　　　　　　　D．凝结时间

17. 有关脚手架搭设的安全管理要点的说法，正确的是（   ）。
    A．垫板应采用长度不少于 2 跨、厚度不小于 20mm 的木垫板
    B．将模板支架、缆风绳、泵送混凝土和砂浆的运输管等固定在脚手架上
    C．单排脚手架的横向水平杆不应设置在梁或梁垫下及其左右 500mm 范围内
    D．纵向扫地杆应采用直角扣件固定在距底座上皮不大于 100mm 处的立杆上

18. 建筑地面工程施工时，砂石垫层选用天然级配材料，其厚度不应小于（   ）mm。
    A．50　　　　　　　　　　　　　　B．60
    C．100　　　　　　　　　　　　　 D．120

19. 民用建筑内的库房或贮藏间，其内部所有装修除应符合相应场所规定外，应采用不低于（   ）级的装修材料。

A．A 　　　　　　　　　　　　B．B_1
　　C．B_2 　　　　　　　　　　　D．B_3

20．流水施工的时间参数不包括（　　）。
　　A．流水节拍　　　　　　　　　　B．流水步距
　　C．流水施工工期　　　　　　　　D．流水强度

二、**多项选择题**（共 10 题，每题 2 分。每题的备选项中，有 2 个或 2 个以上符合题意，至少有 1 个错项。错选，本题不得分；少选，所选的每个选项得 0.5 分）

21．永久作用包括（　　）。
　　A．土压力　　　　　　　　　　　B．预加应力
　　C．结构自重　　　　　　　　　　D．屋面活荷载
　　E．起重机荷载

22．在施工期间，对高层和超高层建筑、长大跨度或体形狭长的工程结构，应进行（　　）。
　　A．收敛变形监测　　　　　　　　B．挠度监测
　　C．水平位移监测　　　　　　　　D．日照变形监测
　　E．风振变形监测

23．关于钢结构高强度螺栓连接的说法，正确的有（　　）。
　　A．高强度大六角头螺栓连接副施拧可采用扭矩法或转角法
　　B．高强度螺栓连接副初拧、复拧和终拧原则上应从不受约束的自由端向刚度大的部位进行
　　C．高强度螺栓连接副初拧、复拧和终拧原则上应从螺栓群中央向四周进行
　　D．高强度螺栓连接副初拧、复拧和终拧原则上应从螺栓群四周开始向中部集中逐个拧紧
　　E．同一接头中高强度螺栓的初拧、复拧、终拧应在 24h 内完成

24．关于混凝土条形基础浇筑的说法，正确的有（　　）。
　　A．宜分段分层连续浇筑　　　　　B．一般不留施工缝
　　C．各段层间应相互衔接　　　　　D．每段浇筑长度应控制在 4～5m
　　E．不宜逐段逐层呈阶梯形向前推进

25．钢结构组装方法可采用（　　）等。
　　A．滑移法　　　　　　　　　　　B．整体提升法
　　C．专用设备装配法　　　　　　　D．胎模装配法
　　E．仿形复制装配法

26．以下有关施工平面管理的说法，正确的有（　　）。
　　A．施工现场应实行封闭管理，并应采用硬质围挡
　　B．市区主要路段的施工现场围挡高度不应低于 2.0m
　　C．现场内沿临时道路设置畅通的排水系统
　　D．主要出入口明显处设置工程概况牌
　　E．施工现场的主要道路及材料加工地面应进行硬化处理

27．施工单位是建筑工程绿色施工的实施主体，施工单位环境保护技术要点的说法中，正确的是（　　）。
　　A．确需夜间施工的，应办理夜间施工许可证明，并公告附近社区居民

B．施工现场污水排放经沉淀处理后二次使用或排入市政污水管网
C．用餐人数在 150 人以下的，可以不设置简易有效的隔油池
D．拆除建筑物、构筑物时，应采用隔离、洒水等措施
E．建筑物内施工垃圾的清运，必须采用相应的容器或管道运输

28．下列关于建筑施工安全网的说法中，错误的是（　　）。
A．密目式安全立网的网目密度应为 10cm×10cm 面积上大于或等于 1000 目
B．采用平网防护时，可以使用密目式安全立网代替平网使用
C．电梯井内平网网体与井壁的空隙不得大于 35mm
D．立网用于龙门架的封闭防护时，边绳的断裂张力不得小于 3kN
E．密目式安全立网搭设时，每个开眼环扣应穿系绳

29．建筑工程质量验收划分包括（　　）。
A．单位工程   B．子单位工程
C．分部工程   D．分项工程
E．检验批

30．针对危险性较大的建设工程，建设单位在（　　）时，应当提供危险性较大的分部分项工程清单和安全管理措施。
A．申领施工许可证   B．申领安全生产许可证
C．办理安全监督手续   D．办理竣工备案手续
E．申领建设工程规划许可证

三、实务操作和案例分析题（共 5 题，（一）、（二）、（三）题各 20 分，（四）、（五）题各 30 分）

（一）

背景资料：

某新建办公楼，地下 1 层，筏板基础，地上 12 层，框架-剪力墙结构。

由于建设单位提供的高程基准点 A 点（高程 H_A 为 75.141m）离基坑较远，项目技术负责人要求将高程控制点引测至临近基坑的 B 点。技术人员在两点间架设水准仪，A 点立尺读数 a 为 1.441m，B 点立尺读数 b 为 3.521 m。

基坑开挖前，施工单位委托具备相应资质的第三方对基坑工程进行现场监测，监测单位编制了监测方案，经建设方、监理方认可后开始施工。

施工单位针对模板及支架编制了专项施工方案，方案中针对模板整体设计有模板和支架选型、构造设计、荷载及其效应计算，并绘制有施工节点详图。监理工程师审查后要求补充该模板整体设计必要的验算内容。

总投资额 4200.00 万元。采用工程量清单计价模式；项目开工日前 7 天内支付工程预付款，工程款预付比例为 10%。签约合同价部分明细有：分部分项工程费为 2118.50 万元，脚手架费用为 49.00 万元，措施项目费 92.16 万元，其他项目费 110.00 万元，总包管理费 30.00 万元，暂列金额 80.00 万元，规费及税金 266.88 万元。建设单位于 2022 年 4 月 26 日支付了工程预付款，施工单位收到工程预付款后，用部分工程预付款购买了用于本工程所需的塔式起重机、轿车、模板，支付其他工程拖欠劳务费、其他工程的材料欠款。

问题：

1. 列式计算 B 点高程 H_B。
2. 本工程在基坑监测管理工作中有哪些不妥之处？并说明理由。
3. 按照监理工程师要求，针对模板及支架施工方案中模板整体设计，施工单位应补充哪些必要验算内容？
4. 施工单位的签约合同价、工程预付款分别是多少万元（保留小数点后两位）？指出施工单位使用工程预付款的不妥之处，工程预付款的正确使用用途还有哪些？

答题区：

（二）

背景资料：

某办公楼工程，钢筋混凝土框架结构，地下1层，地上8层，层高4.5m。

工程开工前，施工单位按规定向项目监理机构报审施工组织设计，监理工程师审核时，发现"施工进度计划"部分仅有"施工进度计划表"一项内容，认为该部分内容缺项较多，要求补充其他必要内容。

办公楼外防护采用扣件式钢管脚手架，搭设示意见图1。

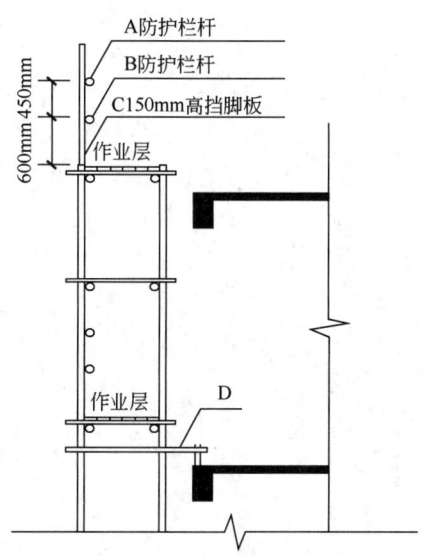

图1 扣件式钢管脚手架构造剖面示意图

位于办公楼顶层的会议室，其框架柱间距为8m×8m。会议室顶板底模支撑拆除前，试验员从标准养护室取一组试件进行试验，试验强度达到设计强度的90%，项目部据此开始拆模。

施工总承包单位对项目部进行专项安全检查时发现：安全管理检查评分表内的保证项目仅对"安全生产责任制""施工组织设计及专项施工方案"两项进行了检查。

问题：

1. 还应补充的施工进度计划内容还有哪些？
2. 分别阐述图1中A、B、C做法是否符合要求？并写出正确做法。写出D的名称。
3. 项目部拆模的做法是否正确？说明理由。当设计无规定时，通常情况下模板拆除顺序的原则是什么？
4. 安全管理检查评分表的保证项目还应检查哪些？

答题区：

（三）

背景资料：

某住宅楼工程，地下2层，地上20层，建筑面积2.5万 m^2，基坑开挖深度7.6m，地上2层以上为装配式混凝土结构，某施工单位中标后组建项目部组织施工。

基坑施工前，施工单位编制了《××工程基坑支护方案》，并组织召开了专家论证会，参建各方项目负责人及施工单位项目技术负责人，生产经理、部分工长参加了会议，会议期间，总监理工程师发现施工单位没有按规定要求参会，要求暂停专家论证会。

施工单位为控制成本，现场围墙分段设计，实施全封闭式管理。东、南两面紧邻市区主要路段设计为1.8m高砖围墙，并按市容管理要求进行美化；西、北两面紧靠居民小区一般路段设计为1.8m高普通钢围挡。

外墙保温采用EPS板薄抹灰系统，由EPS板、耐碱玻纤网布、胶粘剂、薄抹灰面层、饰面涂层等组成，其构造如图2所示。

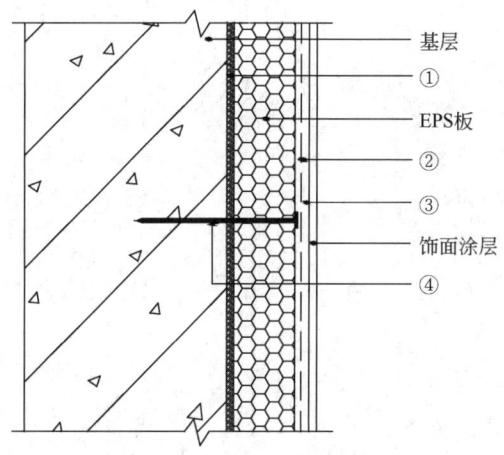

图2　EPS板薄抹灰构造图

合同工程量清单报价中写明：瓷砖墙面积为1000 m^2，综合单价为110元/m^2。施工过程中，建设单位调换了瓷砖的规格型号，经施工单位核算综合单价为150元/m^2。该分项工程施工完成后，经监理工程师实测确认瓷砖粘贴面积为1 200 m^2，但建设单位尚未确认该变更单价。施工单位用挣值法进行了成本分析。

备注：BCWS——计划完成工作预算费用

　　　BCWP——已完工作预算费用

　　　ACWP——已完工作实际费用

　　　CV——费用偏差

问题：

1. 施工单位参加专家论证会议人员还应有哪些？
2. 分别说明现场砖围墙和普通钢围挡设计高度是否妥当，如有不妥，请给出符合要求的最低设计高度。
3. 分别写出图2中数字代号所示各构造做法的名称。
4. 计算墙面瓷砖粘贴分项工程的BCWS、BCWP、ACWP、CV，并分析成本状况。

答题区：

（四）

背景资料：

某新建工程，建筑面积28000m²，地下1层，地上6层，框架结构，建筑总高28.5m，建设单位与施工单位签订了施工合同，合同约定项目施工创省级安全文明工地。

施工现场入口仅设置了企业标志牌、工程概况牌，检查组认为制度牌设置不完整，要求补充。工人宿舍室内净高2.3m，封闭式窗户，每个房间住20名工人，建筑施工安全检查组认为不符合相关要求，对此下发了通知单。

室内卫生间楼板二次埋置套管施工过程中，施工总承包单位采用与楼板同抗渗等级的防水混凝土埋置套管，聚氨酯防水涂料施工完毕后，从下午5:00开始进行蓄水检验，次日上午8:30，施工总承包单位要求项目监理机构进行验收，监理工程师对施工总承包单位的做法提出异议，不予验收。

考虑到该项目用电负荷较小，且施工组织仅需6台临时用电设备，施工单位依据施工组织设计编制了《安全用电和电气防火措施》，决定不单独设置总配电箱，直接从其他项目总配电箱引出分配电箱，施工现场临时用电设备直接从分配电箱连接供电，项目经理安排了一名有经验的机械工进行用电管理。监理工程师对临时用电管理进行检查，认为存在不妥，指令整改。

施工单位对工程楼板组织分段施工，某一段各工序的逻辑关系见表1：

各工序的逻辑关系 表1

工作内容	材料准备	支撑搭设	模板铺设	钢筋加工	钢筋绑扎	混凝土浇筑
工作编号	A	B	C	D	E	F
紧后工作	B、D	C	E	E	F	—
工作时间	3	4	3	5	5	1

问题：

1. 施工现场入口还应设置哪些制度牌？现场工人宿舍应如何整改？
2. 分别指出室内卫生间楼板二次埋置管施工过程中的不妥之处，并写出正确做法。
3. 指出该工程临时用电管理中的不妥之处，并分别给出正确的做法。
4. 根据表中给出的逻辑关系，绘制双代号网络计划图，并计算该网络计划图的工期。

答题区：

（五）

背景资料：

某办公楼工程，建筑面积24000m²，地下1层，地上12层。

施工单位进场后，项目质量总监组织编制了项目检测试验计划，经施工企业技术部门审批后实施。建设单位指出检测试验计划编制与审批程序错误，要求项目部调整后重新报审。第一批钢筋原材到场，项目试验员会同监理单位见证人员进行见证取样，对钢筋原材相关性能指标进行复检。

公司相关部门对该项目日常管理检查时发现：进入楼层的临时消防竖管直径75mm，隔层设置一个出水口；二级动火作业申请表由工长填写，生产经理审查批准；上述一些问题要求项目部整改。

在装饰装修阶段，项目部使用钢管和扣件临时搭设了一个移动式操作平台用于顶棚装饰装修作业。该操作平台的台面面积8.64m²，台面距楼地面高4.6m。

建筑节能分部工程验收时，由施工单位项目经理主持、施工单位质量负责人以及相关专业的质量检查员参加，总监理工程师认为该验收主持及参加人员均不满足规定，要求重新组织验收。

该工程价款约定如下：

（1）工程预付款为合同价的10%；

（2）工程预付款扣回的时间及比例：自工程款（不含工程预付款）支付至合同价款的60%后，开始从当月的工程款中扣回工程预付款，分两个月均匀扣回；

（3）工程质量保修金为工程结算总价的5%，竣工结算时一次性扣留；

（4）工程款按月支付，工程款达到合同总造价的90%停止支付，余款待工程结算完成并扣除保修金后一次性支付。

每月完成的工作量见表2。

每月完成的工作量　　　　　　　　　　　　　　　　　　　表2

月份	3	4	5	6	7	8	9
实际完成工作量/万元	80	160	170	180	160	130	120

问题：

1. 针对项目检测试验计划编制、审批程序存在的问题，给出相应的正确做法。钢筋原材的复检项目有哪些？

2. 项目日常管理行为有哪些不妥之处？并说明正确做法。

3. 现场搭设的移动式操作平台的台面面积、台面高度是否符合规定？现场移动式操作平台作业安全控制要点有哪些？

4. 节能分部工程验收应由谁主持？还应有哪些人员参加？

5. 列式计算本工程预付款及其起扣点分别是多少万元？工程预付款从几月份开始起扣？7、8月份开发公司应支付工程款多少万元？截至8月末累计支付工程款多少万元？

答题区：

考前第 2 套卷参考答案及解析

一、单项选择题

1. C	2. C	3. B	4. D	5. B
6. B	7. D	8. A	9. B	10. A
11. A	12. C	13. D	14. A	15. C
16. C	17. C	18. C	19. B	20. D

【解析】

1. C。结构混凝土强度等级的选用，应满足工程结构的承载力、刚度及耐久性的要求，对设计工作年限为 50 年的混凝土结构，结构混凝土的强度等级应符合下列规定：素混凝土结构构件的混凝土强度等级不应低于 C20；钢筋混凝土结构构件的混凝土强度等级不应低于 C25；预应力混凝土楼板结构的混凝土强度等级不应低于 C30；其他预应力混凝土结构构件的混凝土强度等级不应低于 C40；钢-混凝土组合结构构件的混凝土强度等级不应低于 C30。

2. C。水准仪的主要功能是测量两点间的高差，不能直接测量待定点的高程，但可由控制点的已知高程来推算测点的高程。另外，利用视距测量原理，还可以测量两点间的大致水平距离，但精度不高。

3. B。填方的边坡坡度应根据填方高度、土的种类和其重要性确定。填土应从场地最低处开始，由下而上整个宽度分层铺填。每层虚铺厚度应根据夯实机械确定。填方应在相对两侧或周围同时进行回填和夯实。

4. D。喷射井点降水设备较简单、排水深度大，比多级轻型井点降水设备少、土方开挖量少，施工快，费用低。

5. B。钢筋代换原则：等强度代换或等面积代换。当构件配筋受强度控制时，按钢筋代换前后强度相等的原则进行代换；当构件按最小配筋率配筋时，或同钢号钢筋之间的代换，按钢筋代换前后面积相等的原则进行代换。当构件受裂缝宽度或挠度控制时，代换前后应进行裂缝宽度和挠度验算。

6. B。填充后浇带，可采用微膨胀混凝土，强度等级比原结构强度提高一级，并保持至少 14 天的湿润养护。后浇带接缝处按施工缝的要求处理。

7. D。砌体结构用砂宜用中砂，其中毛石砌体宜用粗砂。砂浆用砂不得含有有害杂物。砂浆的含泥量应满足规范要求。

8. A。装配式混凝土结构竖向预制构件安装采取临时支撑时，应符合下列规定：

（1）预制构件的临时支撑不宜少于两道。

（2）对预制柱、墙板构件的上部斜支撑，其支撑点距离板底的距离不宜小于构件高度的 2/3，且不应小于构件高度的 1/2。

装配式混凝土结构水平预制构件安装采用临时支撑时，应符合下列规定：

（1）首层支撑架体的地基应平整坚实，宜采取硬化措施。

（2）竖向连续支撑层数不宜少于 2 层且上下层支撑宜对准。

（3）叠合板预制底板下部支撑宜选用定型独立钢支柱。

9. B。吊挂玻璃下端与下槽应留空隙。全玻璃幕墙可以在现场打注硅酮结构密封胶。槽壁与玻璃之间应采用硅酮建筑密封胶密封。

10. A。勾缝砂浆用1∶2水泥砂浆，按用水量的20%加入胶粘剂。填缝材料采用石膏或膨胀水泥。填缝时应由两人在板的两侧同时把缝填实。

11. A。裱贴壁纸时，首先要垂直，对花纹拼缝，最后再用刮板用力抹压平整，应按壁纸背面箭头方向进行裱贴，原则是先垂直面后水平面，先细部后大面。贴垂直面时先上后下，贴水平面时先高后低。

12. C。喷涂硬泡聚氨酯保温层施工时，喷嘴与施工基面的间距应由试验确定。一个作业面应分遍喷涂完成，每遍喷涂厚度不宜大于15mm，硬泡聚氨酯喷涂后20min内严禁上人。作业时应采取防止污染的遮挡措施。

13. D。现场宿舍必须设置可开启式窗户、宿舍内的床铺不得超过2层，严禁使用通铺。现场宿舍内应保证有充足的空间，室内净高不得小于2.5m，通道宽度不得小于0.9m，每间宿舍居住人员不得超过16人。

现场食堂应设置独立的制作间、储藏间，门扇下方应设不低于0.2m的防鼠挡。现场食堂的制作间灶台及其周边应铺贴瓷砖，所贴瓷砖高度不宜小于1.5m。现场食堂储藏室的粮食存放台距墙和地面应大于0.2m。

14. A。氧气瓶、乙炔瓶工作间距不小于5m，两瓶与明火作业距离不小于10m。建筑工程内禁止氧气瓶、乙炔瓶存放，禁止使用液化石油气"钢瓶"。

15. C。涂饰工程施工现场环境温度不宜高于35℃。

16. C。水泥复试内容及要求：抗压强度、抗折强度、安定性、凝结时间。钢筋混凝土结构、预应力混凝土结构中严禁使用含氯化物的水泥。同一生产厂家、同一等级、同一品种、同一批号且连续进场的水泥，袋装不超过200t为一批，散装不超过500t为一批检验。

17. C。垫板应采用长度不少于2跨、厚度不小于50mm、宽度不小于200mm的木垫板。不得将模板支架、缆风绳、泵送混凝土和砂浆的运输管等固定在脚手架上。脚手架必须设置纵、横向扫地杆，纵向扫地杆应采用直角扣件固定在距底座上皮不大于200mm处的立杆上。

18. C。砂垫层应采用中砂，其厚度不应小于60mm；砂石垫层选用天然级配材料，其厚度不应小于100mm。碎石垫层和碎砖垫层厚度不应小于100mm。

19. B。民用建筑内的库房或贮藏间，其内部所有装修除应符合相应场所规定外，应采用不低于B_1级的装修材料。

20. D。时间参数是指在组织流水施工时，用以表达流水施工在时间安排上所处状态的参数，主要包括流水节拍、流水步距和流水施工工期等。

二、多项选择题

21. A、B、C 22. B、D、E 23. A、C、E 24. A、B、C 25. C、D、E
26. A、C、D、E 27. A、B、D、E 28. A、B、C 29. A、C、D、E 30. A、C

【解析】

21. A、B、C。引起建筑结构失去平衡或破坏的外部作用主要有直接施加在结构上的各种力，称为荷载。包括永久作用（如结构自重、土压力、预加应力等），可变作用（如楼面和屋面活荷载、起重机荷载、雪荷载和覆冰荷载、风荷载等），偶然作用（如爆炸力、撞击、地震等），另一类是间接作用，指在结构上引起外加变形和约束变形的其他作用，例如温度作用，混凝土收缩、徐变等。

22. B、D、E。施工期间变形监测内容应符合下列规定：

（1）对施工期间需要进行变形监测的各对象应进行沉降观测。

（2）对基坑工程，应进行基坑及其支护结构变形监测和周边环境变形监测。

（3）对高层和超高层建筑、体形狭长的工程结构、重要基础设施工程，应进行水平位移监测、垂直度及倾斜观测。

（4）对高层和超高层建筑、长大跨度或体形狭长的工程结构，应进行挠度监测、日照变形监测、风振变形监测。

（5）对隧道、涵洞等拱形设施，应进行收敛变形监测。

23. A、C、E。高强度大六角头螺栓连接副施拧可采用扭矩法或转角法。同一接头中，高强度螺栓连接副的初拧、复拧、终拧应在24h内完成。高强度螺栓连接副初拧、复拧和终拧原则上应从接头刚度较大的部位向约束较小的方向、螺栓群中央向四周进行。

24. A、B、C。根据基础深度宜分段分层（300～500mm）连续浇筑混凝土，一般不留施工缝。各段层间应相互衔接，每段间浇筑长度控制在2～3m，做到逐段逐层呈阶梯形向前推进。

25. C、D、E。钢结构组装可采用仿形复制装配法、专用设备装配法、胎模装配法等。

26. A、C、D、E。市区主要路段的施工现场围挡高度不应低于2.5m。

27. A、B、D、E。用餐人数在100人以上的，应设置简易有效的隔油池。

28. A、B、C。密目式安全立网的网目密度应为10cm×10cm面积上大于或等于2000目。采用平网防护时，严禁使用密目式安全立网代替平网使用。密目式安全立网搭设时，每个开眼环扣应穿系绳，系绳应绑扎在支撑架上，间距不得大于450mm。当立网用于龙门架、物料提升架及井架的封闭防护时，四周边绳应与支撑架贴紧，边绳的断裂张力不得小于3kN，系绳应绑在支撑架上，间距不得大于750mm。电梯井内平网网体与井壁的空隙不得大于25mm，安全网拉结应牢固。

29. A、C、D、E。建筑工程施工质量验收应划分为单位工程、分部工程、分项工程和检验批。

30. A、C。建设单位在申请领取施工许可证或办理安全监督手续时，应当提供危险性较大的分部分项工程清单和安全管理措施。施工单位、监理单位应当建立危险性较大的分部分项工程安全管理制度。

三、实务操作和案例分析题

（一）

1. B点高程 $H_B=H_A+a-b=$（75.141+1.441-3.521）m=73.061m。

2. 本工程在基坑监测管理工作中的不妥之处及理由如下：

（1）不妥之处：基坑开挖前，施工单位委托具备相应资质的第三方对基坑工程进行现场监测。

理由：应由建设单位委托具备相应资质的第三方对基坑工程进行现场监测。

（2）不妥之处：监测单位编制了监测方案，经建设方、监理方认可后开始施工。

理由：监测方案除经建设方、监理方认可外，还应经设计方认可后才可以开始施工。

3. 施工单位还应补充模板及支架的承载力、刚度验算；模板及支架的抗倾覆验算。

4. 签约合同价=分部分项工程费+措施项目费+其他项目费+规费+税金
=2118.50+92.16+110.00+266.88=2587.54 万元。

工程预付款=（合同造价-暂列金额）×预付款比例=（2587.54-80.00）×10%=250.75 万元。

不妥之处：用部分工程预付款购买了轿车、支付其他工程拖欠劳务费、其他工程的材料欠款。

工程预付款的正确使用用途：用于承包人为合同所约定的工程施工购置材料、工程设备、购置或租赁施工设备、修建临时设施以及组织施工队伍进场等所用的费用。

（二）

1. 还应补充的施工进度计划内容有：

（1）工程建设概况；

（2）工程施工情况；

（3）单位工程进度计划，分阶段进度计划，单位工程准备工作计划，劳动力需用量计划，主要材料、设备及加工计划，主要施工机械和机具需要量计划，主要施工方案及流水段划分，各项经济技术指标要求等。

2. A、B 做法符合要求；

C 做法不符合要求；

正确做法：栏杆下边设置高度不低于 18cm 的挡脚板。

D 的名称为：连墙件。

3. 项目部的做法不正确。

理由：试件不应该从标准实验室取，应该在同等条件下养护后进行测试，才能判定是否可以拆模。

当设计无规定时，通常情况下模板拆除顺序的原则：后支的先拆、先支的后拆，先拆非承重模板、后拆承重模板的顺序，并应从上而下进行拆除。

4. 安全管理检查评分表的保证项目还应检查：

（1）安全技术交底；

（2）安全检查；

（3）安全教育；

（4）应急救援。

（三）

1. 施工单位参加专家论证会议的人员还应包括：施工单位分管安全的负责人、施工单位技术负责人、专项方案编制人员、项目专职安全生产管理人员、其他生产管理人员（质量员、技术员）。

2. 现场砖围墙设计高度不妥当。符合要求的最低设计高度为 2.5 m。

普通钢围挡设计高度妥当。

3. 图中数字代号所示的构造做法名称分别为：①胶粘剂；②玻纤网布；③薄抹灰面层；④锚栓。

4. $BCWS=1\,000\text{ m}^2 \times 110\text{ 元/m}^2 = 110\,000$ 元。

$BCWP=1\,200\text{ m}^2 \times 110\text{ 元/m}^2 = 132\,000$ 元。

$ACWP=1\,200\text{ m}^2 \times 150\text{ 元/m}^2 = 180\,000$ 元。

$CV=(132\,000-180\,000)$ 元$=-48\,000$ 元。

由于 CV 为负，说明实际费用超出预算费用。

（四）

1. 施工现场入口还应设置的制度牌有：主要出入口明显处应设置工程概况牌，大门内应设置施工现场总平面图和安全生产、消防保卫、环境保护、文明施工和管理人员名单及监督电话牌等制度牌。

施工现场工人宿舍的整改：必须设置可开启式窗户；每间宿舍居住人员不得超过 16 人；宿舍内通道宽度不得小于 0.9m，室内净高不得小于 2.5m。

2. 不妥之处及正确做法：

（1）不妥之处：室内卫生间楼板二次埋置套管施工过程中，施工总承包单位采用与楼板同抗渗等级的防水混凝土埋置套管。

正确做法：二次埋置的套管，施工总承包单位应采用比楼板抗渗等级高一级的防水混凝土埋置套管，并应掺膨胀剂。

（2）不妥之处：聚氨酯防水涂料施工完毕后，从下午 5：00 开始进行蓄水检验，次日上午 8：30，施工总承包单位要求项目监理机构进行验收。

正确做法：蓄水试验应达到 24h 以上。

3. 工程临时用电的不妥之处与正确做法。

（1）不妥之处：编制《安全用电和电气防火措施》。

正确做法：应编制《用电组织设计》。

（2）不妥之处：施工现场临时用电设备直接从分配电箱连接供电。

正确做法：施工现场所有用电设备必须有各自专用的开关箱，用电设备从开关箱取电，开关箱再从分配电箱取电。

（3）不妥之处：项目经理安排了一名有经验的机械工进行用电管理。

正确做法：项目经理应安排持证电工进行用电管理。

4. 根据表中给出的逻辑关系，绘制的双代号网络计划如图 3 所示：

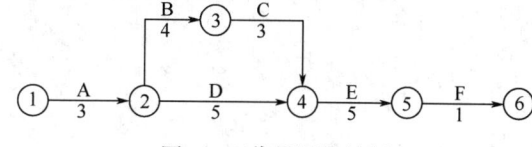

图 3 双代号网络计划

该网络计划图的工期=3+4+3+5+1=16 天。

（五）

1. 针对项目检测试验计划编制、审批程序存在的问题，相应的正确做法：

（1）编制程序的正确做法：项目检测试验计划应由项目技术负责人组织编制。

（2）审批程序的正确做法：项目检测试验计划实施前应报送监理单位（总监理工程师）审查合格。

钢筋原材的复检项目包括：屈服强度、抗拉强度、伸长率、弯曲性能、重量偏差（或质量偏差）。

2. 项目日常管理行为的不妥之处及正确做法如下：

（1）不妥之处一：消防竖管的隔层设置一个出水口。

正确做法：高度超过24m的建筑工程，安装临时消防竖管每层必须设消火栓口，并配备足够的水龙带。

（2）不妥之处二：二级动火作业申请表由生产经理审查批准。

正确做法：报项目安全管理部门和项目负责人审查批准。

3.（1）现场搭设的移动式操作平台的台面面积和台面高度均符合规定。

（2）安全控制要点：移动式操作平台台面面积不得超过 $10m^2$，高度不得超过 5m。台面脚手板要铺满钉牢，台面四周设置防护栏杆；平台移动时，作业人员必须下到地面，不允许带人移动平台。操作平台上要严格控制荷载。应在平台上标明操作人员和物料的总重量，使用过程中不允许超过设计的容许荷载。

4. 节能分部工程验收主持者：总监理工程师或建设单位项目负责人。

参加人员：施工单位项目技术负责人和相关专业的负责人、施工员；施工单位技术负责人应参加验收；设计单位项目负责人及相关专业负责人；主要设备、材料供应商及分包单位负责人、节能设计人员。

5. 本工程预付款=1000万元×10%=100万元。

起扣点=1000万元×60%=600万元。

由于3~6月的累计工程款与预付款之和为：(80+160+170+180)万元=590万元＜起扣点600万元，因此工程预付款从7月份开始起扣。

7月份扣回的预付款=100万元×50%=50万元。

7月份开发公司应支付工程款=（160-50）万元=110万元。

8月份开发公司应支付工程款=（130-50）万元=80万元。

截至8月末累计支付工程款=（590+110+80）万元=780万元。

《建筑工程管理与实务》
考前第 3 套卷及解析

扫码关注领取

本试卷配套解析课

《建筑工程管理与实务》考前第3套卷

一、单项选择题（共20题，每题1分。每题的备选项中，只有1个最符合题意）
1. 普通房屋建筑的结构设计工作年限不得低于（　　）年。
   A．40
   B．50
   C．70
   D．100
2. 楼梯踏步最小宽度不应小于0.25m的是（　　）的楼梯。
   A．幼儿园
   B．医院
   C．住宅套内
   D．专用疏散
3. 钢结构普通螺栓作为永久性连接螺栓使用时，其施工做法错误的是（　　）。
   A．在螺栓一端垫两个垫圈来调节螺栓紧固度
   B．螺母应和结构件表面的垫圈密贴
   C．因承受动荷载而设计要求放置的弹簧垫圈必须设置在螺母一侧
   D．螺栓头和螺母下面应放置平垫圈
4. 隧道、人防工程、高温、有导电灰尘、比较潮湿或灯具离地面高度低于2.5m等场所的照明，电源电压不应大于（　　）V。
   A．56
   B．64
   C．36
   D．48
5. 计算挑檐、悬挑雨篷的承载力时，应沿板宽每隔（　　）m取一个集中荷载。
   A．0.5
   B．1.0
   C．2.5
   D．3.0
6. 下列有关混凝土结构构件的最小截面尺寸的说法，错误的是（　　）。
   A．矩形截面框架梁的截面宽度不应小于200mm
   B．多层建筑剪力墙的截面厚度不应小于300mm
   C．现浇钢筋混凝土实心楼板的厚度不应小于80mm
   D．圆形截面柱的直径不应小于350mm
7. 常用混凝土外加剂的种类中，（　　）可加速混凝土硬化和早期强度发展，缩短养护周期，加快施工进度，提高模板周转率，多用于冬期施工或紧急抢修工程。
   A．减水剂
   B．早强剂
   C．缓凝剂
   D．防冻剂
8. 关于钢结构高强度螺栓安装的说法，错误的是（　　）。
   A．应从刚度大的部位向约束较小的方向进行
   B．应从不受约束的自由端向刚度大的部位进行
   C．应从螺栓群中部开始向四周扩展逐个拧紧
   D．同一接头中高强度螺栓的初拧、复拧、终拧应在24h内完成
9. 地下工程水泥砂浆防水层的养护时间至少应为（　　）天。
   A．7
   B．14

C．21   D．28

10. 在现场施工中，下列情形属于一级动火作业的是（　　）。
    A．登高焊、割   B．小型油箱
    C．比较密封的地下室   D．无明显危险因素的露天场所

11. 既能显著地吸收阳光中热作用较强的近红外线，又能保持良好透明度的节能装饰性玻璃是（　　）。
    A．镀膜玻璃   B．真空玻璃
    C．着色玻璃   D．夹层玻璃

12. 关于钢筋混凝土结构楼板、次梁与主梁上层钢筋交叉处钢筋安装的通常做法，正确的是（　　）。
    A．板的钢筋在下，次梁钢筋居中，主梁钢筋在上
    B．板的钢筋在上，次梁钢筋居中，主梁钢筋在下
    C．板的钢筋居中，次梁钢筋在下，主梁钢筋在上
    D．板的钢筋在下，次梁钢筋在上，主梁钢筋居中

13. 冬期施工混凝土拌合物的出机温度不宜低于（　　）。
    A．20℃   B．15℃
    C．25℃   D．10℃

14. 屋面卷材防水施工中，表述错误的是（　　）。
    A．屋面采用材料找坡宜为2%   B．天沟、檐沟纵向找坡不应小于1%
    C．沟底水落差不得超过300mm   D．屋面采用结构找坡不应小于3%

15. 常用模板中，具有轻便灵活、拆装方便、通用性强、周转率高、接缝多且严密性差、混凝土成型后外观质量差等特点的是（　　）。
    A．胶合板模板   B．组合钢模板
    C．钢框木胶合板模板   D．大模板

16. 关于移动式操作平台安全控制的说法，错误的是（　　）。
    A．台面面积不宜大于10m²   B．允许带不多于2人移动
    C．台面高度不宜大于5m   D．移动式行走轮承载力不应小于5kN

17. 关于防水混凝土施工做法，表述错误的是（　　）。
    A．防水混凝土应采用高频机械分层振捣密实
    B．施工缝宜留置在受剪力较小、便于施工的部位
    C．防水混凝土冬期施工时，其入模温度不应低于5℃
    D．防水混凝土终凝后应立即进行养护，养护时间不得少于7天

18. 燃烧性能等级为A级的装修材料其燃烧性能为（　　）。
    A．难燃性   B．可燃性
    C．易燃性   D．不燃性

19. 地下连续墙应采用防水混凝土，胶凝材料用量不应小于400kg/m³，水胶比不得大于0.55，坍落度不得小于（　　）。
    A．180mm   B．200mm
    C．210mm   D．250mm

20. 钢筋混凝土支撑构件的混凝土强度等级不应低于（　　）。

A．C15 　　　　　　　　　　　　　　B．C20
C．C25 　　　　　　　　　　　　　　D．C10

二、多项选择题（共10题，每题2分。每题的备选项中，有2个或2个以上符合题意，至少有1个错项。错选，本题不得分；少选，所选的每个选项得0.5分）

21．混凝土结构的裂缝控制可分为3个等级，分别是（　　）。
　　A．允许出现裂缝，但裂缝宽度不超过允许值
　　B．构件不出现拉应力
　　C．构件虽有拉应力，但不超过混凝土的抗拉强度
　　D．允许出现裂缝，但裂缝宽度等于允许值
　　E．构件虽有拉应力，但不超过混凝土的轴心抗压强度

22．结构应按设计规定的用途使用，并应定期检查结构状况，进行必要的维护和维修。严禁（　　）等影响结构使用安全的行为。
　　A．擅自增加结构使用荷载 　　　　B．损坏变动结构体系
　　C．未经技术鉴定擅自改变结构用途 　D．违章存放腐蚀性危险物品
　　E．经设计认可改变使用环境

23．关于基坑工程监测的说法，正确的有（　　）。
　　A．基坑降水应对水位降深进行监测
　　B．地下水回灌施工应对回灌量和水质进行监测
　　C．监测点应沿基坑围护墙底部周边布设
　　D．逆作法施工应全过程进行监测
　　E．基坑工程施工前应编制基坑工程监测方案

24．下列参数中，属于流水施工参数的有（　　）。
　　A．技术参数 　　　　　　　　　　B．空间参数
　　C．工艺参数 　　　　　　　　　　D．设计参数
　　E．时间参数

25．夹层玻璃的主要特性有（　　）。
　　A．抗冲击性能要比一般平板玻璃高好几倍
　　B．可发生自爆
　　C．透明度好
　　D．玻璃破碎时，碎片也不会散落伤人
　　E．通过采用不同的原片玻璃，可具有耐久、耐热、耐湿、耐寒等性能

26．关于泵送混凝土配合比设计要求的说法，正确的是（　　）。
　　A．泵送混凝土的入泵坍落度不宜低于100mm
　　B．粗骨料针片状颗粒不宜大于8%
　　C．用水量与胶凝材料总量之比不宜大于0.5
　　D．泵送混凝土的胶凝材料总量不宜小于200kg/m³
　　E．泵送混凝土宜掺用适量粉煤灰或其他活性矿物掺合料

27．浅基坑开挖时，应对（　　）等经常复测检查。
　　A．水准点 　　　　　　　　　　　B．坑底标高
　　C．边坡坡度 　　　　　　　　　　D．水平标高
　　E．平面位置

28. 石材幕墙的面板与骨架的连接有（   ）方式。
    A．钢销式
    B．通槽式
    C．短槽式
    D．支撑式
    E．背栓式

29. 属于承包单位违法分包行为的有（   ）。
    A．承包单位将其承包的工程分包给个人的
    B．专业作业承包人将其承包的劳务再分包的
    C．施工总承包单位将施工总承包合同范围内工程主体钢结构的施工分包给其他单位的
    D．专业分包单位将其承包的专业工程中劳务作业部分再分包的
    E．施工总承包单位将工程分包给不具备相应资质单位的

30. 关于小型空心砌块砌筑工艺的说法，正确的是（   ）。
    A．施工时所用的小砌块的产品龄期可以是20天
    B．底层室内地面以下或防潮层以下的砌体，应采用强度等级不低于C20（或Cb20）的混凝土灌实小砌块的孔洞
    C．小砌块表面有浮水时，不得施工
    D．小砌块墙体应孔对孔、肋对肋错缝搭砌
    E．单排孔小砌块的搭接长度应为块体长度的1/3

三、实务操作和案例分析题（共5题，（一）、（二）、（三）题各20分，（四）、（五）题各30分）

（一）

背景资料：

某高校新建宿舍楼工程，地下1层，地上5层，钢筋混凝土框架结构。采用悬臂式钻孔灌注桩排桩作为基坑支护结构，施工总承包单位按规定在土方开挖过程中实施桩顶位移监测，并设定了监测预警值。

施工过程中，发生了如下事件：

事件1：项目经理安排安全员制作了安全警示标志牌，并设置于存在风险的重要位置，监理工程师在巡查施工现场时，发现仅设置了警告类标志，要求补充齐全其他类型警示标志牌。

事件2：土方开挖时，在支护桩顶设置了900mm高的基坑临边安全防护栏杆；在紧靠栏杆的地面上堆放了砌块、钢筋等建筑材料。挖土过程中，发现支护桩顶向坑内发生的位移超过预警值，现场立即停止挖土作业，并在坑壁增设锚杆以控制桩顶位移。

事件3：在主体结构施工前，与主体结构施工密切相关的某国家标准发生了重大修改并开始实施，现场监理机构要求修改施工组织设计，重新审批后才能组织实施。

事件4：由于学校开学在即，建设单位要求施工总承包单位在完成室内装饰装修工程后立即进行室内环境质量验收，并邀请具有相应检测资质的机构到现场进行检测，施工总承包单位对此做法提出异议。

问题：

1. 事件1中，除了警告标志外，施工现场通常还应设置哪些类型的安全警示标志？
2. 分别指出事件2中错误之处，并写出正确做法。针对该事件中的桩顶位移问题，还

可采取哪些应急措施？

3. 除了事件 3 中国家标准发生重大修改的情况外，还有哪些情况发生后也需要修改施工组织设计并重新审批？

4. 事件 4 中，施工总承包单位提出异议是否合理？说明理由。室内环境污染物浓度检测应包括哪些检测项目？

答题区：

（二）

背景资料：

某新建体育馆工程，建筑面积约 23000m²，现浇钢筋混凝土结构，钢结构网架屋盖，地下一层，地上四层，地下室顶板设计有后张法预应力混凝土梁。

地下室顶板同条件养护试件强度达到设计要求时，施工单位现场生产经理立即向监理工程师口头申请拆除地下室顶板模板，监理工程师同意后，现场将地下室顶板模板及支架全部拆除。

"两年专项治理行动"检查时，二层混凝土结构经回弹-取芯法检验，其强度不满足设计要求，经设计单位验算，需对二层结构进行加固处理，造成直接经济损失 300 余万元。工程质量事故发生后，现场有关人员立即向本单位负责人报告，并在规定的时间内逐级上报至市（设区）级人民政府住房和城乡建设主管部门。施工单位提交的质量事故报告内容包括：（1）事故发生的时间、地点、工程项目名称；（2）事故发生的简要经过，无伤亡；（3）事故发生后采取的措施及事故控制情况；（4）事故报告单位。

屋盖网架采用有 Q390GJ 钢，因钢结构制作单位首次采用该材料，施工前，监理工程师要求其对首次采用的 Q390GJ 钢及相关的接头形式、焊接工艺参数、预热和后热措施等焊接参数组合条件进行焊接工艺评定。

填充墙砌体采用单排孔轻骨料混凝土小砌块，专用小砌块砂浆砌筑。现场检查中发现：进场的小砌块产品龄期达到 21 天后，即开始浇水湿润，待小砌块表面出现浮水后，开始砌筑施工；砌筑时将小砌块的底面朝上反砌于墙上，小砌块的搭接长度为块体长度的 1/3；砌体的砂浆饱满度要求为水平灰缝 90%以上，竖向灰缝 85%以上；墙体每天砌筑高度为 1.5m，填充墙砌筑 7 天后进行顶砌施工；为施工方便，在部分墙体上留置了净宽度为 1.2m 的临时施工洞口。监理工程师要求对错误之处进行整改。

问题：

1. 监理工程师同意地下室顶板拆模是否正确？背景资料中地下室顶板预应力梁拆除底模及支架的前置条件有哪些？

2. 本题中的质量事故属于哪个等级？指出事故上报的不妥之处。质量事故报告还应包括哪些内容？

3. 除背景资料已明确的焊接参数组合条件外，还有哪些参数的组合条件也需要进行焊接工艺评定？

4. 针对背景资料中填充墙砌体施工的不妥之处，写出相应的正确做法。

答题区：

（三）

背景资料：

某高层钢结构工程，建筑面积 28000m²，地下一层，地上十二层，外围护结构为玻璃幕墙和石材幕墙，外墙保温材料为新型保温材料；屋面为现浇钢筋混凝土板，防水等级为Ⅰ级，采用卷材防水。

在施工过程中，发生了下列事件：

事件 1：钢结构安装施工前，监理工程师对现场的施工准备工作进行检查，发现钢构件现场堆放存在问题、现场堆场应具备的基本条件不够完善、劳动力进场情况不符合要求，责令施工单位进行整改。

事件 2：施工中，施工单位对幕墙与各楼层楼板间的缝隙防火隔离处理进行了检查；对幕墙的抗风压性能、空气渗透性能、雨水渗透性能、平面变形性能等有关安全和功能检测项目进行了见证取样或抽样检验。

事件 3：监理工程师对屋面卷材防水进行了检查，发现屋面女儿墙墙根处等部位的防水做法存在问题（节点施工做法图示如图1所示），责令施工单位整改。

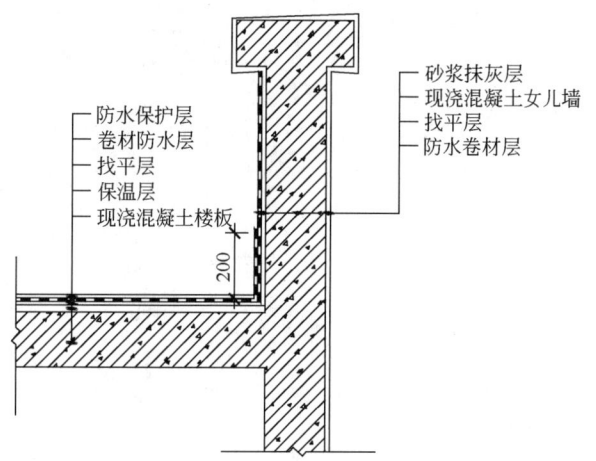

图 1 女儿墙防水节点施工做法图示

事件 4：本工程采用某新型保温材料，按规定进行了材料评审、鉴定并备案，同时施工单位完成相应程序性工作后，经监理工程师批准投入使用。施工完成后，由施工单位项目负责人主持，组织总监理工程师、建设单位项目负责人、施工单位技术负责人、相关专业质量员和施工员进行了节能工程分部验收。

问题：

1. 事件1中，高层钢结构安装前现场的施工准备还应检查哪些工作？钢构件现场堆场应具备哪些基本条件？

2. 事件2中，建筑幕墙与各楼层楼板间的缝隙隔离的主要防火构造做法是什么？幕墙工程中有关安全和功能的检测项目有哪些？

3. 事件3中，指出防水节点施工做法图示中的错误？

4. 事件4中，新型保温材料使用前还应有哪些程序性工作？节能分部工程的验收组织有什么不妥？

答题区：

（四）

背景资料：

某新建住宅工程，建筑面积1.5万 m^2，地下2层，地上11层。钢筋混凝土剪力墙结构，室内填充墙体采用蒸压加气混凝土砌块，水泥砂浆砌筑。室内卫生间采用聚氨酯防水涂料，水泥砂浆粘贴陶瓷饰面板。

一批 Φ8 钢筋进场后，施工单位及时通知见证人员到场进行取样等见证工作，见证人员核查了检测项目等有关见证内容，要求这批钢筋单独存放，待验证资料齐全，完成其他进场验证工作后才能使用。

监理工程师审查"填充墙砌体施工方案"时，指出以下错误内容：砌块使用时，产品龄期不小于14天；砌筑砂浆可现场人工搅拌；砌块使用时提前2天浇水湿润；卫生间墙体底部用灰砂砖砌200mm高坎台；填充墙砌筑可通缝搭砌；填充墙与主体结构连接钢筋采用化学植筋方式，进行外观检查验收。要求改正后再报。

卫生间装修施工中，记录有以下事项：穿楼板止水套管周围二次浇筑混凝土抗渗等级与原混凝土相同；陶瓷饰面板进场时检查放射性限量检测报告合格；地面饰面板与水泥砂浆结合层分段先后铺设；防水层、设备和饰面板层施工完成后，一并进行一次蓄水、淋水试验。

施工单位依据施工工程量等因素，按照一个检验批不超过 $300m^3$ 砌体，单个楼层工程量较少时可多个楼层合并等原则，制订了填充墙砌体工程检验批计划，报监理工程师审批。

问题：

1. 见证检测时，什么时间通知见证人员到场见证？见证人员应核查的见证内容是什么？该批进场验证不齐的钢筋还需完成什么验证工作才能使用？
2. 逐项改正填充墙砌体施工方案中的错误之处。
3. 指出卫生间施工记录中的不妥之处，写出正确做法。
4. 检验批划分的考虑因素有哪些？指出砌体工程检验批划分中的不妥之处，写出正确做法。

答题区：

（五）

背景资料：

建设单位投资兴建酒店工程，建筑面积为 2.20 万 m²，钢筋混凝土框架结构。建设单位编制了招标文件，发布了招标公告，招标控制价为 1.056 亿元。项目实行施工总承包，承包范围为土建、水电、通风空调、消防、装饰装修及园林景观工程，消防及园林景观由建设单位单独发包，主要设备由建设单位采购。先后有 13 家单位通过了资格预审后参加投标，最终 D 施工单位以 9900.00 万元中标。双方按照《建设工程施工合同（示范文本）》GF—2017—0201 签订了施工总承包合同。部分条款约定为：工程质量合格；实际工程量差异在 ±5%（含 ±5%）以内时按照工程量清单综合单价结算，超出幅度大于 5% 时按照工程量清单综合单价的 0.9 倍结算，减少幅度大于 5% 时按照工程量清单综合单价的 1.1 倍结算。

D 施工单位中标后正常开展了相关工作：组建了项目经理部；搭建临时设施；制定招采计划，自行将玻璃幕墙分包给符合资质要求、施工能力较强的一家装饰公司负责施工，并签订了专业分包合同；进行项目成本分析、成本目标的制定，通过分析中标价得知，期间费用为 642.00 万元，利润为 891.00 万元，增值税为 990.00 万元。

有两项分项工程完成后，双方及时确认了实际完成工作量，见表1：

分项工程单价及工作量统计表 表1

分项工程	A1	A2
清单综合单价（元/m³）	420	560
清单工程量（m³）	5450	6230
实际完成工程量（m³）	5890	5890

工程按期进入安装调试阶段时，由于雷电引发了一场火灾。火灾结束后 48h 内，D 施工单位向项目监理机构通报了火灾损失情况：价值 80.00 万元的待安装设备报废；D 施工单位人员烧伤所需医疗费及误工补偿费 35.00 万元；租赁施工设备损坏赔偿费 15.00 万元；必要的现场管理保卫人员费用支出 2.00 万元；其他损失待核实后另行上报。监理机构审核属实后上报了建设单位。

问题：

1. 分别按照制造成本法、完全成本法计算该工程的施工成本是多少万元。按照工程施工成本费用目标划分，施工成本有哪几类？

2. 分析计算 A1、A2 分项工程的清单综合单价是否需要调整？并计算 A1、A2 分项工程实际完成的工作量是多少元。

3. D 施工单位在专业分包管理上的做法有哪些不妥之处？说明理由。招投标法对此类行为的处罚有哪些？

4. 指出在火灾事故中，建设单位、D 施工单位各自应承担哪些损失。（不考虑保险因素）

答题区：

考前第3套卷参考答案及解析

一、单项选择题

1. B	2. D	3. A	4. C	5. B
6. B	7. B	8. B	9. B	10. C
11. C	12. B	13. D	14. C	15. B
16. B	17. D	18. D	19. A	20. C

【解析】

1. B。房屋建筑的结构设计工作年限不得低于表2的要求。

房屋建筑的结构设计工作年限 表2

类别	设计工作年限（年）
临时性建筑结构	5
普通房屋和构筑物	50
特别重要的建筑结构	100

2. D。幼儿园的楼梯踏步最小宽度不应小于0.26m。住宅套内的楼梯踏步最小宽度不应小于0.22m。医院的楼梯踏步最小宽度不应小于0.28m。

3. A。普通螺栓作为永久性连接螺栓时，应符合的要求有：（1）螺栓头和螺母（包括螺栓）应和结构件的表面及垫圈密贴；（2）螺栓头和螺母下面应放置平垫圈以增大承压面；（3）每个螺栓头侧放置的垫圈不应多于两个，螺母侧垫圈不应多于1个，并不得采用大螺母代替垫圈；（4）对于设计有防松动要求的螺栓应采用有防松动装置的螺栓（即双螺母）或弹簧垫圈，或用人工方法采取防松动措施；（5）对于动荷载或重要部位的螺栓连接应按设计要求放置弹簧垫圈，弹簧垫圈必须设置在螺母一侧；（6）对于工字钢和槽钢翼缘之类倾斜面的螺栓连接，则应放置斜垫圈垫平、使螺母和螺栓的头部支承面垂直于螺杆。

4. C。隧道、人防工程、高温、有导电灰尘、比较潮湿或灯具离地面高度低于2.5m等场所的照明，电源电压不应大于36V。

5. B。计算挑檐、悬挑雨篷的承载力时，应沿板宽每隔1.0m取一个集中荷载。在验算挑檐、悬挑雨篷的倾覆时，应沿板宽每隔2.5～3.0m取一个集中荷载。

6. B。混凝土结构构件的最小截面尺寸应满足结构承载力极限状态、正常使用极限状态的计算要求，并应满足结构耐久性、防水、防火、配筋构造及混凝土浇筑施工要求。应符合下列规定：

（1）矩形截面框架梁的截面宽度不应小于200mm。

（2）矩形截面框架柱的边长不应小于300mm。圆形截面柱的直径不应小于350mm。

（3）高层建筑剪力墙的截面厚度不应小于160mm。多层建筑剪力墙的截面厚度不应小于140mm。

（4）现浇钢筋混凝土实心楼板的厚度不应小于 80mm。现浇空心楼板的顶板、底板厚度均不应小于 50mm。

7. B。早强剂可加速混凝土硬化和早期强度发展，缩短养护周期，加快施工进度，提高模板周转率，多用于冬期施工或紧急抢修工程。

8. B。同一接头中，高强度螺栓连接副的初拧、复拧、终拧应在24h内完成。高强度螺栓连接副初拧、复拧和终拧原则上应按接头刚度较大的部位向约束较小的方向、螺栓群中央向四周的顺序进行。

9. B。水泥砂浆防水层施工，水泥砂浆终凝后应及时进行养护，养护温度不宜低于5℃，并保持砂浆表面湿润，养护时间不得少于14天；聚合物水泥砂浆未达到硬化状态时，不得浇水养护或直接受雨水冲刷，硬化后应采用干湿交替的养护方法。

10. C。A、B选项均属于二级动火作业，C选项属于一级动火作业，D选项属于三级动火作业。因此，答案选择C。

11. C。着色玻璃是指玻璃成分中加入着色剂使玻璃显现一定颜色的平板玻璃，是一种既能显著地吸收阳光中热作用较强的近红外线，又能保持良好透明度的节能装饰性玻璃。

12. B。楼板、次梁与主梁交叉处，楼板的钢筋在上，次梁的钢筋居中，主梁的钢筋在下；当有圈梁或垫梁时，主梁的钢筋在上。

13. D。混凝土拌合物的出机温度不宜低于10℃，入模温度不应低于5℃；对预拌混凝土或需远距离输送的混凝土，混凝土拌合物的出机温度可根据输送距离经热工计算确定，但不宜低于15℃。大体积混凝土的入模温度可根据实际情况适当降低。

14. C。屋面找坡应满足排水坡度设计要求，结构找坡不应小于3%，材料找坡宜为2%；檐沟、天沟纵向找坡不应小于1%，沟底水落差不得超过200mm。

15. B。组合钢模板的优点是轻便灵活、拆装方便、通用性强、周转率高等；缺点是接缝多且严密性差，导致混凝土成型后外观质量差。

16. B。移动式操作平台移动时，操作平台上不得站人。故B选项错误。

17. D。防水混凝土终凝后应立即进行养护，养护时间不得少于14天。因此D选项错误。

18. D。装修材料燃烧性能等级见表3。

装修材料燃烧性能等级　　表3

等级	装修材料燃烧性能	等级	装修材料燃烧性能
A	不燃性	B_2	可燃性
B_1	难燃性	B_3	易燃性

19. A。地下连续墙应采用防水混凝土，胶凝材料用量不应小于400kg/m³，水胶比不得大于0.55，坍落度不得小于180mm。

20. C。钢筋混凝土支撑应符合下列要求：（1）钢筋混凝土支撑构件的混凝土强度等级不应低于C25；（2）钢筋混凝土支撑体系在同一平面内应整体浇筑，基坑平面转角处的腰梁连接点应按刚节点设计。

二、多项选择题

21. A、B、C　22. A、B、C、D　23. A、B、D、E　24. B、C、E　25. A、C、D、E

26. A、E   27. A、C、D、E   28. B、C、E   29. A、B、E   30. B、C、D

【解析】

21. A、B、C。裂缝控制主要针对混凝土梁（受弯构件）及受拉构件。裂缝控制分为三个等级：（1）构件不出现拉应力；（2）构件虽有拉应力，但不超过混凝土的抗拉强度；（3）允许出现裂缝，但裂缝宽度不超过允许值。对（1）、（2）等级的混凝土构件，一般只有预应力构件才能达到。

22. A、B、C、D。结构应按设计规定的用途使用，并应定期检查结构状况，进行必要的维护和维修。严禁下列影响结构使用安全的行为：

（1）未经技术鉴定或设计认可，擅自改变结构用途和使用环境。

（2）损坏或者擅自变动结构体系及抗震措施。

（3）擅自增加结构使用荷载。

（4）损坏地基基础。

（5）违章存放爆炸性、放射性、腐蚀性等危险物品。

（6）影响毗邻结构使用安全的结构改造与施工。

23. A、B、D、E。基坑工程监测，应符合下列规定：

（1）基坑工程施工前，应编制基坑工程监测方案。

（2）应根据基坑工程安全等级、周边环境条件、支护类型及施工场地等确定基坑工程监测项目、监测点布置、监测方法、监测频率和监测预警。

（3）应至少进行围护墙顶部水平位移、沉降以及周边建筑、道路等沉降监测，并应根据项目技术设计条件对围护墙或土体深层水平位移、支护结构内力、土压力等进行监测。

（4）监测点应沿基坑围护墙顶部周边布设，周边中部、阳角处应布点。

（5）当基坑监测达到变形预警值，或基坑出现流沙、管涌、隆起、陷落，或基坑支护结构及周边环境出现大的变形时，应立即进行预警。

（6）基坑降水应对水位降深进行监测，地下水回灌施工应对回灌量和水质进行监测。

（7）逆作法施工应全过程进行监测。

24. B、C、E。流水施工参数包括：工艺参数、空间参数、时间参数。

25. A、C、D、E。夹层玻璃的特性包括：（1）透明度好。（2）抗冲击性能要比一般平板玻璃高好几倍，用多层普通玻璃或钢化玻璃复合起来，可制成抗冲击性极高的安全玻璃。（3）由于粘结中间层（PVB胶片等材料）的粘合作用，玻璃即使破碎时，碎片也不会散落伤人。（4）通过采用不同的原片玻璃，夹层玻璃还可具有耐久、耐热、耐湿、耐寒等性能。B选项属于钢化玻璃的特性。

26. A、E。泵送混凝土配合比设计：（1）泵送混凝土的入泵坍落度不宜低于100mm；（2）宜选用硅酸盐水泥、普通水泥、矿渣水泥和粉煤灰水泥；（3）粗骨料针片状颗粒不宜大于10%；（4）用水量与胶凝材料总量之比不宜大于0.6；（5）泵送混凝土的胶凝材料总量不宜小于300kg/m^3。

27. A、C、D、E。基坑开挖时，应对平面控制桩、水准点、平面位置、水平标高、边坡坡度、排水、降水系统等经常复测检查。

28. B、C、E。石材幕墙的面板与骨架的连接方式，通常有通槽式、短槽式、背栓式三种方式。

29. A、B、E。承包单位承包工程后违反法律法规规定,把单位工程或分部分项工程分包给其他单位或个人施工的行为,存在下列情形之一的,属于违法分包:

(1) 承包单位将其承包的工程分包给个人的。

(2) 施工总承包单位或专业承包单位将工程分包给不具备相应资质单位的。

(3) 施工总承包单位将施工总承包合同范围内工程主体结构的施工分包给其他单位的,钢结构工程除外。

(4) 专业分包单位将其承包的专业工程中非劳务作业部分再分包的。

(5) 专业作业承包人将其承包的劳务再分包的。

(6) 专业作业承包人除计取劳务作业费用外,还计取主要建筑材料款和大中型施工机械设备、主要周转材料费用的。

30. B、C、D。施工时所用的小砌块的产品龄期不应小于 28 天。故 A 选项错误。单排孔小砌块的搭接长度应为块体长度的 1/2。故 E 选项错误。

三、实务操作和案例分析题

(一)

1. 事件 1 中,除了警告标志外,施工现场通常还应设置的安全警示标志:禁止标志、指令标志、提示标志。

2. 事件 2 中错误之处及正确做法如下。

(1) 错误之处:设置了 900mm 高的基坑临边安全防护栏杆。

正确做法:应设置 1.2m 高的基坑临边安全防护栏杆,挂安全警示标志牌,夜间还应设红灯示警和红灯照明。

(2) 错误之处:在紧靠栏杆的地面上堆放了砌块、钢筋等建筑材料。

正确做法:基坑边缘堆置土方和建筑材料,或沿挖方边缘移动运输工具和机械,应距基坑上部边缘不少于 2m,堆置高度不应超过 1.5m。在垂直的坑壁边,此安全距离还应适当加大。

针对该事件中的桩顶位移问题,还可采取的应急措施:采用支护墙背后卸载、加快垫层施工、加设支撑。

3. 除了国家标准发生重大修改的情况外,还需要修改施工组织设计的情形:

(1) 工程设计有重大修改;(2) 有关法律、法规、规范和标准实施、修订和废止;(3) 主要施工方法有重大调整;(4) 主要施工资源配置有重大调整;(5) 施工环境发生重大改变。

4. 事件 4 中,施工总承包单位提出的异议合理。

理由:根据规范规定,民用建筑工程及室内装修工程的室内环境质量验收,应在工程完工至少 7d 以后、工程交付使用前进行。

室内环境污染物浓度检测应包括:氡、甲醛、苯、甲苯、二甲苯、氨、总挥发性有机化合物(TVOC)浓度等检测项目。

(二)

1. 监理工程师同意地下室顶板拆模不正确。

地下室顶板后张法预应力混凝土梁的底模及支架应在预应力张拉完毕后方能拆除。

拆除作业前必须填写拆模申请（书面申请），并在同条件养护试块强度达到规定要求时，经项目技术负责人批准方能拆模。

2. 本题中的质量事故属于一般事故。

事故上报的不妥之处如下：

（1）不妥之处：事故现场有关人员应立即向工程建设单位负责人报告；

（2）不妥之处：一般事故逐级上报至省级人民政府住房和城乡建设主管部门。

事故报告内容还应包括：

（1）工程各参建单位名称；

（2）初步估计的直接经济损失；

（3）事故的初步原因；

（4）事故报告单位联系人及联系方式；

（5）其他应当报告的情况。

3. 除背景资料已明确的焊接参数组合条件外，还需进行焊接工艺评定的有：焊接方法、焊接材料、焊接位置、焊后热处理。

4. 填充墙砌体施工的正确做法有：

（1）施工时所用的小砌块的产品龄期不应小于28天；

（2）砌筑时，砌块表面不得有浮水；

（3）单排孔小砌块的搭接长度应为块体长度的1/2；

（4）砌体的竖向灰缝的砂浆饱满度应不低于净面积的90%；

（5）顶砌应在填充墙砌筑14天后进行；

（6）临时施工洞口的净宽度不应超过1m。

（三）

1. 事件1中，高层钢结构安装前现场的准备工作还包括：钢构件预检和配套、定位轴线及标高和地脚螺栓的检查、安装机械的选择、安装流水段的划分和安装顺序的确定等。

钢结构现场堆场的基本条件有：场地平整、有电源、有水源、排水畅通。

2. 事件2中，建筑幕墙与各楼层间的缝隙隔离的主要构造做法：

（1）采用（岩棉、矿棉）不燃材料封堵；

（2）防火层应采用厚度不小于1.5mm的镀锌钢板承托；

（3）采用防火密封胶密封。

幕墙工程中有关安全和功能的检测项目有：

（1）硅酮结构胶的相容性试验；

（2）幕墙后置埋件的现场拉拔强度；

（3）幕墙的抗风压性能、空气渗透性能、雨水渗漏性能及平面变形性能。

3. 女儿墙防水节点构造图示中错误有：Ⅰ级防水应为两道防水、防水卷材泛水高度不够、泛水上口未固定、阴角处未做成钝角（圆弧形）、转角处未做附加层、立面卷材应压水平卷材、立面未做保护层。

4. 建筑节能采用的新型保温材料应补充：进行施工工艺评价，制定专门施工技术方案。

节能分部工程验收组织的不妥之处：

（1）不妥之处：验收由施工单位项目负责人主持；
（2）不妥之处：设计单位节能设计人员应参加验收。

（四）

1.（1）施工单位应在取样及送检前通知见证人员。
（2）见证人员应核查见证检测的检测项目、数量和比例是否满足有关规定。
（3）该批钢筋还需验证复验合格才能使用。

2. 填充墙砌体施工方案中的错误之处逐项改正如下：
（1）砌块使用时，产品龄期不小于28天。
（2）砌筑砂浆应采用机械搅拌。
（3）应在砌筑当天对砌块砌筑面浇水湿润。
（4）砌体底部用混凝土浇筑200mm高坎台。
（5）砌筑填充墙时应错缝搭砌。
（6）当填充墙与承重墙、柱、梁的连接钢筋采用化学植筋时，应进行实体检测（拉拔试验）。

3. 不妥之处一：穿楼板止水套管周围二次浇筑混凝土抗渗等级与原混凝土相同；
正确做法：二次埋置的套管，其周围混凝土抗渗等级应比原混凝土提高一级（0.2MPa）。
不妥之处二：饰面板与结合层分段先后铺设；
正确做法：分段同时铺设。
不妥之处三：一并进行蓄水、淋水试验；
正确做法：防水层后应做一次蓄水试验，饰面板后做第二次蓄水试验。

4.（1）检验批按工程量、楼层、施工段、变形缝进行划分。
（2）不妥之处：按照一个检验批不超过300m³砌体；
正确做法：不超过250m³砌体为一个检验批。

（五）

1.（1）制造成本法：施工成本=9900-642-891-990=7377.00万元。
完全成本法：施工成本=9900-891-990=8019.00万元。
（2）建筑工程施工成本按照建筑工程施工项目成本的费用目标划分为：生产成本、质量成本、工期成本、不可预见成本。

2.（1）A1分项工程量的差异幅度：
（5890-5450）÷5450×100%=8.07%，超出幅度大于5%，因此A1分项工程的清单综合单价需要调整；
A1分项工程的实际完成工作量是：
5450×（1+5%）×420+[5890-5450×（1+5%）]×420×0.9=2466765元
（2）A2分项工程量的差异幅度：
（6230-5890）÷6230×100%=5.46%，减少幅度大于5%，因此A2分项工程的清单综合单价需要调整；
A2分项工程的实际完成工作量是：
5890×560×1.1=3628240元

3.（1）不妥之处：D施工单位自行将玻璃幕墙分包给符合资质要求、施工能力较强的一家装饰公司负责施工。

理由：施工合同中没有约定，又未经建设单位认可，施工单位将其承包的部分工程交由其他单位施工的，属于违法分包。

（2）《招标投标法》第58条规定，中标人违法分包的，应承担如下法律责任：①分包无效；②罚款；③有违法行为的，没收违法所得；④可以责令停业整顿；⑤情节严重的，吊销营业执照。

4. 建设单位应承担的损失有：待安装设备的报废损失80万元，必要的现场管理保卫人员费用2万元。

D施工单位应承担的损失有：人员烧伤所需医疗费及误工补偿费35万元，租赁施工设备损坏赔偿费15万元。